JN169633

新・生命科学シリーズ

エピジェネティクス

大山　隆・東中川　徹／共著

太田次郎・赤坂甲治・浅島　誠・長田敏行／編集

裳華房

Epigenetics

by

TAKASHI OHYAMA
TORU HIGASHINAKAGAWA

SHOKABO
TOKYO

「新・生命科学シリーズ」刊行趣旨

本シリーズは，目覚しい勢いで進歩している生命科学を，幅広い読者を対象に平易に解説することを目的として刊行する．

現代社会では，生命科学は，理学・医学・薬学のみならず，工学・農学・産業技術分野など，さまざまな領域で重要な位置を占めている．また，生命倫理・環境保全の観点からも生命科学の基礎知識は不可欠である．しかし，奔流のように押し寄せる生命科学の膨大な情報のすべてを理解することは，研究者にとっても，ほとんど不可能である．

本シリーズの各巻は，幅広い生命科学を，従来の枠組みにとらわれず，新しい視点で切り取り，基礎から解説している．内容にストーリー性をもたせ，生命科学全体の中の位置づけを明確に示し，さらには，最先端の研究への道筋を照らし出し，将来の展望を提供することを目標としている．本シリーズの各巻はそれぞれまとまっているが，単に独立しているのではなく，互いに有機的なネットワークを形成し，全体として生命科学全集を構成するように企画されている．本シリーズは，探究心旺盛な初学者および進路を模索する若い研究者や他分野の研究者にとって有益な道標となると思われる．

新・生命科学シリーズ
編集委員会

はじめに

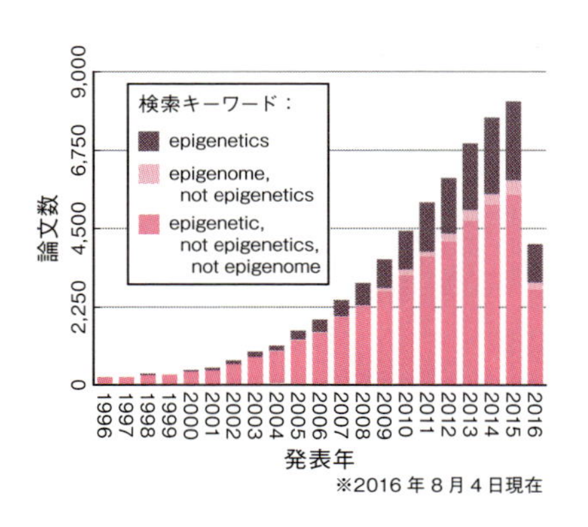

本シリーズの対象は，“目覚ましい勢いで進歩している生命科学”（刊行趣旨から）である．エピジェネティクスは，生命科学のなかでもとりわけ進歩の著しい分野であり，日々新しい知見が大量にもたらされている．Web of Scienceを用いてこの分野の論文数の推移を調べれば，その隆盛は一目瞭然である（左図）．

エピジェネティクスとは，「DNAの塩基配列の変化に依らず，染色体の変化から生じる安定的に継承される形質や，そのような形質の発現制御機構を研究する学問分野」のことである．受精卵が細胞分裂をくり返して成体ができあがるまでの間，基本的にゲノムDNAの塩基配列は変化しない．それなのになぜ性質を異にする細胞ができるのだろうか．一卵性双生児の場合も，ゲノムの配列はまったく同じなのに，なぜ容姿や体質にわずかな違いが生じるのだろうか．エピジェネティクスは，このような身近な疑問に答えを与えてくれる，あるいは与えようとしている学問なのである．さらに，エピジェネティクスは様々な疾患の原因解明や治療にも道を拓く学問として大いに期待されている．そのような疾患のなかにはがんや糖尿病をはじめとした生活習慣病や精神疾患も含まれる．

さて，このような学問分野を“幅広い読者を対象に平易に解説”（刊行趣旨から）するにはどうしたら良いのだろうか．本分野の性質上，この要求に応えることはかなり難しい．エピジェネティクスを理解するためには，分子生物学，遺伝学，分子遺伝学，発生生物学，ゲノム科学，生化学，細胞生物学など，幅広い学問分野の基礎的な知識が必要だからである．この点が初学者にとっては，高いハードルとなる．さらに，エピジェネティックな現象には様々な因子が多重的に介在している場合が多いため，そのメカニズムは一見複雑に見える．これがハードルをさらに高くしてしまうかもしれない．しかし，ハードルの下げ方を誤ると，生命科学分野の学部学生や大学院生，あるいは研究者や専門家にとっては，魅力のない書物になってしまう．

幅広い読者に満足していただける書物にするために何かよい方策はないか．まずはハードルを下げるために，上述の各関連学問分野の専門用語を積極的に解説することにした．本書を捲ると，読者は，脚注の多さに気付くだろう．脚注に用語解説や本文の補足説明をふんだんに盛り込んだ．また，場合によってはコラムも活用した．しかし一方で，専門性の高い最新の知見もできる限り多く盛り込むようにも努めた．このようにすることで，なんとか刊行趣旨に沿った書物に仕上げることができたのではないかと思う．本書は，エピジェネティクスの概念を解説する導入章（1章），エピジェネティックな現象の背景にある基本的なメカニズムを解説する章（2章），エピジェネティクスに関係する具体的な生命現象や，疾病との関係を紹介する章（3章，4章）の4章から構成されている．本書で初めてエピジェネティクスに触れる読者は，2章は“辞書的に”利用することにして，1章から始めて3章，4章（あるいは3章も飛ばして4章）へと読み進むと良いかもしれない．エピジェネティクスの面白さに接することができると思う．なお，このような読み方をする読者のために，いくつかの用語については，敢えて重複して解説した．

赤坂甲治先生から本書の企画をいただいたとき，半ば強引に東中川 徹先生に分担執筆者になっていただいた．今にして思えばこの判断は“正解”であった．この分野に長く関わって来られた同先生のおかげで，本書に深みや味わい，さらには読み物的要素を加えることができた．同先生の協力なしに本書の刊行は実現しなかったと思う．最後に，本書執筆の機会を与えて下さった赤坂先生，ならびに辛抱強く対応して下さった編集部の野田昌宏氏に深く感謝申し上げたい．

みなさんにとって本書が有益であることを心から願っている．

2016年8月

著者を代表して

大山　隆

■目　次■

■ 3章　エピジェネティックな諸現象　東中川　徹

1章　エピジェネティクスとはどのような学問か

大山　隆

エピジェネティクスという言葉は，ジェネティクスに似ている．ジェネティクスは遺伝学である．では，エピジェネティクスとはどのような学問なのだろうか．本書の導入章として，本章ではまず，エピジェネティクスという言葉の語源や今日的定義，ならびに対象とする研究領域について述べる．

1.1　不思議な現象

一卵性双生児は，互いに同じゲノムDNA（すなわち同じ遺伝情報）をもっている．それにもかかわらず，容姿や体質がわずかに異なるのが常である．かなり昔の話であるが，ザ・ピーナッツという一卵性双生児のデュオがいた．きわめてよく似た二人であったが，姉の目尻にはホクロがあり，妹には

図 1.1　世界初のクローン猫
a：細胞核ドナーである三毛猫（メス）．b：代理母猫（左）とクローン猫［右（メス）］．Shin, T. *et al.* (2002) Nature, **415**: 859 より許可を得て掲載．

なかった．われわれはこの違いで姉と妹を見分けることができた．クローン動物の表現型もゲノムDNAのドナーのそれと完全に一致するわけではない．たとえば，ホルスタインのクローンでは，程度の差こそあれ，白黒の毛色の模様に違いが生じることが一般的である．また，世界初のクローン猫の例も興味深い（図1.1）．三毛猫を細胞核のドナーとして核移植によるクローン猫が作られたが，誕生した子猫は三毛ではなかった．なぜこのような現象が起きるのだろうか？　さらに三毛猫といえば，なぜメスばかりでオスは珍しいのだろうか？　このような疑問に答えを与えてくれるのがエピジェネティクス（epigenetics）である．

1.2　エピジェネティクスの語源と定義

エピジェネティクスという言葉は英国の発生学者 Conrad H. Waddington（1905 ～ 1975）によって作られた，epigenesis（後成説）と genetics（遺伝学）の混成語である．後成説は，前成説（preformation theory）に対立する考えで，個体発生において最終的な形態や構造は初めから何らかの形で存在しているのではなく，次第に形成されていくという考えである．因みに "epi-" は，「上」，「外」，「後」を意味する接頭辞である．1942 年に Waddington は，遺伝子型と表現型の間には発生過程のすべてが複合されて存在するとし，この複合をエピジェノタイプ（epigenotype）と命名した．そして，遺伝子型から表現型が決まるメカニズムを探究したり，それらを実験発生学で当時明らかにされていた発生のメカニズムに結びつけたりする研究にエピジェネティクスという名称を与えた．当時から 70 有余年を経た今日からすると，いささか漠然とした定義に思える．しかし，彼がこの概念を提示したのは，遺伝子の化学的実体である DNA の構造および遺伝情報の伝達のしくみが明らかになる 10 年以上も前のことである．その後，分子生物学の発展を背景にしてこの用語には新しい "命" が吹き込まれることになる．

前世紀の終盤以降，今日的な意味でのエピジェネティクスの再定義がくり返された．このような状況のもと，2008 年のコールドスプリングハーバー研究所＊1-1 におけるミーティングで定義のコンセンサスを得るための議論がなされた．Ali Shilatifard らは，後にそれを整理して「エピジェネティックな形質とは，DNA の塩基配列の変化に依らず，染色体の変化から生じる安定的に継承される表現型のことである」という解釈を示している．イクス（-ics）は，「〜学」を意味する接尾辞であるので，エピジェネティクスとは，このような形質や形質発現機構を研究する学問であると理解することが，すなおな解釈であると思われる．しかし，そのような形質発現現象そのもの，またはそれらの制御機構自体に対してもエピジェネティクスという言葉がしばしば使われている．なお，研究の爆発的な拡がりとそこから得られ続けている膨大な知見に照らしてみれば，今後も定義が微修正されることは十分に考えられる．

本節のテーマではないが，エピゲノム（epigenome）という言葉についてもここで触れておきたい．この言葉も最近頻繁に使われるようになった．エピゲノムは，Charles D. Allis らが 2007 年に執筆・編集した著書『Epigenetics』のなかでは，「DNA の塩基配列の変化を伴わないで変化した遺伝情報」と書かれている．今日的には，DNA の塩基配列に記された一次元的な情報に付加されたより高次の情報の総体，つまり，DNA やヒストンの化学修飾，非コード RNA，クロマチンの高次構造，等々，をひっくるめた遺伝情報を指している．この情報は，細胞の置かれた環境によって後天的に変化する．これらの各因子については 2 章で詳しく述べる．

1.3　エピジェネティクスの対象

受精卵は細胞分裂をくり返して種々の細胞に分化し，組織や器官が形成され，やがて成体になる．細胞分化の過程では，活性遺伝子（発現する遺伝子）と不活性遺伝子（発現しない遺伝子）の組合せを変える制御がなされており，

＊1-1　Cold Spring Harbor Laboratory（略称 CSHL）．アメリカ合衆国のニューヨーク州ロングアイランドにある生物学・医学系の研究所．James D. Watson が長い間所長を務めた．

これにより分化前とは遺伝子発現の様相（遺伝子発現プロファイル）が異なる細胞が生み出される．一方，同じ系列の細胞においては細胞分裂を経ても遺伝子発現プロファイルは維持される．個体発生の過程では，基本的にゲノムDNAの塩基配列は変化せず，発現する遺伝子の組合せが発生の時期や細胞の周りの環境の変化に応じて変化するのである．前節の定義からも明らかなように，このような遺伝子発現制御こそがエピジェネティックな制御なのである．つまり，個体発生における遺伝子発現制御研究はエピジェネティクスの主要な対象である．

エピジェネティックな現象を個別的に見ると，よく知られた例としては，X染色体不活性化，ゲノムインプリンティング，体細胞リプログラミング，花の模様形成などを挙げることができる．これらについては，3章で取り上げる．また，エピジェネティックな現象の背景にある機構や因子としてよく知られているのが，ゲノムDNAのメチル化，ヒストンの化学修飾，非コードRNA，ポリコーム複合体，およびこれらの機構や因子により構築されるクロマチン構造などである．これらは2章で扱う主要なテーマである．

エピジェネティックな制御が正しく行われないと疾患につながることがある．このような疾患は，今日たくさん知られている．この制御の異常が発がんにつながる場合があることも明らかになってきており，がん研究領域ではエピジェネティクスが重要なキーワードになってから久しい．その他，糖尿病などの生活習慣病，精神疾患，老化に伴う遺伝子発現制御異常などもエピジェネティクスの視点から盛んに研究されている．加えて，母親や父親の栄養状態が次世代にさまざまな影響を及ぼすことが知られるようになり，エピジェネティクス研究の対象となっている．さらには，生殖医療のエピジェネティックな影響についてもさまざまな議論がなされている．エピジェネティクスと病気の関係については4章で解説する．

以上のように，今日においては，エピジェネティクスの視点なしに遺伝子発現制御研究は成り立たないと言えるほど，その対象範囲は広い．

2章 エピジェネティクスの分子基盤

大山　隆

真核生物では遺伝情報はクロマチン構造内に収納されており，遺伝子を発現させたり，逆に発現を抑制したりするために様々な“装置”や機構が使われている．本章では，まずクロマチン構造について理解を深め，次いで，この構造を改変する複合体について学ぶ．さらに，エピジェネティックな遺伝子発現制御がどのように行われるかを，DNAのメチル化，ヒストンの化学修飾，非コードRNAを中心に学ぶ．

2.1　細胞核内での真核生物ゲノムの態様

ヒトの体細胞の核にはその直径の約2万倍もの長さのDNAが収納されている．DNAはきわめて細い（直径2 nm）のでこのような収納が可能になるのだが，それでも，DNAの折りたたみは無造作ではなくきちんとなされている．この点に関しては，他の真核生物ゲノムの場合も同様である．真核生物のゲノムはヒストンとともにクロマチン構造を形成し，この構造が遺伝子機能制御の舞台になっている．本節ではクロマチンについて述べる．

2.1.1　クロマチン

2.1.1a　クロマチンの基本構造

染色体が間期の細胞核内で脱凝縮した構造体のことをクロマチン（chromatin）と呼ぶ（和訳名称は染色質）．クロマチンを最大限にほぐして広げると糸の上にビーズ状の構造体が連なったような形態（“beads on a string”）の繊維構造が現れる（図2.1）．これは，10 nmクロマチン繊維（chromatin fiber）と呼ばれるもので，糸の実体はDNAであり，ビーズ状の構造体はヌクレオソーム（nucleosome）と呼ばれるDNAとヒストンの会合体である．この繊維の太さが約10 nmなので10 nmクロマチン繊維と呼ば

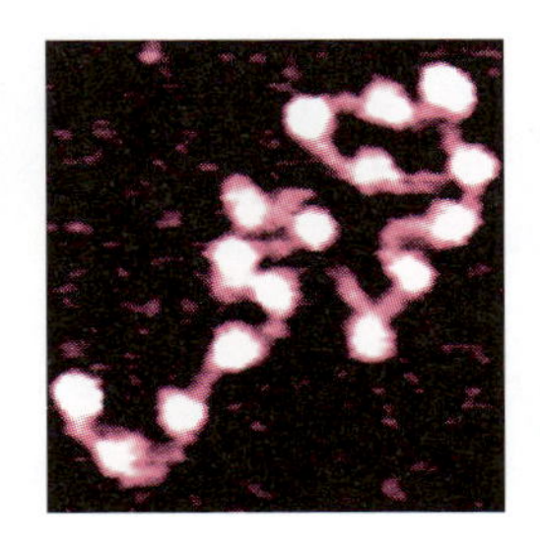

図 2.1　10 nm クロマチン繊維
10 nm クロマチン繊維は，DNA とヒストンを用いて人工的に作製（再構成）することができる．図は西川純一氏により作製・撮影された，8 個のヌクレオソームをもつ 10 nm クロマチン繊維（2 本観察される）である．なお，撮影には原子間力顕微鏡（AFM）が用いられた．

れている．このように，クロマチンの基本骨格は，DNA と塩基性タンパク質であるヒストン（histone）によって形成される．両者は，DNA の負電荷とヒストンの正電荷の静電相互作用によって会合する．10 nm クロマチン繊維がさらに折りたたまれた構造については，2.1.1c で述べることにして，次にヌクレオソームの構造について解説する．

2.1.1b　ヌクレオソームとヒストン

クロマチンの基本単位はヌクレオソームである．ヌクレオソームは，5 種類のヒストン，H1（分子量 22,500），H2A（14,000），H2B（13,800），H3（15,300），H4（11,200）と約 200 bp の DNA から構成されている．面白いことに，全ヒストンの分子量の合計（131 kD）と 200 bp の DNA の分子量（130 kD）はほぼ同じである．ヌクレオソームはコア構造と H1 に分けることができる．コア構造部分はヌクレオソームコアと呼ばれ，それぞれ 2 分子の H2A，H2B，H3，H4 からなるヒストン八量体（histone octamer）と 146 bp の DNA から構成されている．構造的には，DNA がヒストン八量体の周りに約 1.7 回左巻きに巻き付いた構造をとっている（図 2.2）．ヌクレオソームコアとヌクレオソームコアの間の DNA は，リンカー DNA（linker DNA）と呼ばれる．ヒストン H1 は，コア構造の外側でリンカー DNA とコアの中心部の DNA に結合する．したがって，局在上の特徴から，H2A，H2B，H3, H4 はコアヒストン，H1 はリンカーヒストンとそれぞれ呼ばれる．なお，クロマチンをミクロコッカスのヌクレアーゼで消化すると，リンカー DNA を消化することができる．

コアヒストンのアミノ酸配列は菌類から高等生物まで，真核生物において

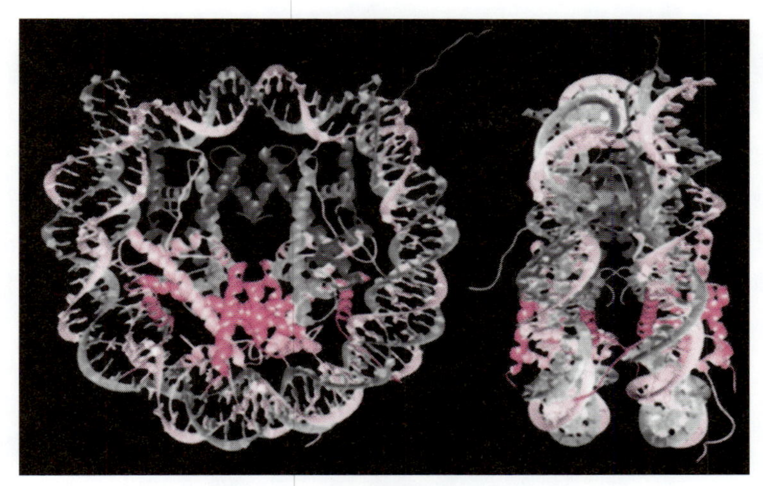

図 2.2　ヌクレオソームコアの構造
Luger, K. *et al*. (1997) Nature, **389**: 251-260 より許可を得て掲載.

よく保存されている．特に H3 と H4 の保存性は高い．たとえば，ウシとエンドウマメの H4 を比較しても，102 残基中 2 残基のアミノ酸が異なるだけである．各コアヒストンには 3 つの α ヘリックスからなる共通構造部分が存在する．この部分は，ヒストンフォールド（histone fold）と呼ばれ，この部分で互いに結合し，コア構造を形成する．H3 と H4 は結合親和性が高く，ヌクレオソームコアの形成においては，まず，$(H3\text{-}H4)_2$ の四量体が DNA と会合する．これに H2A と H2B の二量体が 2 つ加わることでコア構造が形成される．コアヒストンの N 末端テールは物性的に柔軟で，アセチル化やメチル化をはじめとした様々な化学修飾を受け，エピジェネティックな遺伝子発現制御にきわめて重要な役割を果たしている．なお，ヒストンは，アミノ酸残基の組成によって，高リシン型（H1），リシン型（H2A，H2B），高アルギニン型（H3，H4）に分類される．

2.1.1c　クロマチン繊維の折りたたみ

“beads on a string” ＊2-1 構造に関する最初の論文は 1974 年に発表された.

＊ 2-1　はじめは beads on a string ではなく particles on a string と表現された.

1976年になると，リンカーヒストンと0.2 mM程度のマグネシウムイオンが存在する系では，この構造（すなわち10 nmクロマチン繊維）は太さ約30 nmの繊維に凝縮しうることが報告された．このとき同時に，凝縮した繊維はソレノイド（solenoid）構造（後述）をとっているという仮説が提唱された．細胞核から取り出したクロマチン繊維に関してもこの径のものがしばしば観察される．この太さの繊維は30 nmクロマチン繊維と呼ばれている．その構造を解明するために，*in vitro*で作製したクロマチン繊維を用いた解析やコンピューターを用いた解析などが行われ，これまでに様々な構造モデルが

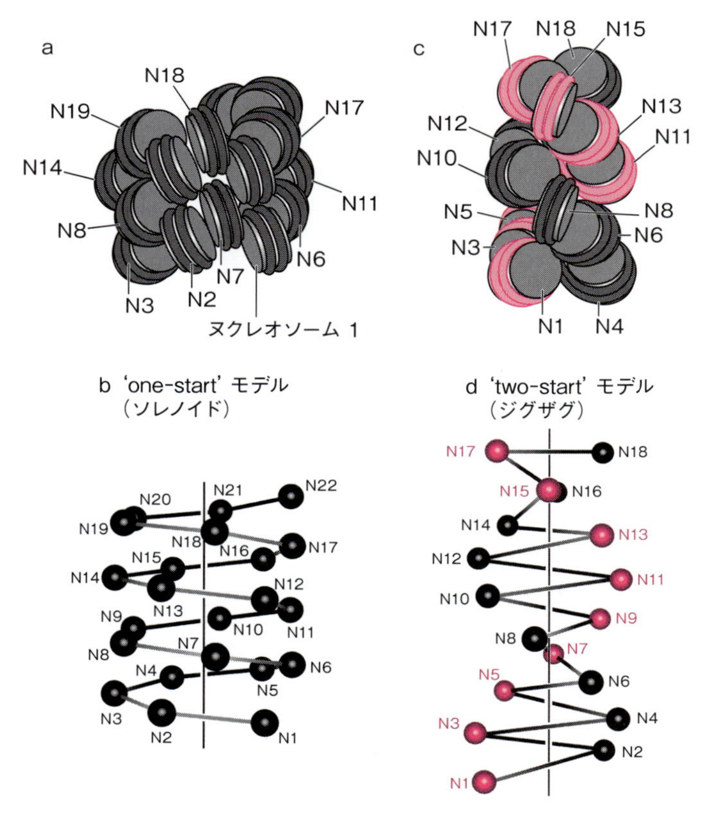

図 2.3　**30 nm クロマチン繊維の 'one-start' モデル（a, b）と 'two-start' モデル（c, d）**
Luger, K. *et al*. (2012) Nat. Rev. Mol. Cell Biol., **13**: 436-447 を参考に作図.

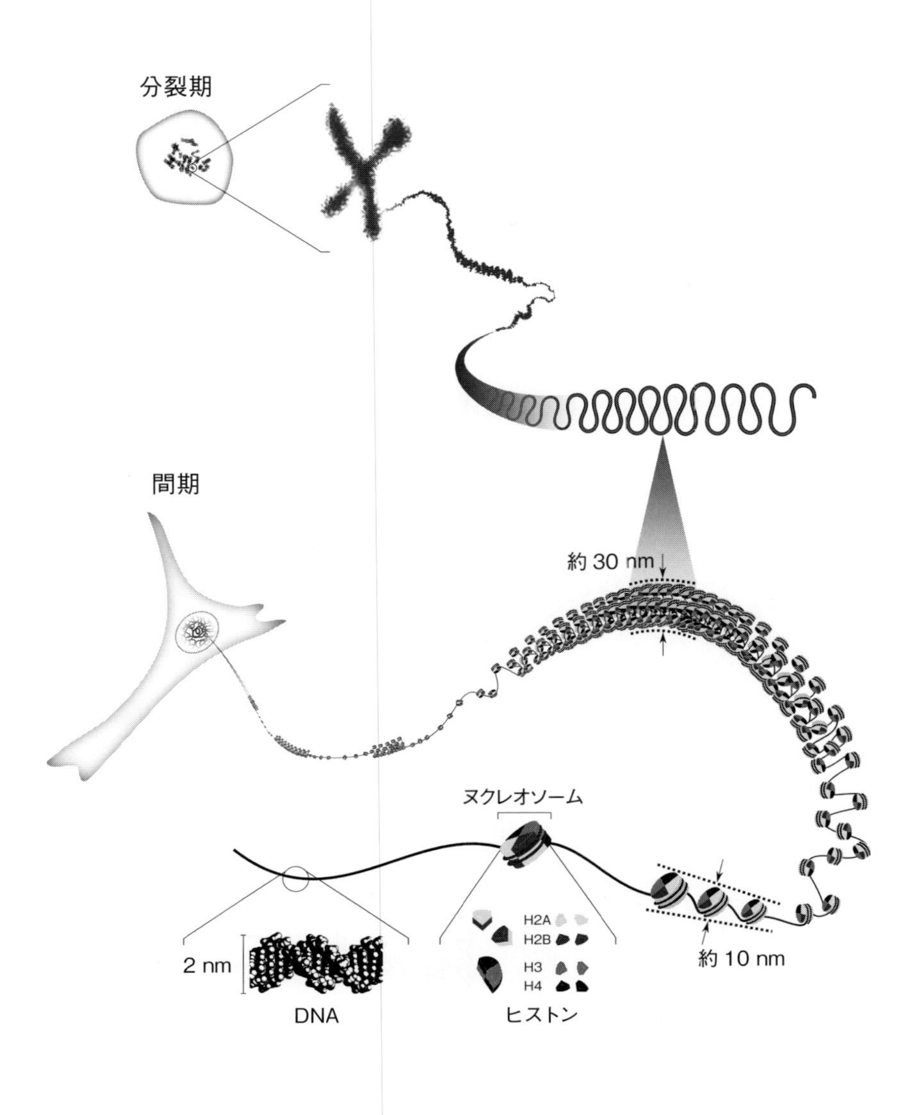

図 2.4　クロマチン繊維の階層的折りたたみ
原図：荒井直樹

提唱されている．図 2.3 に代表的なモデルを示した．上記のソレノイドとは，導線を円筒に密に巻いてできるコイルのことで，ソレノイド型の 30 nm 繊維は one-start 型（図 2.3 左）に分類される．このように，30 nm 繊維に関しては様々な研究が行われているが，生きている細胞のなかに 30 nm クロマチン繊維が存在するかどうかは実はまだよくわかっていない．しかし，この太さの繊維が存在することを前提にして，それがさらに段階的・階層的に折りたたまれて順次より太い繊維になり（図 2.4），最終的に分裂期に見られる染色体が形成されるのではないかと考えている研究者は多い（コラム 2 章①「生細胞内でのクロマチン構造」）．いずれにせよクロマチン繊維が最高に凝縮した状態が分裂期に見られる染色体であり，この構造は厳然として存在する（図 2.5）．なお，転写可能なクロマチンは，もっとも弛緩した状態である 10 nm 繊維の状態にあると考えられている．

コラム 2 章①

生細胞内でのクロマチン構造

分裂期の染色体のなかでは，10 nm 繊維が折りたたまれて 30 nm 繊維になっており，30 nm 繊維はさらに折りたたまれて直径約 100 nm の繊維を形成しており，この繊維はさらに折りたたまれて直径約 200 nm の繊維になって，この繊維はさらに・・・，といった具合にクロマチン繊維は階層的に折りたたまれているのではないか，あるいは放射状のループを形成して折りたたまれているのではないかと多くの研究者が考えてきた．しかし，分裂期の染色体のなかで 10 nm 繊維がどのように折りたたまれているかは，beads on a string [*2-1] 構造に関する論文が初めて発表された 1974 年から 40 年以上が経過した今日においてもまだはっきりしていない．それどころか，細胞核内にも分裂期染色体内にも 30 nm 繊維すら存在しないという報告もいくつかある．このようにクロマチン繊維の折りたたみの問題は，実は未だに謎だらけの，古くて新しい問題なのである．

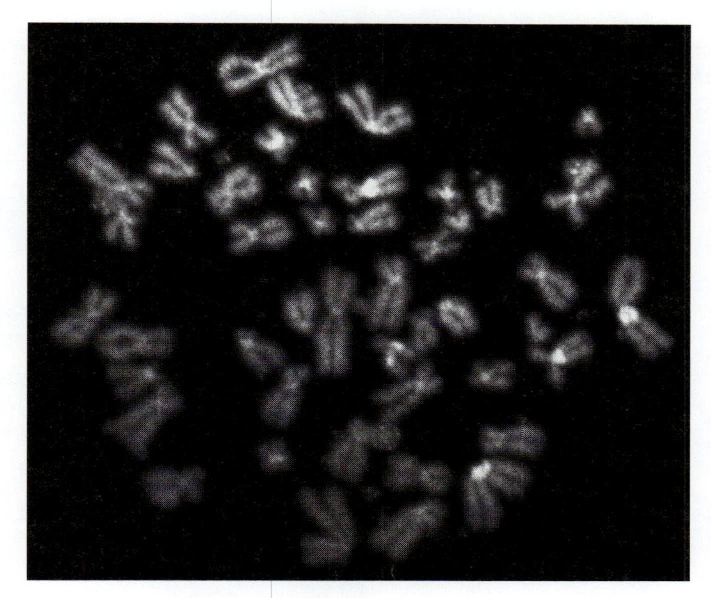

図 2.5　分裂期のヒト染色体
ヒト線維芽細胞 WI38 の染色体像. DAPI 染色.（吉田 快 撮影）

2.1.1d　ヒストンバリアント

コアヒストンにはすでに述べた主要な 4 種の他にも，アミノ酸配列が少し異なる分子種が存在する．これらは，ヒストンバリアント（histone variant）と呼ばれ, H4 を除くコアヒストンにはすべてバリアントが存在する（表 2.1）．主要なヒストンとのアミノ酸配列の相同性の程度は様々で，アミノ酸残基が数個異なるだけのバリアントもあれば，CENP-A のように大きく異なるもの（H3.1 や H3.2 との相同性は 46%）もある．ヒストンバリアントは，様々な役割を担っている．たとえば，CENP-A は，細胞周期を通じてセントロメアに存在し，キネトコア（動原体）[＊2-2] の形成に関与している．また，H2A.X は，DNA 修復に関与している．その C 末端は H2A のそれよりも長く，そ

＊ 2-2　分裂期の染色体に形成され，微小管が結合する領域．染色体の一次狭窄部分に位置する．

表 2.1　ヒストンバリアントの種類とゲノムにおける分布 [1]

ファミリー	分類	生物種：名称	分布[2]
H3	H3	*Sc*, *Sp*: H3 *Dm*, *Xl*: H3.2 *Mm*, *Hs*: H3.1 および H3.2	全域
	H3.3	*Dm*, *Xl*, *Mm*, *Hs*: H3.3	プロモーター，活性遺伝子内部，遺伝子制御エレメント - - - - - - *Mm*: テロメア，減数分裂期性染色体 *Mm*, *Hs*: セントロメア
	CenH3	*Sc*: Cse4 *Sp*: Cnp1 *Dm*: CID *Xl*, *Mm*, *Hs*: CENP-A	セントロメア - - - - - - *Sc*: ヒストンの代謝回転の速い領域，tRNA 遺伝子領域
	H3t	*Mm*, *Hs*: H3t	精巣で発現するが分布不明，体細胞では核小体
	H3.X/Y	*Hs*: H3.X および H3.Y	脳の一部の領域と精巣で発現，分布はユークロマチン
	H3.5	*Hs*: H3.5	精巣特異的に発現，分布はユークロマチン
H4	H4	全真核生物：H4	全域
H2A	H2A	全真核生物：H2A	全域
	H2A.X	*Dm*: H2Av *Xl*, *Mm*, *Hs*: H2A.X	全域
	H2A.Z	*Sc*: Htz1 *Sp*: Pht1 *Dm*: H2Av *Xl*: H2A.Z1 *Mm*, *Hs*: H2A.Z1 および H2A.Z2	プロモーター，活性遺伝子内部，誘導発現型遺伝子内部，遺伝子制御エレメント，核小体 - - - - - - *Sc*, *Sp*: サブテロメア *Sp*, *Dm*, *Mm*, *Hs*: セントロメア *Mm*: 減数分裂期性染色体
	macroH2A1, 2	*Gg*: mH2A1 および mH2A2 *Mm*, *Hs*: mH2A1.1, mH2A1.2 および mH2A2	不活性 X 染色体，インプリント遺伝子のプロモーター，誘導発現型の発生関連遺伝子のプロモーター，テロメア，セントロメア，核小体，減数分裂期性染色体
	H2AL1, L2	*Mm*: H2AL1 および H2AL2	セントロメア（精子）
	H2ABbd	*Mm*, *Hs*: H2A.Bbd	ユークロマチン
H2B	H2B	全真核生物：H2B	全域
	TSH2B	*Mm*, *Hs*: TSH2B	精子において全域，体細胞においてテロメア
	H2BFWT	*Ms*: H2BL1 *Hs*: H2BWT	テロメア（精子）

[1] ***Sc***: ***S. cerevisiae***（出芽酵母），***Sp***: ***S. pombe***（分裂酵母），***Dm***: ***D. melanogaster***（キイロショウジョウバエ），***Xl***: ***X. laevis***（アフリカツメガエル），***Gg***: ***G. gallus***（セキショクヤケイ），***Mm***: ***M. musculus***（マウス），***Hs***: ***H. sapiens***（ヒト）．Boyarchuk, E. *et al.* (2011) Curr. Opin. Cell Biol., **23**: 266-276 を引用（一部改変）

[2] 共通の分布域および特定の生物種（略号で明示）で報告されたその他の分布域．後者は点線で仕切られた欄（点線の下側）に示されている．

こにはDNAが損傷するとリン酸化されるセリン残基が含まれている．ヒトの場合，H2A.Xは，H2Aファミリーの約10％を占め，クロマチンに満遍なく分布している．DNAに二本鎖切断が生じると，その領域のH2A.Xの上記セリン残基はただちにリン酸化され（この状態のヒストンはγ-H2A.Xと呼ばれる），それが目印になってDNA修復に働く因子群がリクルート＊[2-3]され，修復機構が働き始める．また，H2A.ZやH3.3は，転写が活性化している遺伝子領域およびその制御領域に存在する．また，この両者を含むヌクレオソームコアは，ヒトの場合，活性化しているプロモーター，エンハンサー，およびインスレーター領域＊[2-4]に“濃縮”されているという報告がある．さらに，このようなヌクレオソームコアは，少し不安定であることも明らかになっている．したがって，これらのバリアントが存在する領域ではヌクレオソーム構造が壊れやすく，ヌクレオソームフリー（ヌクレオソームがない状態・構造）になりやすいと考えられる．このような構造的背景が，転写活性化を支える1つの基盤になっているのかもしれない．なお，リンカーヒストンH1にもバリアントが存在し，ヒトでは約10種類が報告されている．

2.1.2 ヘテロクロマチンとユークロマチン

分裂期のクロマチンは高度に凝縮して染色体を形成するが，間期になると脱凝縮して不定形の構造をとる．この構造には，クロマチン繊維がほぐれた状態をとった領域と高度に凝縮したままの領域とが混在している．前者はユークロマチン（euchromatin），後者はヘテロクロマチン（heterochromatin）とそれぞれ呼ばれる．塩基性色素で染色すると，ヘテロクロマチンは濃く染まるが，ユークロマチンは分散しているので薄く一様に染まる．ユークロマチンの領域は一般に細胞核の内部に局在する（図2.6）．転写されている遺伝子はこの領域に存在するが，この領域に存在する遺伝子が皆転写されている

＊2-3　recruit：この分野では，タンパク質やタンパク質複合体を呼び込んだり，動員したりすることを「リクルートする」と表現する．

＊2-4　インスレーター配列：周囲の遺伝子の転写状態の影響を遮断できるDNA配列．

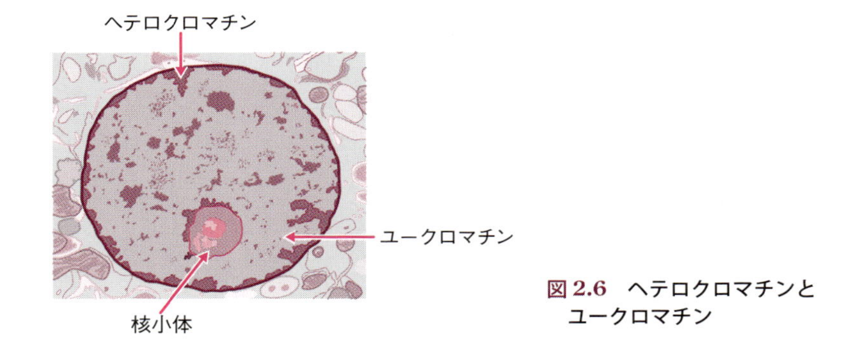

図 2.6　ヘテロクロマチンとユークロマチン

わけではない．ユークロマチン領域のDNAはS期の前半に複製される．一方，ヘテロクロマチンの多くは細胞核の周縁部に存在し，遺伝子発現は抑制されており，DNA 複製は多くの場合 S 期の後期に行われる．

ヘテロクロマチンはさらに 2 つに分類される．セントロメア，テロメアやサテライト DNA 領域など，反復配列上に形成されるクロマチンは細胞種を問わず凝縮した形態を示し，構成的ヘテロクロマチン（constitutive heterochromatin）と呼ばれる．一方，不活性化された X 染色体や細胞分化の過程で不活性化した遺伝子領域などのクロマチンは，元来，間期核内で脱凝縮した形態をとりうるクロマチンであるが，遺伝子不活性化の機構などによりヘテロクロマチン化したものである．このようなヘテロクロマチンは条件的ヘテロクロマチン（facultative heterochromatin）と呼ばれる．構成的ヘテロクロマチンに含まれるヒストンは，一般に，H3K9（ヒストン H3 の 9 番目のリシン残基）がメチル化されていることやヒストンテールが脱アセチル化されていることを特徴とする．さらに，HP1（heterochromatin protein 1）（→ 2.1.3）が集積していることも特徴である．なお，本来は遺伝子発現活性を示すものでも，逆位などの現象によりヘテロクロマチン領域に来てしまうと，位置の効果により，転写が抑制されてしまうことがある．ショウジョウバエの遺伝子 *white* の例が有名で，これが逆位によりヘテロクロマチンの影響を受けるようになると複眼が赤と白のまだら模様になる．遺伝子の配置によるこのような現象は位置効果による斑入り（position effect variegation:

PEV）（3 章）と呼ばれる．

2.1.3　ヘテロクロマチンタンパク質 1

HP1 は最初，ショウジョウバエの染色体のヘテロクロマチン領域に局在する非ヒストンタンパク質として同定された．その後，HP1 をコードする遺伝子は，*Su*(*var*) 遺伝子群の 1 つとして知られていた *Su*(*var*)*2-5* であることが判明した．*Su*(*var*) 遺伝子群は，PEV を抑制する遺伝子変異（サプレッサー変異*[2-5]）の解析で同定された遺伝子群である．因みに，Su(var) は，“suppressor of variegation” を意味する．HP1 は，クロモドメイン（→ 2.2.4）とクロモシャドウドメインをもつタンパク質で，前者を介してヒストン H3K9me3（9 番目のリシン残基がトリメチル化されたヒストン H3）に結合する．また，HP1 は H3K9 をメチル化する酵素である Su(var)3-9（ヒトでは SUV39H1，マウスでは Suv39h1）（3 章）とも結合する（図 2.7）．HP1 と Su(var)3-9 は，ヘテロクロマチン構築の重要な因子であり，その分子機構は分裂酵母からヒトまで高度に保存されている．なお，分裂酵母における HP1 と Su(var)3-9 のオー

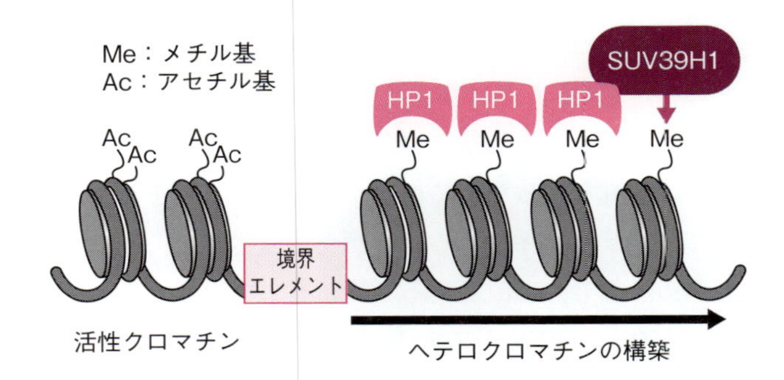

図 2.7　HP1 と SUV39H1 によるヘテロクロマチン構築のモデル
SUV39H1 が標的領域のヒストン H3 の K9 をメチル化すると，これを認識して HP1 が結合し，ヘテロクロマチン化が進行するというモデル．Bannister, A. J. *et al.* (2001) Nature, **410**: 120-124 を改変．

＊ 2-5　遺伝子の変異によって変化した形質が，その遺伝子とは異なる遺伝子の変異によって元に戻ることがある．このような場合，2 番目の変異をサプレッサー変異と呼ぶ．

ソログ (orthologue または ortholog) *2-6 は，それぞれ Swi6 と Clr4 である.

2.2　クロマチンリモデリング

クロマチン内の遺伝情報を読み取るためには,転写因子やRNAポリメラーゼが特定のDNA領域と相互作用できる環境を用意しなければならない．細胞内にはクロマチンリモデリング複合体（chromatin remodeling complex）またはクロマチンリモデラー（chromatin remodeller）と呼ばれる，クロマチン構造を部分的に改変（リモデリング）できるタンパク質複合体が複数存在する．これらの複合体は，転写だけでなくクロマチン内で起きる様々な現象に関与している．本節ではクロマチンリモデラーの種類と機能について述べる．

2.2.1　遺伝子発現とクロマチンリモデリング

遺伝子発現*2-7 は，転写段階，転写後，翻訳段階，翻訳後の各段階で制御可能であるが，一般に，主要な制御は転写段階でなされる．したがって，「遺伝子発現の制御」という言葉は，「転写の制御」とほぼ同じ意味で使われることが多い．さて，クロマチン内の遺伝子の転写では，プロモーターやエンハンサーなどの特定のDNA領域がクロマチン内に埋もれている場合，まず，これらの領域を露出させて，転写因子などと相互作用できる状態にしなければならない．この役割を担っているのがクロマチンリモデリング複合体またはクロマチンリモデラーと呼ばれるタンパク質複合体で，これらは標的領域のクロマチン構造を部分的に改変する機能を有している．クロマチンリモデラーは何種類も存在し，触媒サブユニットの構造をもとに分類されている．SWI/SNF，ISWI，CHD，INO80 および SWR1 と呼ばれる各ファミリーは，その主要なものである．クロマチンリモデラーは，複数のタンパク質から構

---

*2-6　異なる生物種の間に見られる相同な遺伝子で，同一祖先の同一遺伝子に由来すると考えられるもの.

*2-7　ゲノムDNAに塩基配列の形で記された遺伝情報は，生物の形質を規定している．転写と翻訳を経て形質が表現型となって現れることを遺伝子発現（形質発現）と呼ぶ.

成されているが，必ずATPaseサブユニットを含んでいる．このサブユニットは，ATPを加水分解してクロマチンのリモデリングに必要なエネルギーを供給する．クロマチンリモデラーは，転写活性化因子（アクチベーター）などとの相互作用を介して標的領域にリクルートされ，その領域においてヒストンを排除したり，ヌクレオソームの位置をずらしたり（ヌクレオソームスライディング），DNAとヒストン八量体の結合を弛緩させたりして，その領域のDNAが転写因子などと相互作用できるようにする．以下の2.2.2項で各ファミリーについて述べる．

2.2.2 SWI/SNFファミリー

クロマチンリモデラーとして最初に同定されたのは，出芽酵母のSWI/SNF複合体である．SWI（mating-type switchingに由来）は，最初，接合型変換に関与する部位特異的エンドヌクレアーゼHOの遺伝子発現に必要な因子として，また，SNF（sucrose nonfermentingに由来）は，スクロース（蔗糖：二糖類）をフルクトースとグルコース（いずれも単糖）に分解する酵素，インベルターゼの遺伝子*SUC2*の転写制御因子として，それぞれ1980年代前半に報告されていた．その後，*Swi*遺伝子群のなかの*Swi1*，*Swi2*，*Swi3*と*Snf*遺伝子群のなかの*Snf2*，*Snf5*，*Snf6*は，多くの遺伝子の転写の活性化に関与していることが明らかになった．さらに，*Swi2*と*Snf2*が同一の遺伝子であることも判明した．1994年，Swi1，Swi2/Snf2，Swi3，Snf5，Snf6，および他に5つのタンパク質を含む複合体が，ヌクレオソーム上にあるGAL4（転写活性化因子の1つ）の標的配列にGAL4誘導体が結合するのを促進することが見いだされた．これにより，SWI/SNF複合体は，転写活性化因子がヌクレオソーム上のDNAに結合する際に広く用いられる因子ではないかと考えられるようになった．その後の研究で，酵母SWI/SNFは，クロマチンリモデラーとして，いくつかの誘導型の遺伝子の発現に関与すること，転写の活性化と抑制の両方に関与すること，さらには相同組換えやDNA複製においても重要な役割を果たしていることが明らかになった．その一方で，細胞はこの複合体がなくても生存できることがわかり，SWI/SNFは，細胞

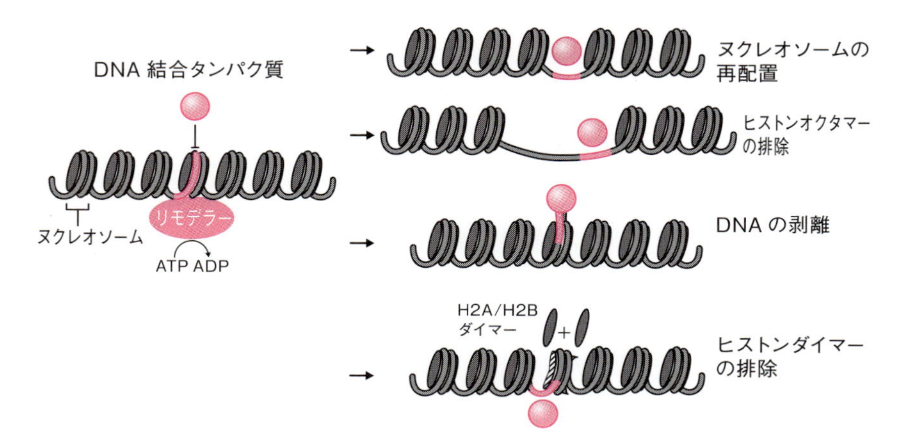

図 2.8　SWI/SNF によるクロマチンリモデリング
Kasten, M. M. *et al.* (2011) Cell, **144**: 310-310.e1 を改変.

の生存に不可欠な因子というわけではないことが明らかになった．その後，ショウジョウバエやヒトにおいても同様の活性をもつ複合体が発見され，SWI/SNF ファミリーのクロマチンリモデラーは進化的に高度に保存されていることが明らかになった．このファミリーに属する複合体は，ヌクレオソームのスライディングや構造改変の活性はもつが，ヌクレオソームを構築する活性はもたない（図 2.8）．

酵母 SWI/SNF は，巨大な複合体である（図 2.9）．リモデリングに必要な ATPase 活性は，Swi2/Snf2 が有している．このタンパク質は 1,703 アミノ酸残基からなり，DNA 依存 ATPase ドメインを中央付近に，ブロモドメインを C 末端領域にもっている（図 2.10）．DNA 依存 ATPase ドメインは，約 500 アミノ酸残基にわたるドメインで，ここには核酸によって活性化される ATPase やヘリカーゼに見られるモチーフと相同なモチーフが存在するが，このタンパク質にヘリカーゼの活性はない．ブロモドメインは，アセチル化されたヒストンに特異的に結合するドメイン（→ 2.4.1e）で，ヒストンアセチル化酵素（HAT：2.4.1b）の他，CBP/p300，PCAF（p300/

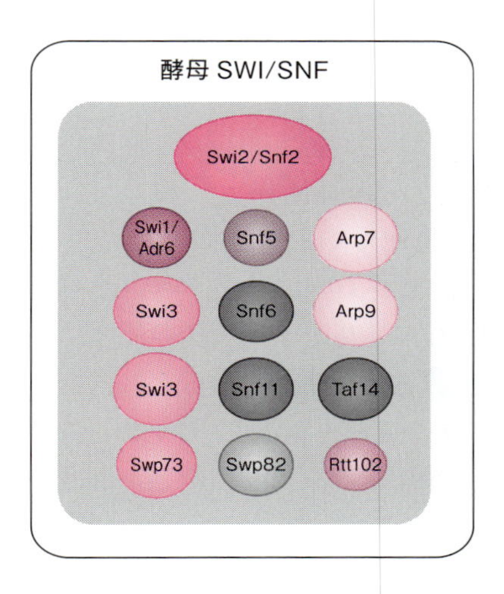

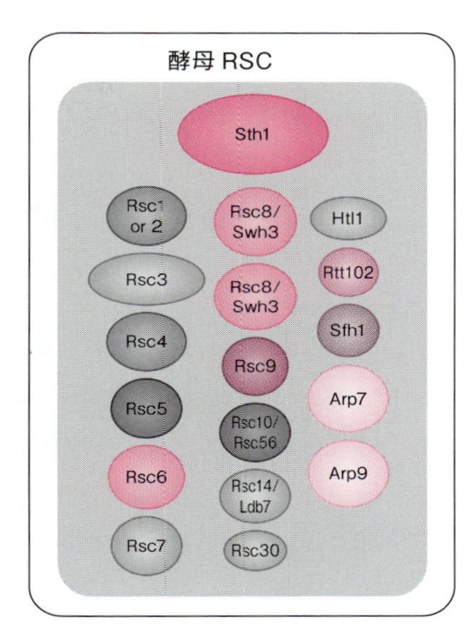

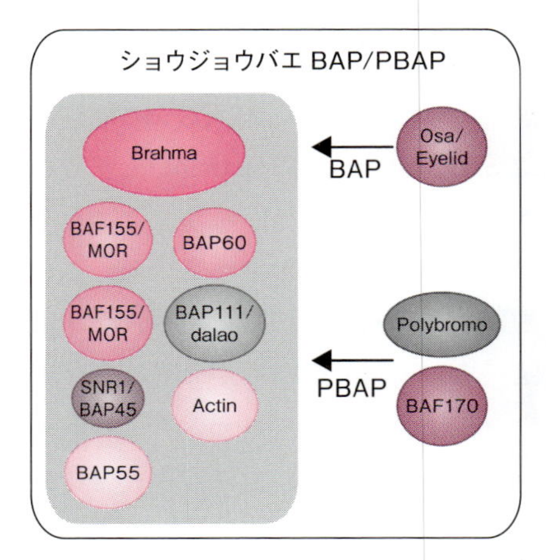

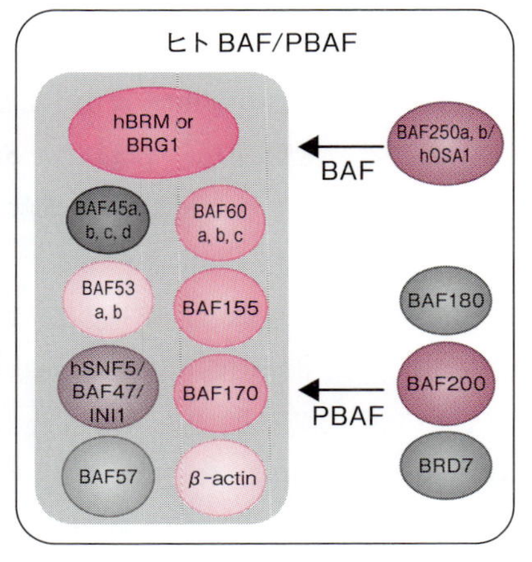

図 2.9　SWI/SNF ファミリーのサブユニット構成
楕円の大きさと分子量は必ずしも一致しない.

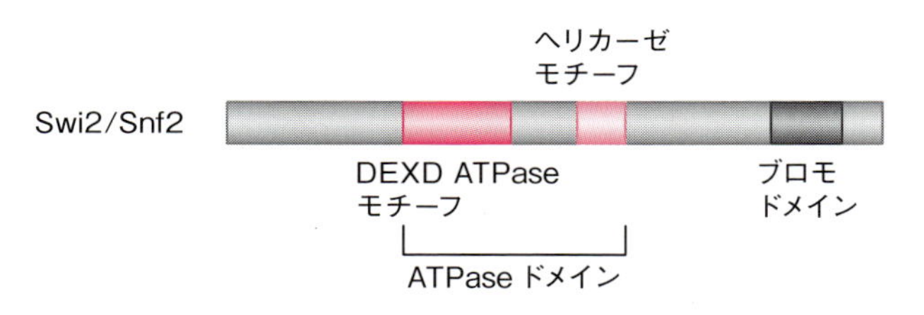

図 2.10 Swi2/Snf2 サブユニットの構造

CBP-associated factor), GCN5 (GCN: general control nonderepressible), $TAF_{II}250$ (TBP-associated factor II 250：基本転写因子 TFIID の最大サブユニット) など, 転写のコアクチベーター＊2-8 や基本転写因子などに含まれている. SWI/SNF 複合体は, Swi2/Snf2 のブロモドメインによりプロモーター上のアセチル化されたヒストンに結合して機能する. なお, ブロモドメインは, Swi2/Snf2 型の ATPase に特有のドメインで, 後に述べる ISWI, CHD, Ino80 および SWR1 には存在しない.

酵母には, RSC (remodel the structure of chromatin) と呼ばれる複合体も知られている (図 2.9). この複合体は, 約 15 のサブユニットからなり, Sth1 (SNF two homolog 1) と呼ばれるサブユニットが ATPase 活性をもっている. その遺伝子 *Sth1* は, *Swi2/Snf2* のパラログ (paralogue または paralog) ＊2-9 である. RSC 複合体は, SWI/SNF 複合体と同じサブユニットを 3 つもち, そのほかにも相同なサブユニットをいくつかもっている. このように, RSC 複合体は, 構造的には SWI/SNF 複合体に似ているが, ゲノムワイドの遺伝子発現解析を行った結果からは, 基本的に SWI/SNF 複合体と RSC 複合体の各標的遺伝子が重ならないことが示されている. また, RSC 複合体は, 細胞内に多量に存在しているが, SWI/SNF 複合体の存在量は少なく (細胞当たり 100 〜 200 コピー), この点でも両複合体の細胞内機能が

＊2-8 基本転写因子 (コアプロモーターに結合する) および転写調節因子 (エンハンサーなどに結合する) の双方と相互作用して転写を活性化するタンパク質. それ自身に DNA 結合能はない.

＊2-9 進化の過程で起きた遺伝子重複により生じた, 同一ゲノム内の類縁遺伝子.

異なることが推察できる．RSC 複合体は，クロマチン制御において SWI/SNF 複合体よりも広範な役割を果たしていると考えられている．なお，RSC 複合体に特徴的な点として，たとえば，RSC 複合体は酵母の生存に不可欠であること，姉妹染色分体の接着と分離にも関わっていること，サブユニットの Sth1，Sfh1，Rsc3 および Rsc9 は，G2 期～ M 期の細胞周期の進行に必要であることなどを挙げることができる（表 2.2）．ただし，転写の活性化と抑制の両方に関わっている点は RSC 複合体も SWI/SNF 複合体と同じである．

表 2.2　SWI/SNF ファミリークロマチンリモデラーの機能 [1]

複合体	生物	関与する主な機構
SWI/SNF	酵母	転写活性化，転写抑制，転写伸長，二本鎖切断修復，DNA 複製
RSC	酵母	転写活性化，転写抑制，二本鎖切断修復，細胞シグナリング，細胞周期進行，紡錘体形成チェックポイント，姉妹染色分体接着・分離
BAP および PBAP	ショウジョウバエ	転写制御，転写伸長，細胞周期・細胞増殖，免疫系機能，発生（変態）
BAF および PBAF	ヒト	転写制御，転写伸長，二本鎖切断修復，ヌクレオチド除去修復，細胞シグナリング，細胞増殖・分化，幹細胞多能性維持，DNA 複製，スプライシング，がん抑制，発生

[1]Kasten, M. M. *et al.* (2011) Cell, **144**: 310-310.e1 に一部加筆

ショウジョウバエにおける *Swi2/Snf2* のオーソログは，*brahma*（*brm*）である．*brm* は，トリソラックス群遺伝子（→ 2.4.10）の 1 つで，*Polycomb*（*Pc*）（→ 2.4.10）変異のサプレッサー変異をスクリーニングして発見された．この遺伝子がコードする BRM は，1,638 アミノ酸残基からなり，Swi2/Snf2 と同様，ATPase ドメインとブロモドメインをもっている．BRM を含むクロマチンリモデラーには，BAP（BRM-associated proteins）複合体と PBAP（polybromo-associated BAP）複合体がある（図 2.9）．前者は，酵母の SWI/SNF 複合体に，後者は同 RSC 複合体にそれぞれ相当する．しかし，細胞内での存在量は両者とも豊富で，主として高度にアセチル化されたオープンク

ロマチン領域[*2-10]に局在し，生存に必須である．両者によって，RNAポリメラーゼⅡの転写全般が活性化される．

酵母Swi2/Snf2に相当するヒトのATPaseサブユニットは，hBRM（hはhumanの意）とBRG1（brahma-related gene 1）である．どちらもSwi2/Snf2とSth1のどちらにも似ている．酵母SWI/SNF複合体に相当するヒトの複合体はBAF（BRG1/hBRM-associated factors），RSC複合体に相当する複合体はPBAF（polybromo-associated BAF）と呼ばれ，前者のATPaseサブユニットにはBRG1かhBRMが，後者ではBRG1が使われる（図2.9）．BAF複合体もPBAF複合体も細胞内には豊富に存在し，後者は有糸分裂期にはキネトコアに局在する．ノックアウトマウス[*2-11]を用いた実験で，***mbrm***（先頭の“m”はmouseを意味する）をノックアウトしても個体の生存には影響しないが，***mbrg1***をノックアウトするとマウスは胚発生の初期に死に至ること，また，***mbrg1***の発現がモノアレリック（2つのアリルの一方だけ）な場合，腫瘍を発生しやすくなることが報告されている．このことは，mBRMに比べてmBRG1がより重要であることを示唆している．BRG1はジンクフィンガータンパク質[*2-12]に結合することができる．この結合には，BRMにはなくてBRG1には存在するN末端ドメインの構造が寄与している．

＊2-10　弛緩した構造をとったクロマチン領域．一般に，デオキシリボヌクレアーゼ（DNA分解酵素）によってDNAの切断が可能なクロマチン領域が“オープン”なクロマチン領域であると考えられている．

＊2-11　遺伝子操作によって特定の遺伝子の機能が欠損したマウス．

＊2-12　ジンクフィンガーは，タンパク質のドメイン構造の1つで，Cys_2His_2クラス，Cys_4クラス，Cys_6クラスに分類される．どのクラスも名称に示されたアミノ酸残基に2価の亜鉛イオンが配位する．たとえば，Cys_2His_2の場合，2つのCys残基と2つのHis残基にZn^{2+}が配位し，両者の間に存在するアミノ酸残基がループ構造をとる．一般に，ジンクフィンガードメインはこの単位構造を複数もち，複数の指を連想させるような構造をとるためこの名が付けられた．ただし，Cys_6の場合には，6個のCys残基に2つのZn^{2+}が配位し，“指”は1本のみである．ジンクフィンガーは，転写因子にしばしば見られるドメイン構造であり，“指”の部分でDNAの主溝に結合する．

一方，BRM は Notch シグナリング＊2-13 において重要な役割を果たす，アンキリン（ankyrin）リピート＊2-14 をもつ 2 つのタンパク質と相互作用することがわかっている．これらの事実から，BRG1 を含むクロマチンリモデラーと BRM を含むクロマチンリモデラーは，哺乳類細胞内で異なった役割を果たしていると考えられている．実際に，リガンドに依存した核内受容体による転写活性化機構において両者は異なった作用をすることがわかっている．

以上のように，真核生物の SWI/SNF ファミリーは，SWI/SNF（酵母），BAP（ショウジョウバエ），BAF（ヒトをはじめとした哺乳類）タイプのサブファミリーと RSC（酵母），PBAP（ショウジョウバエ），PBAF（ヒトをはじめとした哺乳類）タイプのサブファミリーの 2 つに分けられる．これは，酵母に見られる 2 タイプのクロマチンリモデラーが進化的に保存されていることを示唆している．

2.2.3　ISWI ファミリー

このファミリーに属するクロマチンリモデリング因子は，最初，ショウジョウバエの胚の抽出液から精製された．1995 年に簗山俊夫と Carl Wu が NURF（nucleosome remodeling factor）について，1997 年に Peter B. Becker のグループが CHRAC（chromatin accessibility complex），James T. Kadonaga のグループの伊藤 敬が ACF（ATP-utilizing chromatin assembly and remodeling factor）について，それぞれ報告している．このファミリーの名称は，ISWI を ATPase サブユニットとしてもつことに由来する．ISWI は，BRM にアミノ酸配列の相同性をもつタンパク質として 1994 年に見つかっており，Imitation Switch の意味で ISWI と命名された．その質量は約 140 kDa である．すでに述べたように，Swi2/Snf2 にはブロモドメインが存在するが，

＊2-13　シグナル伝達（遺伝子調節）経路の 1 つ．節足動物から脊椎動物までよく保存されている．神経分化，体節形成を含め，多様な現象に関わる．

＊2-14　33 アミノ酸残基を単位としたくり返し配列．細胞骨格タンパク質アンキリン（名前の由来）にはこの単位配列が 24 回反復している．このリピート構造は，タンパク質間相互作用に関与していると考えられている．

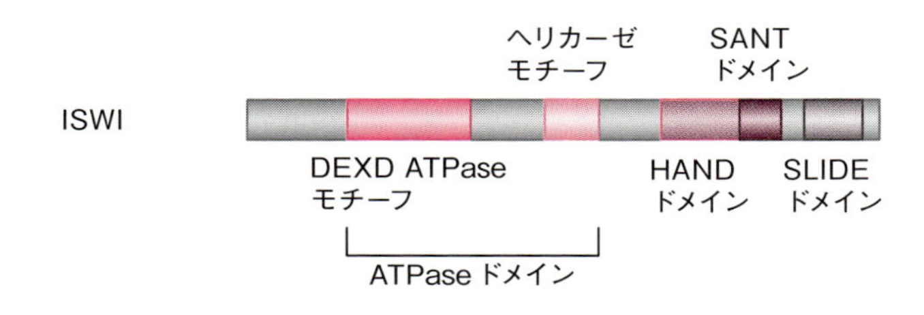

図 2.11　ISWI サブユニットの構造

ISWI にはこのドメインがない（図 2.11）．ATPase ドメインの C 末端側には，HAND（4 つの α- ヘリックスからなり，開いた手のように見えることから），SANT（Swi3, Ada2, N-Cor, TFIIIB の頭文字が語源），SLIDE（SANT-like ISWI domain）と呼ばれる各ドメインが存在する．HAND ドメインは，ヌクレオソームや DNA の認識・結合に関与する．SANT ドメインは，未修飾のヒストンテールに結合するドメインで，ヒストンと相互作用するクロマチンリモデラーにしばしば見られる．また，SLIDE ドメインは，ヌクレオソーム内の DNA（中央部付近）への結合に関与する．

ISWI は，ショウジョウバエの全発生過程で発現しており，胚の細胞では 100,000 分子以上存在すると見積もられている．機能としては，ヌクレオソームをスライディングさせたり，自身を物差しにしてヌクレオソーム間の間隔を揃えたりする．その遺伝子 *Iswi* の機能欠失型変異体は，さなぎまたは幼虫の時期に死に至る．これは，成虫原基*[2-15]におけるホメオティック遺伝子（→ 2.4.10）の発現が損なわれるためであると考えられている．その他いくつかの実験を通して，ISWI は，細胞の生存や分裂において多様な役割を果たしていることが明らかになっている．

簗山と Wu は，*hsp70* のプロモーター領域のクロマチン構造を GAGA 因子*[2-16]と共働して改変する活性をもつ因子を精製し，NURF と命名した．

＊ 2-15　完全変態をする昆虫が幼虫の時期にもつ器官で，成虫における肢，翅，触角などの原基．

＊ 2-16　ショウジョウバエの塩基配列特異的な転写因子の 1 つ．*Hsp70* 遺伝子のプロモーター内にある $(GA)_n$ 配列に結合する．

NURFは，ISWIを含む4つのポリペプチド鎖から構成されていること（表2.3），複合体の質量が約500 kDaであること，存在量はかなり豊富で，胚から抽出した核タンパク質の約0.08％を占めることなど，酵母のSWI/SNF複合体とは，特徴が大きく異なることがその時点で明らかになった．また，SWI/SNF複合体のATPase活性は裸のDNAによって上昇するが，NURFのATPase活性は裸のDNAやコアヒストンを共存させても変化せず，ヌクレオソームの存在下で初めて上昇する．この点でも両者は異なる．なお，ISWIサブユニットは，NURFにヌクレオソームをスライディングさせる能力を与えている．また，NURF301サブユニットは，GAGA因子を始めとしたいくつかの塩基配列特異的なDNA結合性の転写因子と相互作用する．これにより，NURFは，熱ショック遺伝子やホメオティック遺伝子の転写を活性化する．

CHRACはクロマチンの構造を変化させてDNAを裸にする活性をもつ因子として，ACFはATPを用いてクロマチンをアッセンブリー（組み立て，構築）する因子として，それぞれショウジョウバエから精製された．CHRACもACFも，ISWIとACF1をサブユニットにもつよく似た因子であるが，ACFの場合，その他のサブユニットは含まず，CHRACの場合，これらの他にCHRAC14とCHRAC16を含んでいる（表2.3）．ヒストンシャペロン＊2-17 Nap1（nucleosome assembly protein 1）またはCAF-1（chromatin assembly factor 1）とATPの存在下，ACFは*in vitro*でコアヒストンとDNAからヌクレオソームが規則的に並んだクロマチン構造を作ることができる．ACF1は，ISWIが触媒するヌクレオソームスライディングの効率を高める機能をもっている．また，ISWI単独では*in vitro*でDNA断片の中央にあるヌクレオソームをDNAの末端方向にしか動かせないが，ACF1と複合体を形成すると（すなわちACFになると），ヌクレオソームを中央方向にも動かせるようになる．CHRAC14とCHRAC16はヒストンフォールドをも

＊2-17　シャペロンの1つで，ヒストンがヌクレオソームを形成する際に介助する機能をもつ．

表 2.3　ショウジョウバエとヒトの ISWI ファミリークロマチンリモデラー

複合体[1]	生物	サブユニット数	サブユニット	細胞内機能
dACF	ショウジョウバエ	2	ISWI, ACF1	ヌクレオソームアッセンブリー，ヌクレオソーム間間隔調整，転写抑制，複製制御
dCHRAC	ショウジョウバエ	4	ISWI, ACF1, CHRAC-14, CHRAC-16	ヌクレオソームアッセンブリー，ヌクレオソーム間間隔調整，転写抑制，複製制御
dNURF	ショウジョウバエ	4	ISWI, NURF-301, NURF-55, NURF-38	高次クロマチン構造の維持，転写活性化（熱ショック遺伝子，ホメオティック遺伝子），転写抑制（JAK/STAT の標的遺伝子）
dRSF	ショウジョウバエ	2	ISWI, RSF-1	ヘテロクロマチン構築，PEV の抑制
hACF	ヒト	2	SNF2H, ACF1	ヘテロクロマチンの DNA 複製，転写抑制（ビタミン D3 受容体によって制御される遺伝子）
hCHRAC	ヒト	4	SNF2H, ACF1, CHRAC15, CHRAC17	ヘテロクロマチンの DNA 複製，転写抑制（ビタミン D3 受容体によって制御される遺伝子）
hRSF	ヒト	2	SNF2H, RSF-1	ヌクレオソームアッセンブリー，CENP-A クロマチンの構築介助
hWICH	ヒト	2	SNF2H, WSTF	ヘテロクロマチンの DNA 複製，DNA 損傷修復制御
hNURF	ヒト	4	SNF2L, BPTF, RbAp46/48	細胞分化，転写活性化（*engrailed* 遺伝子）
NoRC	ヒト	2	SNF2H, TIP5	rDNA の転写抑制

[1] “d” は Drosophila，“h” は Human を意味する．

つタンパク質である．ヒトにおけるこれらのオーソログである CHRAC15 と CHRAC17 を用いた解析により，両者の複合体は，ACF の機能であるヌクレオソームのスライディングを促進する機能をもつこと，また，ACF が関与するヌクレオソームのアッセンブリーにも関わっていることが明らかになった．ショウジョウバエの NURF，CHRAC，ACF のそれぞれに対応するクロマチンリモデラーがヒトにも存在する（表 2.3）．表中の RSF（remodeling and spacing factor）はヒトで最初に見つかり，後にショウジョウバエでも精製された．この複合体は，ヒストンシャペロンの介在がなくてもヌクレオソームのアッセンブリーを触媒することができる．表 2.3 に示したように，これらのリモデラーは，ヌクレオソームのアッセンブリーや間隔制御，転写制御，複製制御，クロマチンの高次構造やヘテロクロマチンの構築，DNA 損傷修復制御など，細胞内で様々な機能を果たしている．その他の ISWI ファミリークロマチンリモデラーとして，出芽酵母の ISW1a，ISW1b，ISW2 やアフリカツメガエル（*Xenopus*）の xACF，xWICH（WSTF ISWI chromatin remodeling），xISWI-A, xISWI-D，ヒトの CERF（CECR2-containing remodeling factor），WCRF（Williams syndrome transcription factor-related chromatin remodeling factor）などが知られている．

ISWI ファミリーの場合，ATPase サブユニットである ISWI にはブロモドメインがないが，それ以外のサブユニット，たとえば ACF では ACF1 に，NURF では NURF301（p301）にブロモドメインが存在する．しかし，これらのサブユニットのブロモドメインがどのような役割を果たしているかは不明である．

2.2.4　CHD ファミリー

CHD（chromodomain-helicase-DNA-binding protein）ファミリーは，ATPase サブユニットに ATPase ドメインと 2 つのクロモドメインをもつことを特徴としている（図 2.12）．クロモドメインは，クロマチンリモデラーやクロマチン凝縮に関与するタンパク質に多く見られるドメインで，40 ～ 50 のアミノ酸残基からなり，メチル化されたリシン残基を認識する．なお CHD のクロモドメインは，4 番目のリシン残基がジメチル化またはトリメチル化されたヒストン H3（H3K4me2/3）に結合する．H3K4me2/3 は，転写活性の高い領域に見られるヒストン修飾である．CHD ファミリーは，ATPase ドメインとクロモドメインの他にもドメイン構造を有しており，その違いをもとに 3 つのサブファミリーに分けられている．サブファミリー Ⅰ には DNA 結合ドメインをもつ CHD1 と CHD2 が，Ⅱ には PHD（plant homeodomain）をもつ CHD3 ～ CHD5 が，Ⅲ には SANT ドメインと BRK（BRM and KIS）ドメインをもつ CHD6 ～ CHD9 が属している．PHD は PHD フィンガーとも呼ばれ，最初，シロイヌナズナのホメオドメインをもつタンパク

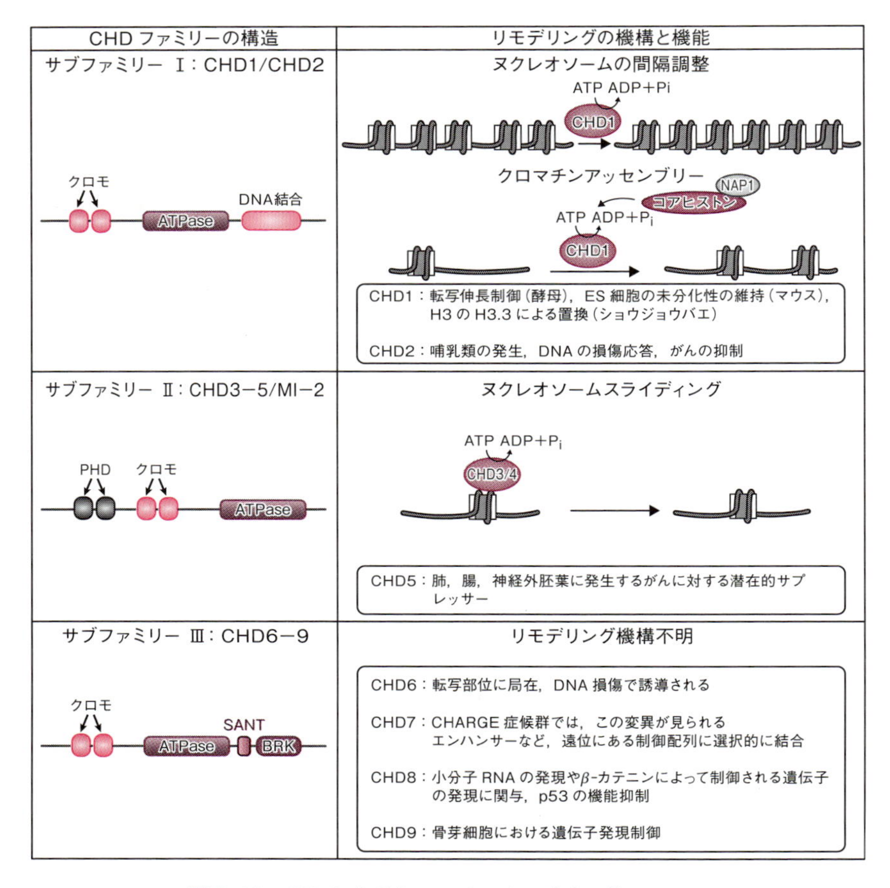

図 2.12　CHD によるクロマチンリモデリング
Sims, J. K., Wade, P. A. (2011) Cell, **144**: 626-626.e1 を改変.

質のなかに見つかったのでこの名がついた．このドメインは，クロマチンを介した遺伝子発現制御に関与するタンパク質にしばしば見られ，転写のコアクチベーターである p300 や CBP にも存在する．SANT ドメインは，ヒストンとの相互作用に関与する．BRK ドメインは，クロモドメインおよび DEAD/DEAH ボックスヘリカーゼドメインと共存していることが多いが，その機能は未知である．DEAD/DEAH ボックスヘリカーゼドメインとは，

DEADボックス（Asp-Glu-Ala-Aspが含まれることに因む）をもつヘリカーゼまたはDEAHボックス（Asp-Glu-Ala-Hisが含まれる）をもつヘリカーゼに見られるドメイン構造である．CHDファミリーは，ヌクレオソーム間の間隔調整，クロマチンアッセンブリー，ヌクレオソームスライディングなどの機能を有し，ES細胞の未分化性の維持 (CHD1)，哺乳類の発生，DNA損傷に対する応答，腫瘍の抑制（以上CHD2）などに関与している（図2.12）．

2.2.5　INO80およびSWR1ファミリー

出芽酵母INO80複合体のATPaseサブユニットはIno80（Ino：inositol requiring）であり，SWR1複合体のATPサブユニットはSwr1（sick with rat 8 ts 1）である．これらのサブユニットは，ATPaseドメインを構成する2つのモチーフが離れた位置に存在するという特徴的な構造をとっている（図2.13）．また，バクテリアのRuvB（六量体を形成してホリデイ分岐*2-18移動のモーターとして機能する）と限定的なホモロジーをもつRvbをもつことも特徴である．INO80はヌクレオソームのスライディングを触媒し，SWR1はヌクレオソーム内のH2A-H2B二量体をヒストンバリアントH2A.ZとH2Bの二量体で置換する反応を触媒する（図2.14）．INO80やSWR1に対応するホモログは，ショウジョウバエやヒトにも存在する．INO80は，転写活性化，

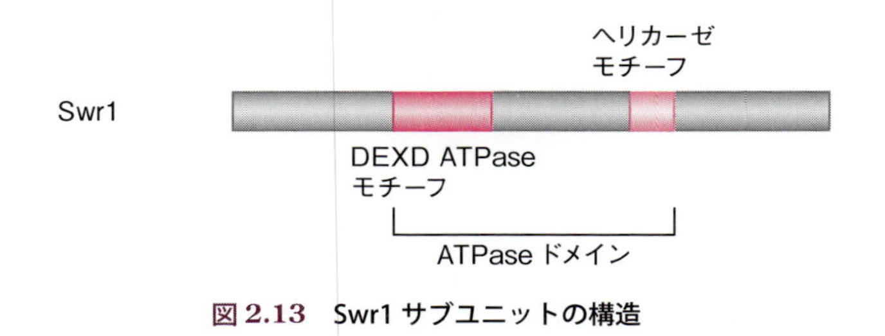

図2.13　Swr1サブユニットの構造

＊2-18　Holliday junction, Holliday structure：相同組換え時に形成される構造で，相同な2組の二本鎖DNAが互いに1本の鎖を交換することでできる交差構造．

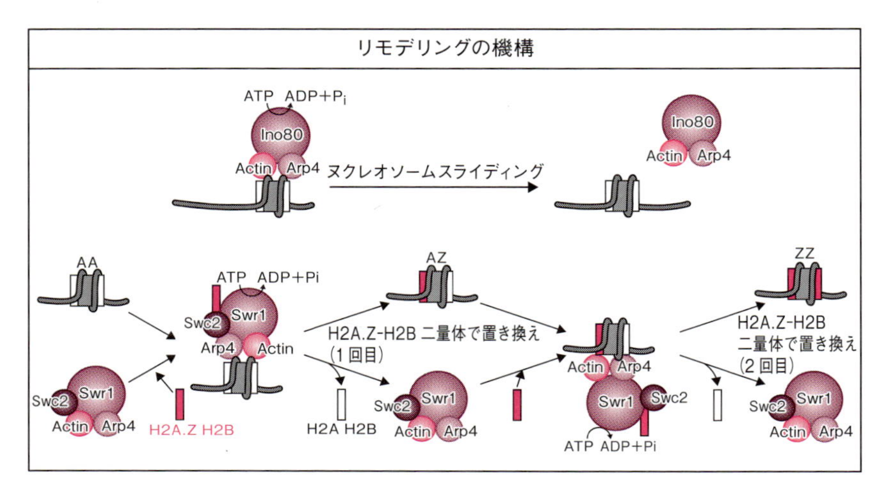

図 2.14　INO80 および SWIR によるクロマチンリモデリング
Bao, Y., Shen, X. (2010) Cell, **144**:158-158. e2 を改変.

DNA 複製，DNA 修復において，SWR1 は転写や DNA 修復において機能する（このファミリーに属するショウジョウバエの Tip60 は転写抑制に関わる）（図 2.14）.

2.3　DNA のメチル化

修飾塩基の多くは RNA にみられ，多くの場合，三次元機能構造の構築に関わっている．一方，DNA の修飾は，原核生物・真核生物を問わず，基本的にメチル化に限られており，真核生物においてはエピジェネティックな遺伝情報発現制御の一翼を担う重要な役割を果たしている．本節では，哺乳類と植物のそれぞれにおける DNA のメチル化・脱メチル化の分子機構ならびにそれらと遺伝子発現制御との関わりについて述べる.

2.3.1　DNA メチル化の普遍性

DNA の塩基はしばしばメチル化される．原核生物では，シトシンとア

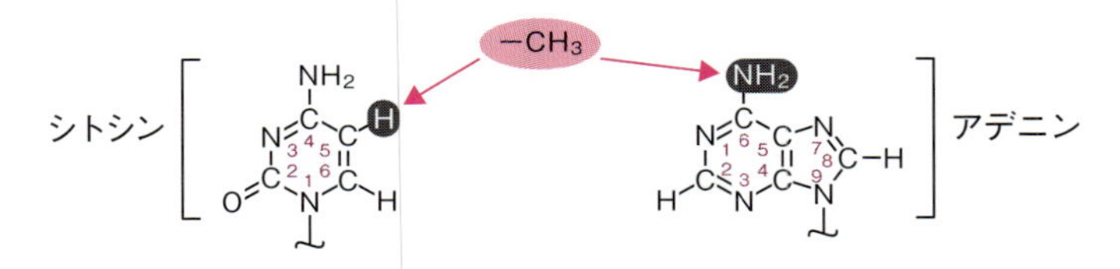

図 2.15 DNAのメチル化修飾
シトシンは5位の炭素がメチル化され，アデニンは6位のアミノ基がメチル化される．シトシンのメチル化は原核生物でも真核生物でも起きるが，アデニンのメチル化は原核生物に限られる．

デニンがメチル化され，真核生物では通常シトシンだけがメチル化される*2-19．メチル化の部位は，シトシンの場合は5位の炭素でアデニンの場合は6位のアミノ基である（図2.15）．原核生物の場合，DNAのメチル化は，制限と呼ばれる機構やグラム陰性細菌における新生鎖の修復機構に利用されている．制限では，ウイルス（バクテリオファージ）などの侵入者のDNA（メチル化されていない）だけが制限酵素によって選択的に分解される．これは，自己防御機構の1つで，自身のDNAは，メチル化により制限酵素消化から逃れることができる．また，新生鎖の修復機構では，メチル基の有無が親のDNA鎖（メチル化されている）と新生鎖（メチル化されていない）を識別する目印になり，新生鎖に誤ったヌクレオチドが取り込まれた場合，ミスマッチ修復の機構が働いて親鎖の情報に基づいて正しいヌクレオチドに置き換えられる．

意外なことに，真核生物である酵母（*Saccharomyces cerevisiae*や*Schizosaccharomyces pombe*など）のゲノムにはメチル化は見られない．線虫（*Caenorhabditis elegans*）の場合も同様である．一方，糸状菌の一種であるアカパンカビ（*Neurospora crassa*），細胞性粘菌の代表的な種であるキイロタマホコリカビ（*Dictyostelium discoidium*），ショウジョウバエ（*Drosophila melanogaster*）などでは，低レベルのDNAのメチル化が見られる．また，

＊2-19 脚注2-21を参照．

ミツバチ（*Apis mellifera*）のゲノムにはメチル化された遺伝子が一定数存在する．大腸菌には DNA のメチル化修飾が存在することから，出芽酵母や線虫でも元は DNA メチル化の機構が存在していたが，進化の過程で失われたのではないかと考えられている．高等真核生物では，DNA のメチル化は一般的な現象であり，一般にゲノムにおける非コード領域や反復配列の割合と DNA のメチル化の割合には正の相関が見られる．真核生物における DNA のメチル化は，遺伝子発現の調節やヘテロクロマチンの構築に深く関わっている．また，転移因子やウイルスなどの外来 DNA を沈黙させる防御システムとしても働いている．この他，哺乳類のゲノムインプリンティングや X 染色体不活性化（3 章）などにも関与している．

2.3.2　シトシンのメチル化の機構

メチル基の供給源は *S*- アデノシルメチオニン（*S*-adenosylmethionine；略号は AdoMet または SAM）である．反応は図 2.16 のように進む．まず，DNA メチル基転移酵素の触媒活性中心にあるシステイン残基・チオール基内のイオウ原子の孤立電子対が標的シトシンの 6 位の炭素に求核攻撃をする．これにより共役二重結合に関与していた電子が 5 位の炭素に移り，続いてこの炭素は SAM のメチル基との間で共有結合を形成する．その後，5 位の炭素に結合している水素原子が酵素に移り，酵素はシトシンから離れる．これにより，シトシンのメチル化は完了する．

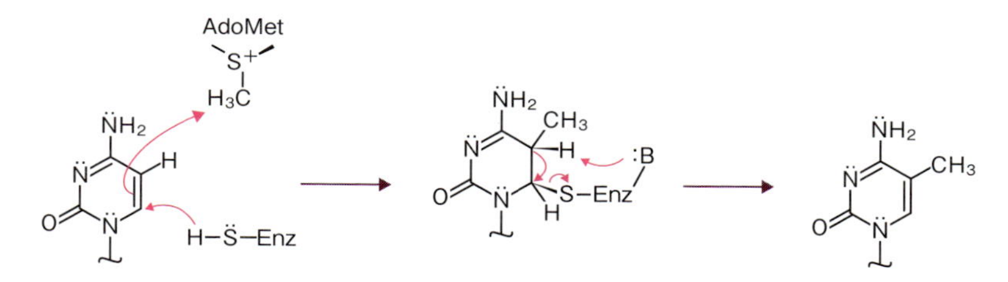

図 2.16　DNA メチル化の反応機構
AdoMet: *S* - アデノシルメチオニン , Enz: DNA メチル化酵素 , B: 酵素内塩基性アミノ酸残基.

2.3.2a 哺乳類におけるDNAのメチル化

高等真核生物におけるDNAのメチル化はエピジェネティックな遺伝子発現制御の主要な機構の1つである．メチル基は，5′-CG-3′ *2-20, 5′-CHG-3′および5′-CHH-3′（HはG以外の塩基）内シトシン（CHGとCHHでは最上流のC）の5位の炭素に導入される．哺乳類の場合，標的配列のほとんどがCGであるが，ヒトのES細胞においては，CHGおよびCHHのメチル化も一定のレベルで起きる．なお最近の研究で，ヒトのほとんどすべての組織でCHGやCHH内のシトシンも，きわめて低レベルではあるがメチル化修飾を受けていることが明らかになっている*2-21.

ゲノムにはCpGアイランドと呼ばれる，CG配列に富んだ領域が存在する．哺乳類の遺伝子の多く（ヒトでは60～70%）がプロモーター内あるいはその近傍にCpGアイランドをもっている．なお，ハウスキーピング遺伝子*2-22のプロモーターは，一般にこのタイプである．因みに，今ではプロモーター内にTATAボックスをもつ遺伝子は“少数派”であることが知られている．DNAのメチル化は一般にハウスキーピング遺伝子のような活性な遺伝子のCpGアイランドには見られない．一方，特定の組織（または器官）だけで発現する遺伝子（組織特異的遺伝子）や発生段階のある特定の時期だけに発現するような遺伝子（発生時期特異的遺伝子）の場合，それ以外の組織や時期においては，多くの場合，遺伝子はメチル化修飾を受けており，さらにその領域にはヘテロクロマチン構造（→ 2.1.2）が形成されて遺伝子発現

---

*2-20 CpGと表記される場合が多い(1)が，本書では「CpGアイランド」という用語ならびにそれを意味する用語を除いて“p”を含めない表記を用いる．

(1)：二本鎖のなかの塩基対のCGと一本鎖上での配列CGとを明確に区別するための表記．この場合の“p”は，CとGをつなぐリン酸ジエステル（phosphodiester）結合を意味する．

*2-21 この他，マウスのES細胞内ではアデニンのN^6（6位のアミノ基）のメチル化も起きていることがつい最近明らかになった［Wu, T. P. *et al.* (2016) Nature, **532**: 329-333］.

*2-22 細胞の生存や基本的な機能に必要な一群の遺伝子．ハウスキーピング遺伝子（housekeeping gene）は細胞の種類を問わず一定レベルで発現する．

が抑制されている．たとえば，いわゆる“山中4因子”＊2-23 のうちの2つの遺伝子，*Oct3/4* と *Nanog* の各プロモーターは，エピブラスト（胚盤葉上層）までのステージでは低メチル化の状態にあるが，発生段階が進むとともにメチル化され，クロマチン構造も変化して遺伝子発現が抑制されるようになる．また，哺乳類の場合，ゲノムのメチル化プロファイル（メチル化されたCGの分布の様相）は，受精前後で大きく変化する．ゲノムDNAは，配偶子のなかでは高度にメチル化されているが，受精直後から胚盤胞期にかけてメチル基の消失がゲノムワイドに大規模に起こる．その後，各細胞系列において新たなメチル化のパターンが構築され，それが細胞特異的な遺伝子発現制御の一端を担うことになる．受精を境に見られるこの現象は，マウスだけでなくヒトでも起きていることが最近明らかになった（図2.17）．つまり，ゲノ

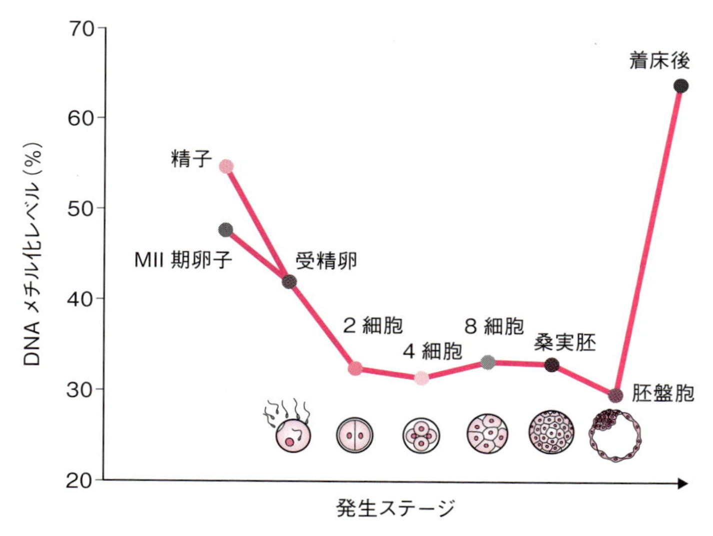

図2.17　ヒトの初期胚におけるDNAメチル化のダイナミクス
Guo, H. *et al.* (2014) Nature, **511**: 606-610 を一部改変.

＊2-23　*Oct3/4*，*Sox2*，*Klf4*，*c-Myc* の4つの遺伝子．これらの遺伝子を用いると体細胞からiPS細胞を作ることができる．山中伸弥らが解明した．2012年ノーベル生理学・医学賞受賞．

ムのエピジェネティックな再プログラム化は進化的に保存されていると推察される．この他，DNAのメチル化は，ゲノムインプリンティングやX染色体不活性化にも関与している．これらについては，3章で扱う．

2.3.2b 哺乳類のDNAメチル化酵素

DNAにメチル基を導入する酵素は，DNAメチル基転移酵素（DNA methyltransferase）と呼ばれ（動物・植物の別はない），そのスペルからDNMT（またはDnmt）[*2-24]と略される．DNMTは，新規メチル化パターンの構築やDNA複製後のヘミメチル化DNA（片鎖だけメチル化されたDNA）に対する保存的メチル化に関わる．両者を区別して，前者を*de novo*メチル化，後者を維持メチル化と呼ぶ．受精直後から胚盤胞期にかけてゲノムのメチル化パターンの“リセット”が起き，その後新たなメチル化パターンが構築される．*de novo*メチル化は，これに関わる．維持メチル化は，DNA複製時に合成される娘鎖に親鎖と同じDNAメチル化パターンを複製するための機構である．DNAメチル化の制御がうまくできないとがんなどの疾病を引き起こすことがある．

哺乳類の場合，DNAメチル基転移酵素には，DNMT1，DNMT3A，DNMT3Bの3種類が存在する．DNMT1は維持メチル化，DNMT3AとDNMT3Bは*de novo*メチル化を行う．なお，DNMT2という酵素もあるが，これはアスパラギン酸tRNAのアンチコドンにあるシトシンの5位の炭素にメチル基を導入する酵素であり，TRDMT1［tRNA aspartic acid（＊アスパラギン酸はD）methyltransferase 1］という別名をもつ．この酵素はDNAのメチル化には関与しない．*de novo*メチル化にはこの他，DNMT3L（DNMT3-like）と呼ばれる制御因子も関与する．DNMT3Lの一次構造は，システインに富んだジンクフィンガードメインをもつ点でDNMT3Aおよび

＊2-24 一般に，全大文字表記の場合（たとえばDNMT1）はヒトの酵素，小文字も含めた表記（たとえばDnmt1）の場合はマウスの酵素を表す．本章では，ヒトとマウスを区別しない場合とヒトの酵素を意味する場合には，全大文字表記を用い，特にマウスの酵素であることを明示したい場合には，小文字も含めた表記を用いる．また，遺伝子を意味するイタリック表記も同様に扱う．

DNMT3B の一次構造に似ているが，自身には活性に必要な C 末端の保存配列がないためメチル基転移活性はない．しかし，DNMT3L はメチル化には必須の因子である．

DNMT1

DNMT1 は維持メチル化に使われる酵素で，ヒトでは 1,616，マウスでは 1,620 のアミノ酸残基からなる．この遺伝子が働かないマウスではゲノムワイドな DNA メチル化の低下・消失が起きたり，インプリント遺伝子の異常な発現が起きたりすることが知られている．また，このようなマウスは，胚発生の早い段階で死ぬことや，ES 細胞の場合，分化を誘導すると死に至ることがわかっている．DNMT1 は，C 末端側に触媒活性を担うドメインがあり（図 2.18），その内部にはメチル基供与体である SAM の結合部位および DNA との相互作用に必要な活性部位がある．一方，N 末端側には PCNA（proliferating cell nuclear antigen）と呼ばれる DNA クランプ*[2-25] と相互作用する領域と，この酵素を複製フォークに誘導する配列，RFTS（DNA replication foci targeting sequence）がある．この他，この酵素には核移行シグナル，ジンクフィンガー様ドメイン，BAH（bromo-adjacent homology）

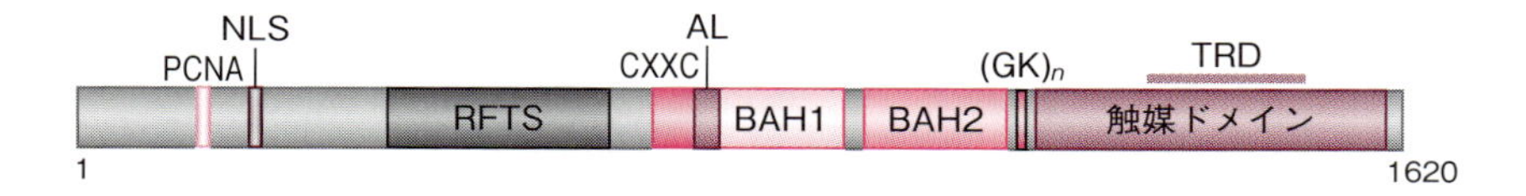

図 2.18　マウス Dnmt1 の構造
PCNA: PCNA と相互作用するドメイン，NLS (nuclear localization signal)：核移行シグナル，RFTS (DNA replication foci targeting sequence): Dnmt1 をクロマチンに会合させる際に使われるドメイン，CXXC (Cys-X-X-Cys): DNA への結合に関与するジンクフィンガー様ドメイン，AL (autoinhibitory linker): 触媒部位を塞いで *de novo* メチル化をしないようにするドメイン，BAH (bromo-adjacent homology): タンパク質・タンパク質相互作用に関与するドメイン，$(GK)_n$: グリシン・リシンリピート，TRD (target recognition domain): 標的を認識するドメイン．

＊2-25　環状構造をとっており，二本鎖 DNA は，DNA 複製の伸長段階においてその穴を通る．複製に関与する酵素をつなぎ留める役割を果たす．

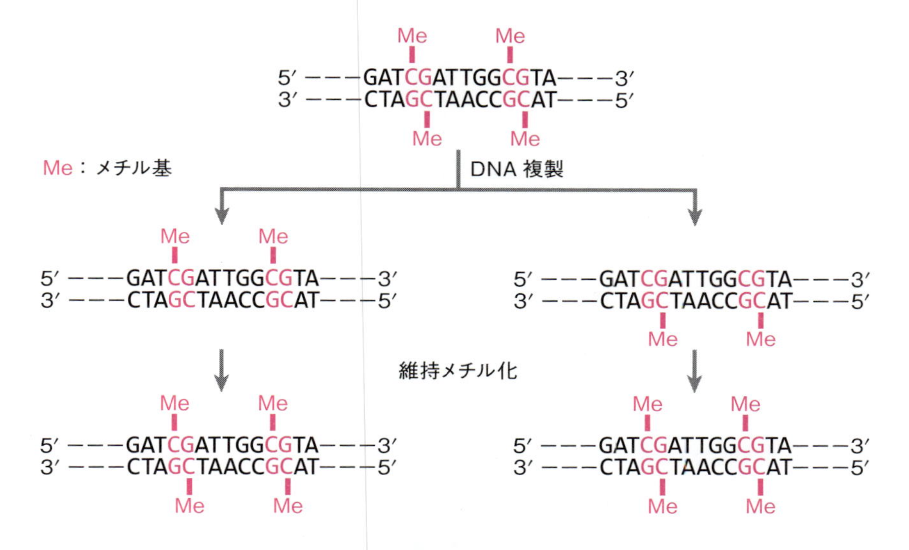

図 2.19　DNA の維持メチル化

1/2 ドメインなどがある．DNMT1 は PCNA と結合して複製フォークに局在し，メチル化されていない状態にある新生 DNA 鎖に親鎖と同じメチル化パターンを複製する（図 2.19）．ヘミメチル化 DNA の存在は，DNMT1 の活性化に大きく関与し，DNMT1 はヘミメチル化状態の DNA に好んで結合する．DNMT1 は，DNA に結合すると三次元構造が変化する．

DNMT1 のアイソフォーム

Dnmt1 にはアイソフォームが存在する．Dnmt1o と名づけられたアイソフォームは，卵母細胞特異的に発現する．この酵素は，選択的 RNA スプライシングによって産生される mRNA の翻訳産物である．*Dnmt1o* の転写は，*Dnmt1* の転写開始点よりも約 5 kb 上流から開始される．しかし，*Dnmt1o* の mRNA には，*Dnmt1* のエキソン 1 に相当する配列は含まれず，その代わりに一次転写産物の 5′ 末端付近にある配列が含まれる（他の 4 エキソンの配列はすべて含まれる）．エキソン 1 の違いにより，Dnmt1o には Dnmt1 の N 末端ドメインの 118 残基がない．初期の成長途上にある卵母細胞内では

Dnmt1が核内に存在する．しかし，ステージが進むにつれてDnmt1の発現は減衰し，逆にDnmt1oの発現が昂進する．そして，卵形成過程の終盤になるとDnmt1oだけが発現するようになる．しかし，この酵素は翻訳された後，受精を経ても少なくとも着床に至るまでの間は細胞質に留まり核に移行しないことが明らかになっている．つまり，卵形成過程の終盤以降には，核内にDnmt1がほとんど存在しないと考えられる．なお，着床後はすべての細胞系列においてDnmt1が核内に局在するようになる．Dnmt1oはブタやウシにも存在する．

パキテン期の精母細胞においても，エキソン1に該当する部分が異なるmRNAが産生される（これは，*Dnmt1*の転写開始点よりも1 kbほど下流から転写が開始されることに起因する）．しかし，このmRNAは翻訳されない．興味深いことに，パキテン期以前の精母細胞や精原細胞にはDnmt1が高レベルで存在しているが，パキテン期には検出できなくなり，その代わりに上記のmRNAが生み出される．つまりこのステージ以降には，細胞内に機能できるDnmt1は存在しない．雌雄の各配偶子形成過程に見られる以上の現象は，配偶子特異的なエピジェネティック情報を発生初期の段階で消去することに寄与していると考えられる．その他，Dnmt1のアイソフォームには，やはり選択的スプライシングにより産生されるDnmt1bが知られているが，機能は未知である．

DNMT3AとDNMT3B

DNMT3AとDNMT3Bは，*de novo*メチル化に使われる．*Dnmt3a*と*Dnmt3b*の両遺伝子が機能しないマウスは，胚において*de novo*メチル化が起きない．また，*Dnmt3a*をノックアウトしたマウスは生後4～8週間で死に至る．その他，雄性不稔や生殖細胞におけるゲノムインプリンティングが確立できない表現型が現れる（雄雌両方）．*Dnmt3b*の機能不全ではセントロメア領域のマイナーサテライトDNA（minor satellite DNA；反復配列の1つ）での低メチル化が見られる．また，ヒトのICF［immunodeficiency（免疫不全），centromeric instability（セントロメアの不安定性），facial abnormalitiy（顔貌の異常）］症候群にはDNMT3Bの機能不全が関わっている場合が多い．さらに，これらの酵素は，いくつかのがんに関わっていることも知られている．

DNMT3A と DNMT3B は，互いに似た一次構造をとっており，触媒ドメインは，DNMT1 と同様，C 末端側に位置する（図 2.20）．その他，特徴的なドメインとして両酵素には PHD と PWWP が存在する．PHD は，(Cys-X-X-Cys)$_6$ からなるジンクフィンガーを含むドメインで，一般にヒストン脱アセチル化酵素の HDAC1（→ 2.4.1d），ヘテロクロマチンタンパク質の HP1（→ 2.1.3），ヒストンメチル基転移酵素の SUV39H1（→ 2.4.2a）や EZH2（→ 2.4.2a），転写因子の RP58（リプレッサー）や Myc など，様々なタンパク質と相互作用することが知られている．さらに，非修飾の K4（4 番目のリシン残基）をもつヒストン H3 の N 末領域と選択的に相互作用することも明らかになっている．PWWP ドメインは，真核生物のタンパク質に広く見られ，Pro-Trp-Trp-Pro のモチーフをもつことを特徴とする．通常，100 〜 130 のアミノ酸残基からなる．PWWP モチーフをもつタンパク質の多くはクロマチンに会合していることが知られている．Dnmt3a と Dnmt3b の PWWP ドメインは，両酵素をペリセントロメリックヘテロクロマチン[＊2-26]に誘導するのに必要である．なお，Dnmt3b の PWWP ドメインは，DNA に

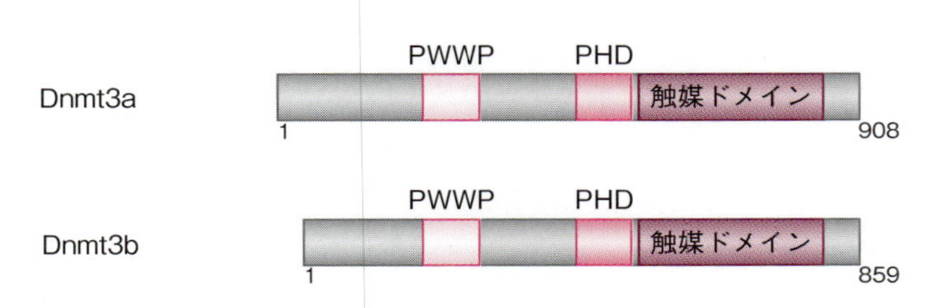

図 2.20　マウス Dnmt3a，Dnmt3b の構造

PWWP: Pro-Trp-Trp-Pro モチーフを特徴とするドメイン, PHD (plant homeodomain): (Cys-X-X-Cys)$_6$ を含むドメイン．機能については本文参照．

＊2-26　セントロメア周辺（ペリセントロメリック）領域に形成されているヘテロクロマチン．

非選択的に結合するが，Dnmt3aのPWWPドメインは，ほとんどDNAに結合しない．しかし，後者の場合，H3K36me3（36番目のリシン残基がトリメチル化されたヒストンH3）に選択的に結合する．このように，DNMT3AとDNMT3Bの酵素的性質の詳細は明らかになっているが，哺乳類の場合，これらが標的領域を認識する機構や，これらを標的領域に動員する機構については未だ明らかにされていない．

DNMT3AやDNMT3Bの機能制御因子として働くタンパク質としてDNMT3Lが知られている．このタンパク質は，DNMT3AやDNMT3Bの半分弱程度の大きさの分子で，PHDドメインをもつことは共通しているが，触媒ドメインもPWWPドメインももたない．この遺伝子を両アリルで欠損するとオスのマウスは生殖能を失い，メスの場合は卵形成に異常は見られないが，仔は胎生致死になる．*Dnmt3L*遺伝子は配偶子形成期のゲノムのメチル化インプリントが確立する段階で発現する．卵形成過程における母性メチル化インプリントの確立には，Dnmt3aとDnmt3Lの両方が必要である．DNMT3LはC末端領域を介してDNMT3Aと相互作用し，テトラマー構造（DNMT3L - DNMT3A - DNMT3A - DNMT3L）をとった複合体を形成して*de novo*メチル化に寄与する．DNMT3Aの触媒活性には706番目のシステイン残基が重要な役割を果たすが（図2.16），DNMT3LはDNMT3Aのこの残基の周辺のコンフォメーションを安定化しているらしい．

2.3.2c　メチル化されたDNAからのメチル基の除去

DNAのメチル化修飾が消去される場合がある．この現象はDNAの脱メチル化と呼ばれ，その機構には受動的な機構と能動的な機構の2つがある．前者は，DNA複製時に維持メチル化が起きないために脱メチル化された状態に至るという機構で，娘鎖が合成されるたびにメチル化されているDNAの割合が減っていき，いずれほとんどすべてが非メチル化DNAになる．一方，これとは異なり，受精直後の雄性前核DNAの脱メチル化や始原生殖細胞ゲノムの脱メチル化など，積極的に脱メチル化が起きる場合もいくつか知られている．

哺乳類細胞のDNA脱メチル化に関わる酵素は長い間見つからなかったが，

2009 年，Anjana Rao らがその突破口を開いた．彼らは，データベース検索を行い，トリパノソーマ科＊2-27 にみられるタンパク質 JBP1 と JBP2 のオキシゲナーゼドメインとホモロジーをもつヒトのタンパク質 TET1，TET2，TET3 を見つけた．TET という名前は，ten-eleven translocation の頭文字をとったもので，10 番染色体と 11 番染色体の間で起こる染色体の転座を意味する．因みに，この転座により 10 番染色体に座位する *TET1* 遺伝子（*TET2* と *TET3* は 10 番以外の染色体に存在する）と 11 番染色体の長腕に存在する *MLL*（myeloid/lymphoid leukemia または mixed lineage leukemia）遺伝子が融合すると急性骨髄性白血病の原因になる．Rao らは，TET1 は α- ケトグルタル酸と Fe^{2+}を補因子とする酵素であり，培養細胞内あるいは試験管内で 5- メチルシトシンを 5- ヒドロキシメチルシトシン（5hmC）に変換できることを明らかにした．しかし，5hmC がどのようにしてシトシンになるのかはまだはっきりしていない．現在，その機構として，①ヒドロキシメチル基の酸化，②塩基除去修復［DNA の修復機構の 1 つで BER（base excision repair）と略される］，③ DNA 複製に依存した希釈，などが関与しているものと考えられている（図 2.21）．①に関しては，TET が 5hmC を 5- ホルミルシトシン（5fC）や 5- カルボキシルシトシン（5caC）に変換できるという証拠が示されている．これは，真菌のチミジン再利用経路に酷似した反応経路であり，5caC にデカルボキシラーゼ（脱炭酸酵素）が作用すれば，シトシンが生成する＊2-28．しかし，脱炭酸の経路の存在はまだ証明されていない．②については，チミン -DNA グリコシラーゼを介した BER で 5fC や 5caC の切除が可能であることが示された．したがって，理論的には①と②の経路で脱メチル化できる．③についても，着床前胚の様々なステージを解析した研

＊2-27　原生生物トリパノソーマ（*Trypanosoma*）やリーシュマニア（*Leishmania*）などを含む科で，感染するとトリパノソーマ症（アフリカ睡眠病など）やリーシュマニア症を引き起こす．

＊2-28　5mC を T（チミン）に，TET をチミジン -7- ヒドロキシラーゼに置き換えて図 2.21 の反応経路を時計回りに進み，最後に 5caC に対応する化合物が脱カルボキシル化される（この系では実際に起きる）反応である．全過程を通して塩基は T から U に変わる．

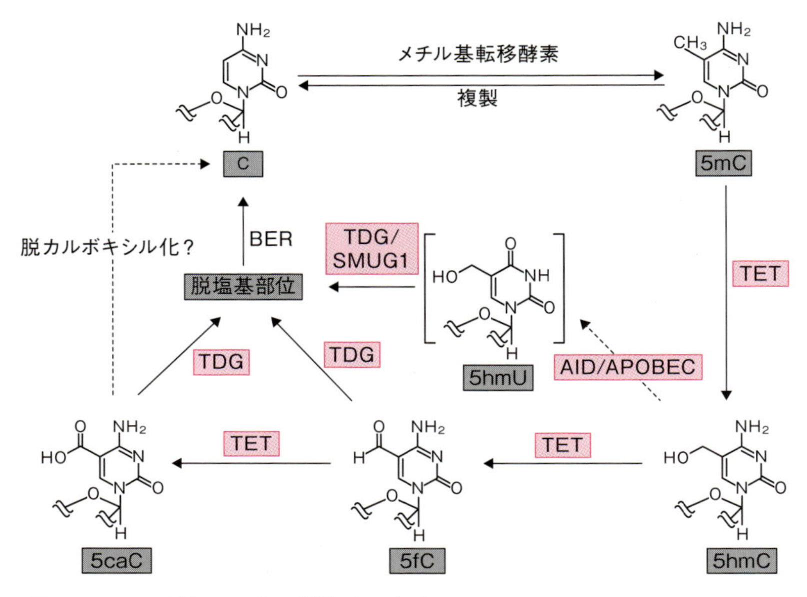

図 2.21　DNA 脱メチル化の機構（モデル）
実線で示された各経路の存在は生化学的に実証されているが（ただし，個別的である），点線で示された経路はまだ生化学的に実証されていない．TDG: チミン DNA グリコシラーゼ，SMUG1: ウラシル DNA グリコシラーゼ，AID/APOBEC: 脱アミノ化によりシチジンをウリジンにする酵素，その他の略号については本文を参照．Song, C.-X. *et al.* (2012) Nat. Biotech., **30**: 1107-1116 を一部改変．

究で，5hmC が DNA 複製に伴って受動的な脱メチル化を受けることが示唆されている．5hmC をもつ部位は複製後にヘミ 5hmC の状態になる．これは，DNMT1 に認識されにくいことが知られており，維持メチル化の標的にならないことから，受動的な脱メチル化が進むものと考えられている．

2.3.2d　植物における DNA のメチル化

近年，モデル生物の 1 つであるシロイヌナズナ（*Arabidopsis thaliana*）を用いた分子遺伝学的解析により，植物における DNA のメチル化に関しても多くの知見が得られた．植物の場合，メチル化の多くは，トランスポゾンや他の反復配列に起きる（図 2.22）．また，ウイルスゲノムや形質転換のため

コラム 2 章②

JBPという酵素

トリパノソーマのDNAにはβ-D-グルコシル-5-ヒドロキシメチルウラシルを塩基成分としてもつヌクレオチドと，このようなDNAに結合するタンパク質が存在する．前者の塩基は略号“J”で表され（図），後者は，JBP（JBPはJ-binding proteinに由来）と呼ばれる．

Raoらによる Tetの報告以前に，Piet BorstらがJBPにはチミジンを5-ヒドロキシメチルウリジンに変換するチミジン-7-ヒドロキシラーゼの活性があることを示唆していた．Jの生合成経路（推定）の第一段階である（図）．また，Jは，5-メチルシトシンと同様，遺伝子サイレンシングにも関係していることが知られていた．Raoらはこれらの報告にヒントを得たのである．なお，JBPは，α-ケトグルタル酸およびFe^{2+}依存的オキシゲナーゼスーパーファミリーに分類される．

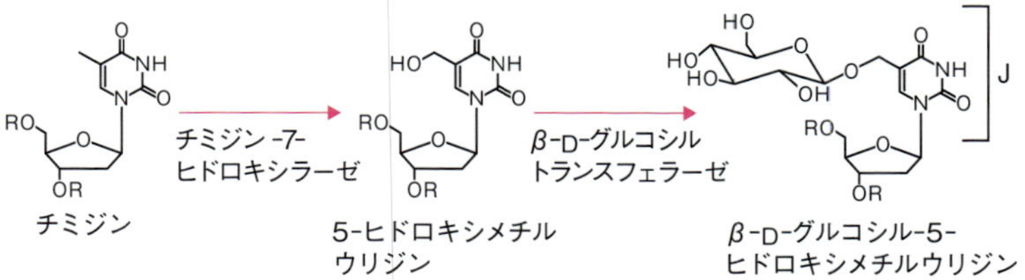

チミジン → チミジン-7-ヒドロキシラーゼ → 5-ヒドロキシメチルウリジン → β-D-グルコシルトランスフェラーゼ → β-D-グルコシル-5-ヒドロキシメチルウリジン（J）

図　修飾塩基Jの生合成

Borstらが予想したJの生合成経路．Yu, Z. *et al.* (2007) Nucleic Acids Res., **35**: 2107-2115に一部加筆．

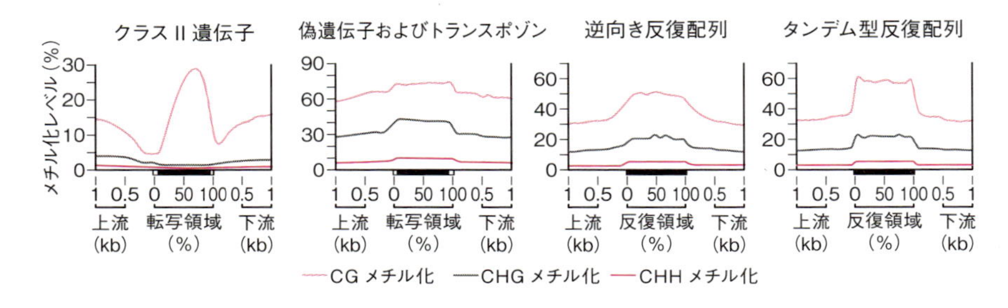

図 2.22　シロイヌナズナゲノムにおける DNA メチル化の部域
DNA のメチル化は反復配列に多く起きるが遺伝子にも起きる．クラスⅡ遺伝子（タンパク質の情報をコードしている遺伝子）の場合，メチル化は CG 配列に選択的に起きる．また，コード領域の中央付近にメチル化修飾をもつ遺伝子は全体の 30%近くに上る．なお，これらの遺伝子は，コード領域内でのメチル化修飾による発現抑制は受けていないようである．反復配列の場合，メチル化は CG に多く起きるが，そのおよそ半分くらいのレベルで CHG 配列にも起きる．CHH のメチル化も起きるが非常に低頻度である．Cokus, S. J. *et al.* (2008) Nature, **452**: 215-219 を一部改変．

に導入した遺伝子など，外来の DNA・遺伝子（トランスジーン）も，メチル化されて遺伝子発現抑制（サイレンシング）を受けることが多い．これらのことから，植物では DNA のメチル化が自己防御（ゲノムの保護）に重要な役割を果たしていると考えられている．なお，メチル化された DNA を領域別に見ると，ヘテロクロマチン領域に最も多く見られ，特にセントロメア付近に多いが，遺伝子内部にも存在する（図 2.22）．

この他，植物では一般に，ゲノム DNA 上のメチル化のパターンは世代を超えて継承されることがわかっている．この現象は，哺乳類の DNA のメチル化とは異なる．すでに述べたように，哺乳類の場合，メチル化は胚発生の特定の時期にリセットされる（→ 2.3.2a）．また，メチル化の標的配列に関しても動物と植物の間で違いが見られる．哺乳類では一部の細胞を除いて，CG 配列以外の配列に対するメチル化はきわめてわずかであるが，植物では，非 CG 配列のメチル化頻度は，CG 配列に比べて低レベルではあるものの，極端に低いわけではない．CG 配列と CHG 配列は，それぞれ相補鎖の配列もCGまたはCHG＊2-29であり，対称的である．なお，“対称的なメチル化”の大部分は，減数分裂後も維持されることがわかっている．メチル化の部位は，非CG配列の場合もシトシンの5位の炭素である．

メチル化酵素

シロイヌナズナの主要なメチル基転移酵素として，MET1（METHYLTRANSFERASE 1），CMT3（CHROMOMETHYLASE 3＊2-30），DRM（DOMAINS REARRANGED METHYLTRANSFERASE）が知られている．MET1は哺乳類の維持メチル化酵素DNMT1のオーソログでCG配列を維持的にメチル化する．MET1の機能を阻害し，メチル化レベルを低下させると，頂芽優勢の減少，開花時期の異常，稔性の低下，個体サイズの減少，葉のサイズや形の変化などが起きる．CMT3は植物だけに見られる酵素で，クロモドメインをもつことがその名の由来である．この酵素は主にCHG配列をメチル化する．なお，クロモドメインをもつタンパク質はメチル化されたリシン残基に結合する．CMT3の機能だけが喪失した変異体は形態的には野生型と変わらないが*SUP*（*SUPERMAN*）遺伝子（花の器官形成に関与）領域などで非CG配列のメチル化の低下が起きる．また，*PAI*（*PHOSPHORIBOSYLANTHRANILATE ISOMERASE*）遺伝子（トリプトファンの生合成系の遺伝子）のプロモーターにおける非CG配列のメチル化のレベルが極端に低下することも知られている．MET1とCMT3は，それぞれ，DNA複製時にヘミメチル化状態のDNAに作用して，メチル化修飾をコピーする．DRM2は，*de novo* DNAメチル化を司る主要な酵素で，哺乳類の*de novo*メチル化酵素DNMT3のオーソログである．なお，DRM2の機能を喪失させてもシロイヌナズナの表現型に変化は現れない．しかし，DRM1，DRM2，CMT3の機能が喪失した三重突然変異体では，発生の遅れ，

＊2-29　CHGの1つであるCCGの場合，その相補鎖（CGG）はCHGの範疇に入らない．しかし，この二本鎖をのぞけば，両鎖ともCHGであるために対称的配列として扱われることが多い．

＊2-30　methylaseの正式名称はmethyltransferaseである．CMTの“T”はtransferaseの“t”に由来する．

個体サイズの減少，葉の形体異常や稔性の低下などが起きる．葉の形体異常は，*SDC*（*SUPPRESSOR OF DRM1 DRM2 CMT3*）と呼ばれる遺伝子によるもので，この遺伝子の上流に存在する反復配列が低メチル化になることで*SDC*の転写抑制が解除されるために起きる．

維持メチル化

CGメチル化の維持には，MET1の他にもVIM/ORTH（VARIANT IN METHYLATION/ORTHRUS）ファミリータンパク質やDDM1（DECREASE IN DNA METHYLATION）クロマチンリモデラーが必要である．VIM/ORTHファミリータンパク質は，哺乳類UHRF1（ubiquitin like with PHD and ring finger domains 1）（→2.3.3b）のシロイヌナズナにおけるホモログで，UHRF1と同様，メチル化の維持に働く．中央付近にSRA（SET- and RING-associated）ドメイン*2-31をもち，これを介してヘミメチル化されたCG，CHG，CHH配列内のメチル化シトシンに結合するが，CG配列を最も好む．DDM1は，Swi2/Snf2様タンパク質であり，ATPase活性とヌクレオソーム再配置活性を有している．その遺伝子である*DDM1*が変異を起こすと，CGメチル化と非CGメチル化の両方が影響を受け，シロイヌナズナゲノムのメチル化レベルが70％低下する．つまり，DDM1はCG，CHG，CHH配列のすべてのメチル化に関与している．加えて，この変異によりヒストンH3のK9のメチル化レベルも低下する．

CHG配列の維持メチル化は，H3K9のメチル化とDNAのメチル化が密接に関係した，図2.23に示すような機構でなされていると考えられている．この過程で重要な働きをするのがCMT3とSUVH4（SUPPRESSOR OF VARIEGATION 3-9 HOMOLOG 4）*2-32である．どちらの機能喪失が起きてもDNAのメチル化レベルは大きく低下する．SUVH4はH3K9をジメチル化するヒストンメチル基転移酵素で，メチル基の転移を触媒するドメイン

＊2-31　ヘミメチル化されたDNAに高い結合親和性を示すドメイン．

＊2-32　KYP（KRYPTONITE）としても知られる．ヒストンメチル基転移酵素の1つ．主にH3K9のジメチル化に関わる．

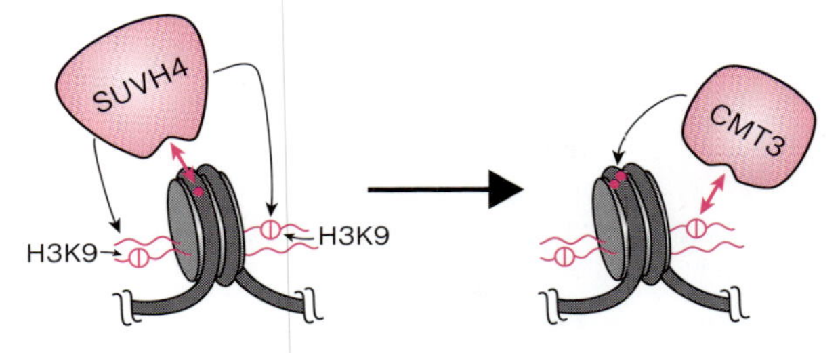

図2.23 CHG配列の維持メチル化のモデル
SUVH4によるヒストンH3の9番目のリシン残基（H3K9）のジメチル化，これを認識して結合するCMT3，CMT3によるCHGのメチル化，これらによりメチル化が維持されるというモデル．

に加え，SRAドメインをもっている．後者はすでに述べたようにメチル化されたシトシン残基に結合する．したがって，ヘミメチル化されたCHGがSUVH4をリクルートし，これがH3K9をジメチル化する．そして，このヒストンテールにCMT3がクロモドメインを介して結合してCHGを維持的にメチル化する，という図式が考えられている（図2.23）．CHH配列のメチル化は，通常，RdDM（RNA-directed DNA methylation）と呼ばれる *de novo* のメチル化機構によって維持される[*2-33]．

de novo メチル化

植物ではRdDMによって，*de novo* のメチル化が部位特異的に行われる．RdDMでは，二本鎖の小分子RNAが介在し，それと同じ塩基配列をもつDNAがメチル化される．RdDMの研究は実質的に1994年に始まった．この年，ゲノムにウイロイド[*2-34]のcDNAをもつタバコが興味深い現象を示す

＊2-33 最近，ヘテロクロマチン領域では，CHH配列の維持メチル化の大部分がCMT2と呼ばれるメチル基転移酵素によりなされていることがわかってきた．CMT2は，siRNAを介した機構とは別にCHHをメチル化する．またこのメチル化はH3K9meに依存して行われる．

＊2-34 環状一本鎖RNAだけからなる植物の病原体．タンパク質や機能的ポリペプチドをコードしていない．

コラム 2章③

真核生物の RNA ポリメラーゼ

原核生物の場合，1 種類の RNA ポリメラーゼがすべての RNA 分子種を合成するのに対し，真核生物では 3 種の RNA ポリメラーゼが，それぞれ異なる RNA 分子種を合成する．RNA ポリメラーゼ I（Pol I と略す）はリボソーム RNA（rRNA）前駆体，Pol II は mRNA 前駆体，Pol III は転移 RNA（tRNA）前駆体や 5S rRNA などを合成する．真核生物の RNA ポリメラーゼとしては，長い間，これらの 3 種の酵素しか知られていなかった．しかし，シロイヌナズナのゲノム解析がきっかけとなり，植物にはこれらとは異なる RNA ポリメラーゼも存在することが明らかになった．これらの酵素は短縮名で Pol IVおよび Pol Vと呼ばれる．シロイヌナズナの Pol II，Pol IV，Pol Vは，それぞれ 12 のサブユニットから構成されており，そのうちの 6 つは 3 者に共通している．また，Pol IV，Pol Vの一部には，Pol II のサブユニットのパラログが使われている．その他，Pol II と Pol IV，Pol II と Pol Vの各 2 者の間で共通に使われているサブユニットもある．これらのことから，Pol IVと Pol Vは，Pol II から派生（進化）したと考えられている．Pol IVと Pol Vは，**図 2.24** に示したような RdDM の機構で機能する．Pol IVの転写産物は，siRNA を産生する“種”になり，Pol Vの転写産物は，様々な分子や分子複合体の足場になる．そして，siRNA の情報に従った DNA のメチル化やサイレントクロマチンの構築が行われる．

ことが報告された．ゲノム内のウイロイドに由来するDNA領域は，対応するRNAが合成された場合にのみメチル化されるというのである．この報告が端緒になってその後様々な研究が行われ，RdDM機構について多くの知見が得られた．

RdDMには植物だけに見られる2種類のRNAポリメラーゼ，Pol IVおよびPol V（コラム2章③「真核生物のRNAポリメラーゼ」）が関与するほか，RNA干渉（RNAi）（→2.5.1）で使われる"装置"，クロマチンリモデラーDRM2，ならびに非常に多くのタンパク質因子が関与する（図2.24）．Marjori A. MatzkeとRebecca A. Mosherは，RdDMの分子機構を次のように要約している．Pol IVが標的部位で転写を行い一本鎖RNAを合成する（推定）[*2-35]．このRNAを鋳型にしてRDR2（<u>R</u>NA-<u>D</u>EPENDENT <u>R</u>NA POLYMERASE <u>2</u>）により二本鎖RNAが合成される．クロマチンリモデラーCLSY1（<u>CL</u>AS<u>SY1</u>）も恐らくPol Ⅳの動きを助けるためにこの過程のどこかで働く（推定）．二本鎖RNAはDCL3（<u>DI</u>C<u>E</u>R-<u>L</u>IKE<u>3</u>）と呼ばれるDicer様の因子（Dicerについては2.5.1参照）によって切断されてsiRNAが産生され，HEN1（<u>H</u>UA <u>EN</u>HANCER <u>1</u>）により3′末端の水酸基がメチル化されて細胞質に輸送される．その後，siRNAの片鎖を保持したAGO4は再び核に移行する．次いでAGO4は，Pol Ⅴによる転写産物中の特定部位に誘導される．この部位は，AGO4内RNAと相補的な配列を有する部位である．最後にこれがDNAメチル基転移酵素をリクルートし，CG，CHG，CHH配列内のシトシンが*de novo*にメチル化される．その結果，Pol Ⅴが転写する領域，特にトランスポゾンや他の反復配列領域のサイレンシングが起こる．この機構は図2.24にまとめられているが，この図は推察・推定をも含めたモデルであるので注意が必要である．しかし，RdDMの機構については，現在，精力的に研究が進められているので，詳細が明らかになるのはそれほど先のことではないように思われる．

＊2-35　Pol IVの転写産物は*in vivo*ではまだ確認されていない．

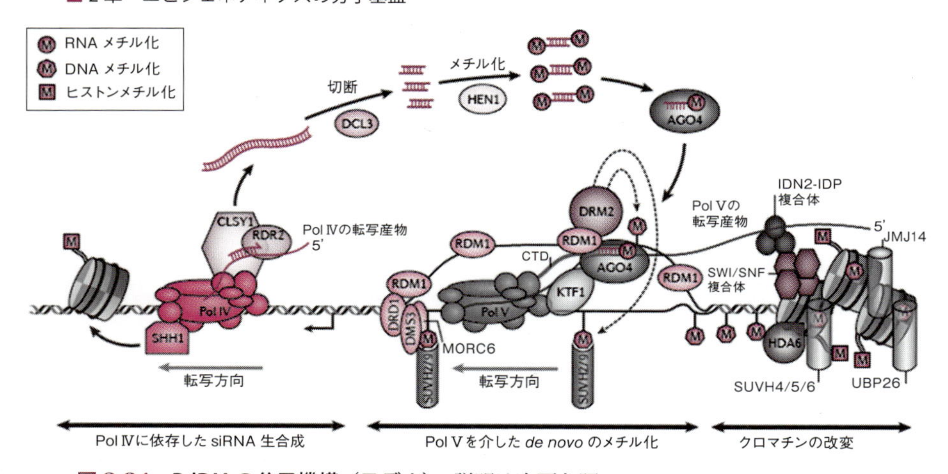

図 2.24　RdDM の分子機構（モデル）　説明は次頁参照.
Matzke, M. A., Mosher, R. A. (2014) Nat. Rev. Genet., **15**: 394-408 より許可を得て掲載.

脱メチル化

植物においても脱メチル化の機構には DNA 複製に伴う受動的な機構と酵素が積極的に働く能動的な機構とが存在する．シロイヌナズナでは，能動的な機構で働く酵素として，DME（DEMETER），ROS1（REPRESSOR OF SILENCING 1），DML2（DEMETER-LIKE 2），DML3 が知られている．後ろの二者は前の二者のパラログである．脱メチル化は，塩基除去修復の機構で進み，上記の酵素は，メチル化されたシトシンを除去する機能（DNA グリコシラーゼ/AP リアーゼ活性＊2-36 による）をもつ．メチル化と脱メチル化は互いに逆の反応である．したがって，細胞内では，両機構の制御は合目的的に調整されていると考えられる．事実，*de novo* メチル化と脱メチル化の間にはクロストークが存在する．植物の発生において，DME は，雌性配偶

＊2-36　DNA グリコシラーゼ（DNA glycosylase）は，塩基とデオキシリボースを繋いでいる *N*- グリコシド結合を加水分解する酵素．AP リアーゼ（AP lyase）は，脱塩基された部位（AP 部位：apurinic/apyrimidinic site）の 3′ 側のホスホジエステル結合を切断する酵素．AP リアーゼのほとんどは，損傷塩基を糖部分から切断する DNA グリコシラーゼ活性ももっている．本文中の酵素も両活性をもっているが，その DNA グリコシラーゼ活性は，メチル化シトシンを切除する．

図 2.24　RdDMの分子機構（モデル）

［記号・略号の説明］RDR2（RNA-DEPENDENT RNA POLYMERASE 2）：RNAを鋳型としてRNAを合成する酵素；CLSY1（CLASSY1）：クロマチンリモデラー；DCL3（DICER-LIKE 3）：dicer様因子［dicer: RNA干渉（RNAi）で働くリボヌクレアーゼ］；HEN1（HUA ENHANCER 1）：miRNAメチル基転移酵素でmiRNAの3′末端をメチル化する．；AGO4（ARGONAUTE 4）：RNA干渉に使われるタンパク質．miRNAなどの小分子RNAと結合する．RNA切断活性をもつ．；SHH1（SAWADEE HOMEODOMAIN HOMOLOGUE 1）：塩基配列特異的な転写因子の1つ．H3K9meに結合する．Pol Ⅳをリクルートする．；KTF1（KOW DOMAIN-CONTAINING TRANSCRIPTION FACTOR 1）：AGO4とRNAに結合する．Pol Ⅴによる転写に関与する．；RDM1（RNA-DIRECTED DNA METHYLATION 1）：DMS3およびDRD1との間で複合体（DDRと呼ばれる）を形成する．AGO4とDRM2の両方と相互作用する．一本鎖RNAに結合する．；DMS3（DEFECTIVE IN MERISTEM SILENCING 3）：染色体構造の構築に関与すると推察されている．；MORC6（MICRORCHIDIA 6）：MORC ATPaseファミリーに属す．ヘテロクロマチンの凝縮や遺伝子サイレンシングに関与する．；DRD1（DEFECTIVE IN RNA-DIRECTED DNA METHYLATION 1）：クロマチンリモデラーの1つ；SUVH2: メチル化DNAに結合する．ヒストンのメチル化を触媒できない．；SUVH9: メチル化DNAに結合する．Pol Ⅴをリクルートする．ヒストンのメチル化を触媒できない．；IDN2（INVOLVED IN *DE NOVO* 2）：二本鎖RNA結合タンパク質．RdDMによるDNAのメチル化に必須．；IDP（IDN2 PALALOGUE）：IDN2のパラログ；HDA6（HISTONE DEACETYLASE 6）：ヒストン脱アセチル化酵素の1つ；JMJ14（JUMONJI 14）：リシン特異的脱メチル化酵素；UBP26（UBIQUITIN-SPECIFIC PROTEASE 26）：ユビキチン化されたヒストンH2Bからユビキチン化を除去する．

［図の説明］**(1) siRNAの生合成**　SHH1がPol Ⅳを標的部位にリクルートする．SHH1はH3K9meおよびH3K4に結合する．Pol Ⅳによる転写が行われ，一本鎖RNA（ssRNA）が合成される．RDR2がこのssRNAを鋳型にして相補的RNA鎖を合成し，二本鎖RNA（dsRNA）が形成される．この過程には恐らくCLSY1も関与する．dsRNAは，DCL3により切断され，24 bpの二本鎖siRNAになり，次いでHEN1により3′末端の水酸基がメチル化される．この後，二本鎖RNAは，AGO4に積み込まれ，一方の鎖が保持される．

(2) *de novo* メチル化　Pol Ⅴが転写するRNAは様々な分子や分子複合体の足場になる．AGO4は，Pol ⅤおよびKTF1との相互作用を介してこの足場にリクルートされ，AGO4と結合したsiRNAが足場RNA内の相補的な領域に結合する．RDM1は，AGO4とDRM2を結びつけ，後者が*de novo*のDNAメチル化を行う．なお，Pol Ⅴをリクルートする際にSUVH2またはSUVH9が関与している可能性もある．また，DRD1は転写に，DMS3，RDM1，MORC6は二本鎖DNAの巻き戻しと巻き戻された状態の安定化に，それぞれ寄与している可能性がある．

(3) サイレントクロマチンの構築　PolⅤが転写するRNAが足場となって，そこにIDN2-IDP複合体が結合する．また，SWI/SNFがこの複合体と相互作用する．活性クロマチンのエピジェネティックマークをHDA6，JMJ14，UBP26などが除去する一方，SUVH4，SUVH5，SUVH6がH3K9をメチル化する．図には示されていないが，MORC1とMORC6のATPase活性により，サイレントクロマチンが確立される．

Matzke, M. A., Mosher, R. A. (2014) Nat. Rev. Genet., **15**: 394-408 ；Pikaard, C. S. *et al.* (2012) Cold Spring Harb. Symp. Quant. Biol., **77**: 205-212 より．

体形成時に働く．DME をコードする遺伝子に突然変異が生じると，中央細胞や胚乳において，インプリント遺伝子[＊2-37]のいくつかが脱メチル化されなくなる．これにより本来は脱メチル化によりサイレンシングが解除される遺伝子のサイレンシングが維持されたままになってしまう．一方，ROS1 に関しては，野生型においてサイレンシングを免れたトランスジーンが，この酵素の遺伝子の変異によりメチル化されてサイレンシングされる例が知られている．

ゲノムインプリンティング

シロイヌナズナの胚乳[＊2-38]においては，精細胞に由来するゲノムと胚嚢（雌性配偶体）のなかの中央細胞に由来するゲノムとの間でメチル化修飾と遺伝子発現が異なる．つまり，ゲノムインプリンティング現象が見られる．胚乳で特異的に発現する遺伝子の多くは中央細胞由来のゲノム上にあり，明らかな低メチル化を示す．特に，トランスポゾンやその断片の存在頻度が高い，遺伝子の 5′ 側や 3′ 側でメチル化レベルが低い．なお，胚乳におけるゲノムインプリンティングは，中央細胞特異的に DME が DNA を脱メチル化することに起因する（つまり雌性配偶体に特異的な DNA の脱メチル化が原因）と考えられている．植物のインプリント遺伝子としては，たとえば，*MEA*［*MEDEA*：ポリコーム群タンパク質（→ 2.4.10）をコード］，*PHE1*（*PHERES1*：MADS ボックス転写因子[＊2-39]をコード），*FIS2*（*FERTILIZATION-INDEPENDENT SEED2*：C2H2 転写因子[＊2-40]をコード），*FWA*（*FROWERING WAGENINGEN*：ホメオドメイン含有転写因子をコード）などが知られている．

＊ 2-37　父母のそれぞれに由来する二つの対立遺伝子のうち，一方のみが発現する遺伝子．

＊ 2-38　被子植物では重複受精が行われ，胚（$2n$）と胚乳（$3n$）が形成される．胚乳は胚に養分を与える役割を果たし，やがてなくなる．

＊ 2-39　MADS ボックス転写因子は，植物の様々な発生過程に関わる．MADS ボックスはタンパク質の構造モチーフの 1 つで，4 つの転写因子（MCMl, AG, DEF A, SRF）に共通に見つかったことがその名の由来である．

＊ 2-40　ジンクフィンガー型の DNA 結合モチーフをもつ転写因子のうち，2 つのシステインと 2 つのヒスチジン残基で亜鉛イオンに配位するタイプのもの．

2.3.3　DNA メチル化の上流にある機構と下流にある機構

2.3.3a　特定の部位で DNA がメチル化される機構

DNA のメチル化と 2.4 節で述べるヒストンの修飾は密接に関係している．たとえば，ある種のカビや高等植物では，H3K9 のメチル化修飾が，DNA の *de novo* メチル化の部位を指定する目印になっている．一方，哺乳類の場合，何が *de novo* DNA メチル化の目印になっているのか，さらにはそのような目印を DNA メチル基転移酵素がどのようにして認識するのかはまだ明確ではない．しかし，*de novo* メチル化をしない機構には H3K4 が関与しているかもしれない．

転写が盛んに行われている遺伝子や，必要であればすぐに転写可能な遺伝子のプロモーターは，体細胞において H3K4 のメチル化を介して *de novo* DNA メチル化から逃れていることが示唆されている．このようなプロモーターには，メチル化された H3K4 をもつヌクレオソームが高頻度に存在する．さらに，H3K4 がメチル化されると，DNMT3L は，このヒストンの N 末端テールと相互作用できなくなる．したがって，哺乳類の *de novo* DNA メチル化装置は，DNMT3L と H3 の N 末端テールとの相互作用を介して，DNA のメチル化部位を決めている可能性がある．しかし，たとえそうだとしても，何が最初に目印の入ったヒストンの配置を決めているのか，という疑問には依然として答えることができない．

2.3.3b　メチル化 DNA 結合タンパク質と機能

メチル化された DNA を認識して結合するタンパク質の構造ドメインとして，MBD（methyl-CpG-binding domain），SRA，ジンクフィンガーの 3 つが知られている．また，このようなドメインをもつタンパク質の例としては，MeCP2（methyl-CpG-binding protein 2），UHRF1，Kaiso が知られている．MeCP2 は MBD ドメインをもち，Sin3A（switch independent 3）複合体や NuRD（nucleosome remodeling and histone deacetylase）複合体（→ 2.4.1d）と相互作用して転写の抑制に働く．UHRF1 は SRA ドメインを介して，DNA 複製時にはヘミメチル化された DNA 内のメチル化 CG に結合し，維持メチル化酵素DNMT1をリクルートする．なお，UHRF1は，ヒストンメチル基転移酵素や脱アセチル化酵素と会合してヒストン修飾の維持に関わっていることも示唆されている．Kaisoは，ジンクフィンガードメインを介してメチル化DNAに結合する．このタンパク質は，Sin3Aなどのコリプレッサーと相互作用できることから転写抑制に関与していると考えられている．

2.4　ヒストンの化学修飾とエピジェネティック制御

ヒストンのN末端テール部分は，ヌクレオソームコアの表面から飛び出しており，これらの領域に存在するリシンやアルギニンなどのアミノ酸残基はアセチル化やメチル化をはじめとした様々な化学修飾を受ける．これらの修飾はDNAのメチル化や非コードRNAとともにエピジェネティックな遺伝子発現制御において中心的な役割を果たしている．この節では，ヒストン修飾の種類，修飾酵素の機能的特徴，ヒストン修飾と遺伝子発現制御との関係などについて述べる．

2.4.1　アセチル化と脱アセチル化

2.4.1a　発見の歴史

ヒストンのアセチル化が最初に報告されたのは1961年であるが，この修飾が注目されるようになったのはこの報告から30年以上も経った後である．1990年代に入ると，ヒストンのアセチル化と遺伝子の転写の活性化が相関していることが相次いで報告されるようになった．そして，1996年には，ヒストンにアセチル基を導入する酵素とアセチル化されたヒストンからアセチル基を取り除く酵素に関する興味深い報告が相次いでなされた．前者はヒストンアセチル基転移酵素（histone acetyltransferase），略してHAT，後者はヒストン脱アセチル化酵素（histone deacetylase），略してHDACとそれぞれ呼ばれる．なお，HATやHDACは，ヒストン以外のタンパク質のリシン残基に対しても反応を行う．そこで，Hの代わりにリシンのKを用いて，KAT，KDACと呼ばれることもある．HATはJames E. Brownellらが繊毛虫の一種であるテトラヒメナから単離したが，これは，酵母のGcn5のホモログであった．Gcn5は転写の際にコアクチベーターとして働くタンパク質である．一方，HDACはJack Tauntonらによりヒトの培養細胞から単離され，酵母において遺伝子発現の抑制に働くコファクターRpd3pと高い相同性をもつことが明らかになった＊2-41．ここに至って，研究が一気に活発化した．

2.4.1b　ヒストンアセチル化酵素

HATはA型とB型に分類されている．前者は，核内でヌクレオソームを構成するヒストンをアセチル化する．これに対して，後者は，細胞質中で新規に合成されたヒストンをアセチル化する．A型のHATとしては，GNAT（Gcn5-related N-acetyltransferase），MYST（このファミリーの中心メンバーであるMOZ，Ybf2，Sas2，Tip60の頭文字から）とそれぞれ呼ばれる2つの大きなファミリーが知られている．この他，転写コアクチベーターであるCBP/p300（CREB binding protein/ E1A binding protein p300）や基本転写因子TAF_{II}250もA型HATに分類される．B型HATとしては，1995年に出芽酵母から単離されたHat1が最初の報告例で，その後，この酵素は進化的によく保存されていることが明らかになった．Hat1は，ヒストンH4のK5とK12をアセチル化する．

GNATとMYSTのメンバーの多くは多数のタンパク質からなる巨大な複合体を形成する．たとえば出芽酵母のSAGA（Spt-Ada-Gcn5 acetyltransferase）は，サブユニットの数がおよそ20もある複合体であり，このなかにHAT活性を担うGcn5が含まれている．ヒトのPCAF複合体や他の複合体の場合も同様で，一般に多数のサブユニットからなる巨大な複合体を形成している．これは，これらの複合体が高度で複雑な機能をもっていることを暗示している．

2.4.1c　ヒストンアセチル化の反応機構

HATは，基本的にアセチル-CoAのアセチル基を標的リシンのε-アミノ

＊2-41　1996年以前に，酪酸ナトリウムやTSA（tricostatin A）がヒストンの脱アセチル化を阻害することが報告されており，HDACの存在自体は当時すでに知られていた．

基に移動させることでヒストンのアセチル化を行うが，その機構はファミリーごとに少し異なる．

GNATファミリーとMYSTファミリー

Gcn5やPCAFはGNATファミリーのHATである．このファミリーの場合，活性部位内に保存されているグルタミン酸残基が反応を触媒する（図2.25）．この残基のカルボキシ基が基質ヒストン内の標的リシンのε-アミノ基からプロトンを奪う．同時にこのリシン側鎖のアミノ態窒素がアセチル-CoAのチオエステル結合内のカルボニル炭素に求核攻撃をする．そして，図2.25のような中間体を経て，ヒストンのアセチル化が完了すると考えられている．MYSTファミリーの場合，活性部位に保存されているグルタミン酸残基とシステイン残基が反応に関与する．この反応では，システイン残基のチオールの硫黄がアセチル-CoAのチオエステル結合内のカルボニル炭素に求核攻撃をしてシステイン残基とアセチル-CoAが共有結合する．続いてプロトンが介入することで，CoAとアセチル基の結合が切れてCoAが外れ，システイン残基上にアセチル基が残る．一方で，グルタミン酸残基が基質ヒストン内の標的リシンのε-アミノ基からプロトンを奪う．同時にリシン側鎖のアミノ態窒素がシステイン残基上のアセチル基のカルボニル炭素に求核攻撃をし

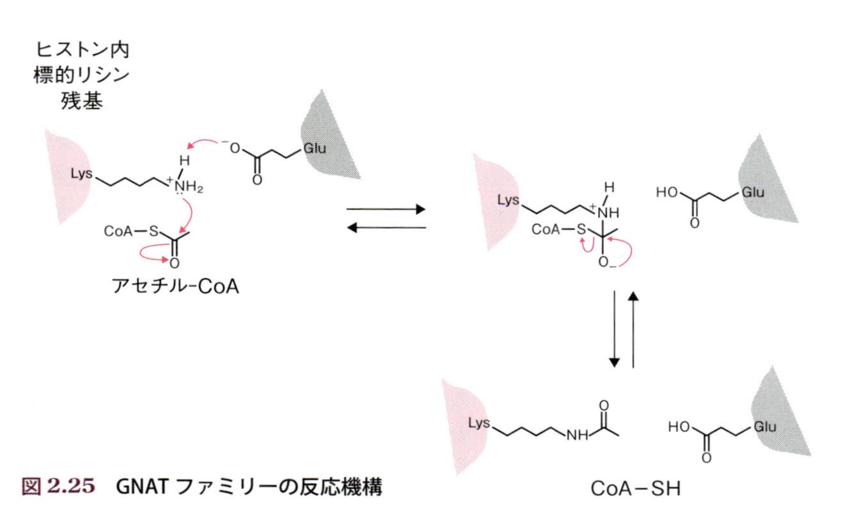

図2.25　GNATファミリーの反応機構

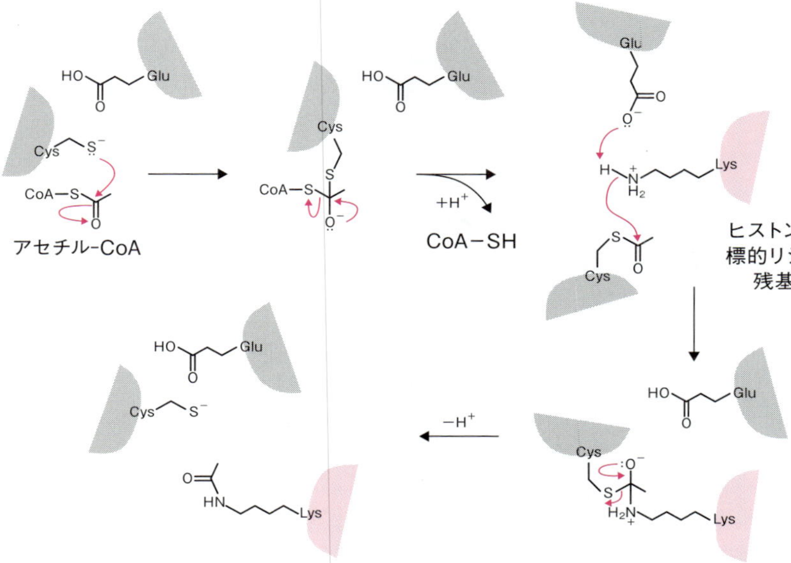

図 2.26　MYST ファミリーの反応機構

て，アセチル基が基質のヒストン内の標的リシンに移り，反応が完結するという機構が考えられている（図 2.26）.

p300/CBP

GNAT ファミリーや MYST ファミリーとは異なり，p300/CBP は，Theorell-Chance 機構（基質が一定の順序で結合することは必須であるが速度論的に重要な三者複合体はできない機構）を用いているのではないかと考えられている．ヒトの p300 の場合，Tyr1,467（1,467 番目の位置に存在する Tyr 残基）と Trp1,436 が触媒機能を果たしていると予想されている．前者は一般酸（他の酸でも置き換えられる酸）として働き，アセチル基転移の後，CoA のチオール基にプロトンを付与する役割を果たし，後者は標的リシンを活性部位にうまく配位させているのではないかと推察されている.

2.4.1d　ヒストン脱アセチル化酵素

ヒストン脱アセチル化酵素は，構造の相同性を基にしてクラスⅠからクラスⅣの4つのファミリーに分けられている．表2.4に出芽酵母と哺乳類の酵素についてまとめた．クラスⅠには，出芽酵母ではRpd3，哺乳類ではHDAC 1～3と8が属する．このクラスの酵素の大部分は他の複数のタンパク質との間で複合体を形成し，それらの複合体は転写のリプレッサーとして働く．クラスⅡは，出芽酵母のHda1と相同性が高いファミリーでⅡaとⅡbに細分されている．前者には，哺乳類の場合，HDAC 4，5，7，9が属し，後者にはHDAC 6とHDAC 10が属す．構造モチーフに関して，哺乳類のⅡa酵素の各構造は互いに似ているが，それらはⅡb酵素の構造とはかなり異なっている．さらに，HDAC 6とHDAC 10は同じサブクラスに属するものの，構造的にはかなり異なる．クラスⅢの酵素はサーチュイン［Sirtuin：silencing information regulator two (Sir2) protein］とも呼ばれ，出芽酵母ではSir2（"2"は，2番目に発見され，機能解析された遺伝子を意味する）が，哺乳類ではサーチュイン1～7が属す．サーチュインは，細胞の老化，遺伝子サイレンシング，ならびに寿命に関係していると考えられている．哺乳類のHDAC 11は，クラスⅣに分類されている．クラスⅣはクラスⅠとⅡに対して，触媒（脱アセチル化）ドメインの配列と構造に関する相同性が認め

表2.4　出芽酵母と哺乳類のHDAC

クラス	出芽酵母	哺乳類
I	Rpd3	HDAC1 HDAC2 HDAC3 HDAC8
IIa	Hda1	HDAC4 HDAC5 HDAC7 HDAC9
IIb	Hda1	HDAC6 HDAC10
III	Sir2	SIRT1-7
IV		HDAC11

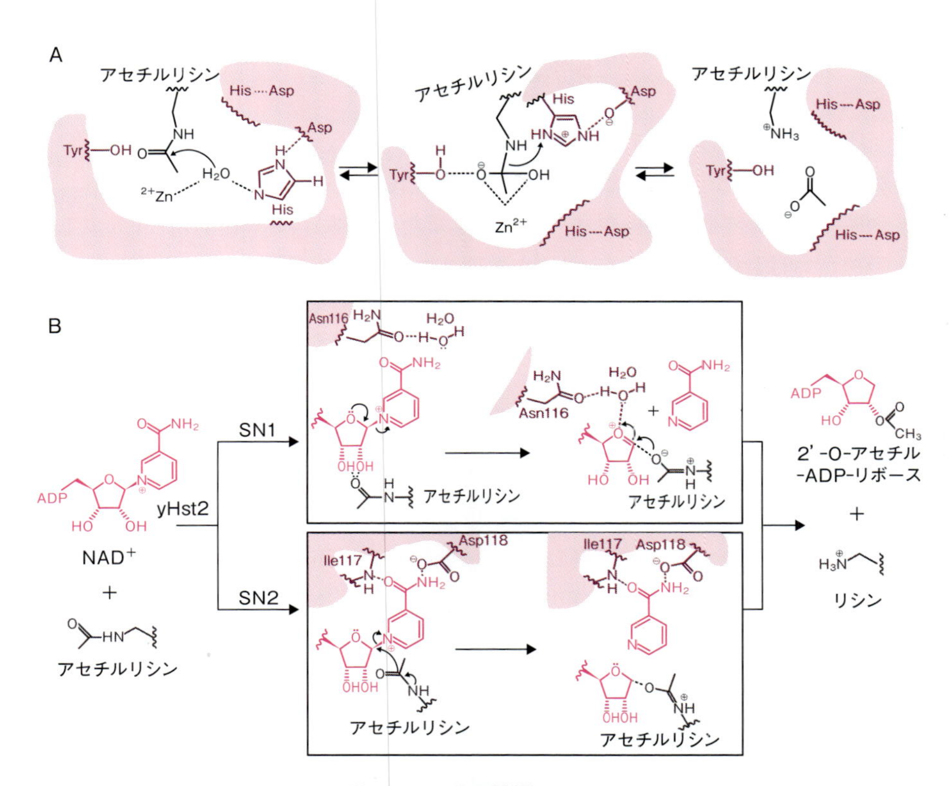

図 2.27 HDAC による脱アセチル化の機構

(A) クラスⅠ／Ⅱ HDAC．アセチル化されたリシン残基のカルボニル炭素に水分子が求核攻撃をすることで反応が始まる．この反応は酵素内の亜鉛イオンによって促進される．この反応で図の中央のオキシアニオン中間体ができ，さらに炭素 - 窒素間の共有結合が切れて脱アセチル化が完結する．

(B) クラスⅢ HDAC（サーチュイン）．酵母 Hst2（Sir2 ホモログの 1 つ）を例にした機構モデル．脱アセチル化には NAD^+ が必要で，S_N-1 様または S_N-2 様（S_N-1 と S_N-2 は求核置換反応の様式）の反応を経ると考えられている．Hodawadekar, S. C., Marmorstein, R. (2007) Oncogene, **26**: 5528-5540 を一部改変．

られるものの，相同性の程度は低い．HDACによる脱アセチル化の機構を図2.27に示した．クラスⅠ/Ⅱの酵素とクラスⅢの酵素では機構が異なっており，後者の場合，NAD$^+$（ニコチンアミドアデニンジヌクレオチド）が必要である．

HDACの複合体としては，NuRD複合体やSin3複合体がよく知られている．これらは転写を抑制するコリプレッサー複合体である*2-42．NuRD複合体は，動植物を問わず高度に保存されている．また，大部分の組織に存在する．この複合体は，CHD3およびCHD4サブユニット（ATP依存クロマチンリモデリング活性をもつ）ならびにHDAC1およびHDAC2を含んでいる．この他，酵素活性のないサブユニットとして，MBD2およびMBD3（両者は複合体をメチル化CpG部位に誘導する→2.3.3b)，MTA1（metastasis-associated gene 1），MTA2およびMTA3，RBBP4（retinoblastoma-binding protein 4）およびRBBP7，GATAD2A（GATA zinc finger domain containing 2A）およびGATAD2Bなどを含んでいる．さらに，細胞の種類によってはリシン特異的ヒストン脱メチル化酵素LSD1（lysine-specific histone demethylase 1A）も含む．NuRD複合体は正常発生および腫瘍形成のどちらにも関与している．一方，Sin3も進化的によく保存されており，ヒストン脱アセチル化酵素と複合体を形成してクロマチンに作用する．ヒトのSin3複合体には，Sin3の他に，HDAC1およびHDAC2，RbAp46およびRbAp48［ヒストン結合タンパク質：Caf1のホモログ（→2.4.10)］，SAP30（Sin3-associated polypeptide 30）およびSAP18などが含まれている．

2.4.1e　ヒストンアセチル化の機能的意義

2.1.1項でも述べたが，ヌクレオソームは，塩基性タンパク質であるヒストンの周りに酸性物質であるDNAが巻き付いて形成される．ヒストンのN末端テール領域もDNAとの間で静電的な相互作用をして，ヌクレオソームの表面に張り付いていると考えられている．しかし，N末端テールのリシン

＊2-42　コリプレッサーは，転写調節因子および基本転写因子の双方と相互作用して転写を抑制する働きをするタンパク質．それ自身にDNA結合能はない．

残基のアミノ基にアセチル基が導入されると，リシン残基の電荷が中和され，DNA と N 末端テール領域との相互作用が弱まる．これは，ヒストンによる DNA の“拘束”を弱めることになり転写の活性化には有利であると考えられる．事実，H4K16 のアセチル化により，コンパクトな 30 nm クロマチン繊維ができなくなるという報告がある．

ヒストン N 末端テールのリシンのアセチル化は，クロマチンの構造に影響を及ぼすだけではない．アセチル化された部位は，ブロモドメイン（bromodomain：BRD と略される）と呼ばれる，進化的に保存されたモジュールをもつタンパク質の認識・結合部位になる．BRD は，ヒストン修飾酵素，クロマチンリモデリング複合体のサブユニット，転写の活性化に関与するタンパク質などにしばしば見られる．Gcn5，CBP/p300，PCAF，TAF_{II}250 も BRD をもっている．このようにアセチル化されたリシン残基が BRD をもつコアクチベーター，基本転写因子，クロマチンリモデリング複合体などをリクルートして転写活性化に寄与していると考えられる．

多くの場合，BRD は 4 つの α ヘリックスで構成されており，これらが束になって全体として左向きにねじれた構造をとっている．この構造は“BRD フォールド”と呼ばれ，α ヘリックス間のループ α_Z-α_A（ZA）と α_B-α_C（BC）が，疎水ポケットを形成してアセチル化されたリシン（アセチルリシン）を認識する．BRD をもつタンパク質の間で，ZA と BC の大きさは様々であるが，アセチルリシンの認識に関わるアミノ酸残基は高度に保存されている．

BRD をもつタンパク質が皆同じ機能を示すというわけではない．BRD タンパク質は多様な機能を発現することができる．これは，分子に共存する BRD 以外のドメインの機能によるもので，このようなドメインは 15 以上も知られている．ヒトゲノムには BRD をもつ 42 のタンパク質の情報がコードされているが，タンパク質の機能としては，たとえば，PCAF はリシンアセチル基転移酵素として，SNF2L2 は ATP 依存ヘリカーゼとして，MLL は，ヒストンリシンメチル基転移酵素（H3K4 をトリメチル化する）として機能するなど，様々である．

2.4.1f　ヒストンアセチル化と転写

最近，どの領域にどのようなヒストンが存在しているかをゲノム全域にわたって解析することが可能になった[＊2-43]．解析の結果，転写が盛んに行われている遺伝子（活性遺伝子）のプロモーターや転写開始部位に存在するヒストンH3やH4は多くの場合アセチル化されていることが明らかになった(図2.28)．このような背景から，注目する遺伝子のプロモーター領域でヌクレオソームのヒストンが高い割合でアセチル化されていると，その遺伝子の転写は活性化されており，逆にアセチル化のレベルが低い場合，転写が不活性であると考えられている．転写活性化の分子機構には，すでに述べたように，ヒストンのアセチル化に伴うヌクレオソーム構造の変化とBRDを介した，

ヒストン H3
ARTKQTARKSTGGKAPRKQLATKAARKSAPATGG —//— K —//—
9　14　18　23　27　56

ヒストン H4
SGRGKGGKGLGKGGAKRHRKV—//
5　8　12　16

ヒストン H2A
SGRGKQGGKARAKAKTRSSRA—//
5　9

ヒストン H2B
PEPAKSAPAPKKGSKKAVTKAQ —//
5　12　15　20

図 2.28　アセチル化修飾の部位
修飾されるリシン残基には番号を付した．

＊2-43　“ChIP on chip”と呼ばれる手法や“ChIP seq”と呼ばれる手法が用いられる．前者は，クロマチン免疫沈降（chromatin immunoprecipitation：ChIP）[(1)]と呼ばれる実験法とDNAマイクロアレイ（DNA chipとも呼ばれる）[(2)]を組み合わせた手法であり，後者はChIPと次世代シーケンサーを組み合わせた手法である．

(1)：ChIP．特定のタンパク質に対する抗体を用いて，クロマチン内でそのタンパク質が結合しているゲノムDNA上の位置と塩基配列を解析する方法．

(2)：DNAマイクロアレイ．プラスチックやガラスを基板としてその上に多数のゲノムDNA部分配列（一本鎖DNA断片）を高密度に配置したもの．遺伝子発現の網羅的解析などに用いられる．

転写活性化因子やクロマチンリモデリング複合体のリクルートが大きな役割を果たしていると考えられる．また，予想通り，ヒストンのアセチル化が高レベルの部位にはHATが局在しいていることが多いことも明らかになった．一方，興味深いことに，Zhibin Wangらは，HDACもHATと同様にアセチル化ヒストンをもつ活性遺伝子領域に局在することを2009年に報告している．つまり，HDACは必ずしも転写が抑制されている領域に局在しているわけではないのである．どうやら，多くのHDACは活性遺伝子領域のヒストンからアセチル基を除去してクロマチンを“リセット”するために使われているらしい．

2.4.2　メチル化と脱メチル化

2.4.2a　ヒストンメチル基転移酵素

タンパク質のメチル化は，DNAのメチル化と同様，SAMをメチル基供与体としたメチル基転移反応で起きる．タンパク質全体でみるとメチル化されるアミノ酸残基は少なくとも9種類あることが知られているが，ヒス

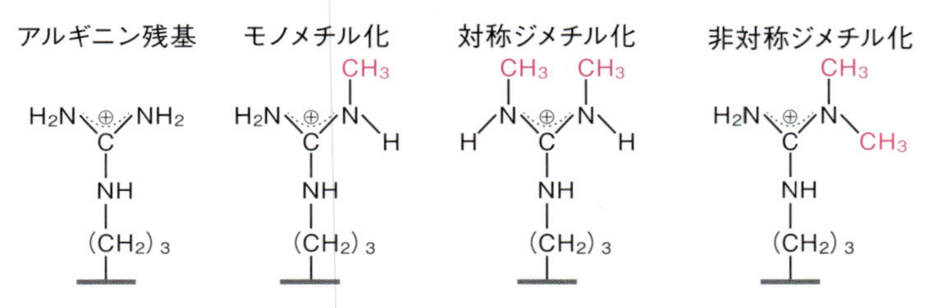

図 2.29　リシン残基とアルギニン残基のメチル化

トンの場合，リシン残基とアルギニン残基だけがメチル化される．ヒストンのメチル化は，アセチル化と同様，N末端テール領域で起きる．リシン残基のメチル化では，メチル基の結合部位はε-アミノ基の窒素原子であり，最大3つのメチル基が結合する（図2.29）．モノまたはジメチル型とは異なり，トリメチル型は，溶液のpHに左右されず第4級アンモニウムカチオンとして常に正に帯電する．アルギニン残基のメチル化は，δ-グアニジノ基［-HN-(C=NH)-NH_2］のω窒素上に起き，モノまたはジメチル型が生じる．ジメチル型の場合，アルギニン側鎖の構造から非対称なメチル化と対称的なメチル化のどちらかが生じることになる（図2.29）．

リシンメチル基転移酵素

Thomas Jenuweinのグループは，ヒトのSUV39H1（suppressor of variegation of 3-9 homolog 1）およびマウスのSuv39h1がヒストンH3の9番目のリシン（H3K9）に特異的にメチル基を導入する酵素であることを発見し，2000年に報告した．これらの酵素［リシンメチル基転移酵素：lysine (K) methyltransferase, KMT］は，ショウジョウバエの*Su(var)3-9*，または分裂酵母の*clr4*の産物の哺乳類オーソログである．ヒストンの場合，メチル基は，H3のK4，K9，K27，K36，K79とH4のK20に導入される．KMTは大きく分けて，SETと呼ばれるドメインをもつものともたないものに分けられる．

① SETドメインをもつリシンメチル基転移酵素

SETは，後述するDOT1L/DOT1を除くすべてのKMTがもつ触媒ドメインで，その名称はショウジョウバエのタンパク質Su(var)3-9，Enhancer of Zeste（→2.4.10），trithorax（→2.4.10）の頭文字に由来する．これらはPEV（3章）に影響をおよぼす遺伝子の産物で，SETドメインは三者に保存されたドメインとして見いだされて命名された．後に各酵素はそれぞれKMTであることが確認されている．なお，SETドメインをもつ酵素でも，ルビスコ，シトクロム*c*，一部のリボソームタンパク質など，ヒストン以外のタンパク質を基質とするものもある．さらに，SETドメインをコードする遺伝子をもつ原核生物が複数存在するだけでなく，翻訳産物自体も存在することが知られている．しかし原核生物がこのようなタンパク質をもっている理由はまだ解明されていない．SETドメインをもつKMTの多くは，大きな複合体のなかでメチル化を担う触媒部位として機能する．

ヒトのSET7/9と呼ばれるタンパク質は，ヒストンに関してはH3K4にしかメチル化を行わない（他のタンパク質もメチル化する）．しかもモノメチル化以上のメチル化をしない，モノメチル基転移酵素として働く．酵素反応がモノメチル化で止まる理由は，リシン残基の側鎖がモノメチル化されると，触媒部位のなかで次の反応に使われるSAMとの間で好ましい立体配置をとれなくなるためであると推察されている．ヒトのMLL（ショウジョウバエのトリソラックスタンパク質のホモログ）もH3K4をメチル化できる．*MLL* 遺伝子の再配列は急性骨髄性白血病や急性リンパ芽球性白血病の原因になる．MLLは，RbBP5（retinoblastoma-binding protein 5），Ash2L［ash (absent, small, or homeotic)2-like］，WDR5（WD repeat domain 5）と複合体を形成したときに効率よくヒストンをメチル化できる．RbBP5とAsh2LとWDR5は，構造的なプラットホームを構築していて，これにMLLなどの触媒サブユニットが加わることで機能的複合体が形成されると考えられている．なお，WDR5は，H3のN末端テールを認識して複合体を結合させる役割を担っている．

すでに述べたSUV39H1は，H3K9をトリメチル化することができ，セントロメア近傍のヘテロクロマチン領域で機能する．G9aもSETをもつKMTである．このタンパク質はGLP（G9a-like protein）との間で複合体を形成して，H3K9をモノまたはジメチル化するが，トリメチル化はしない．G9aは，ユークロマチン領域でのH3K9ジメチル化と遺伝子サイレンシングに寄与している．なお，G9aは，アンキリンリピートをもっていることから，非常に広範なタンパク質との間でタンパク質-タンパク質相互作用をしている可能性が示唆されている．

ポリコーム群タンパク質の複合体PRC2（Polycomb repressive complex 2）（→ 2.4.10）に含まれるEZH2（enhancer of zeste homolog 2）は，そのSETドメインを用いてH3のK27をトリメチル化する．この酵素は，SUZ12（suppressor of zeste 12；ジンクフィンガードメインをもつ），EED（embryonic ectoderm development）とともにコアタンパク質としてPRC2を構成する（→ 2.4.10）.

H3K36をメチル化する酵素として，NSD1（nuclear receptor binding SET domain protein 1）やSETD2（SET domain-containing protein 2）が知られている．前者の変異はソトス（Sotos）症候群やウィーバー（Weaver）症候群＊2-44と関係している．後者はハンチンチン（huntingtin）と呼ばれるタンパク質＊2-45と相互作用する．

ヒストンH4の場合，K20だけがメチル化される．この修飾に関わる酵素としては，たとえば，SET8が知られている．SET8の活性は，細胞周期の制御とゲノムの安定性に重要な役割を果たしていることが知られており，H4K20のメチル化を介した作用であると考えられている．

② SETドメインをもたないリシンメチル基転移酵素

DOT1L（DOT1-like）は，出芽酵母のDOT1（disruptor of telomeric silencing-1）タンパク質の哺乳類ホモログで，SETドメインをもたないKMTである．この酵素は，H3K79をメチル化するが，このリシン残基はコアドメイン内のヒストンフォールドの第1ヘリックスと第2ヘリックスをつなぐターンのなかにある．H3K79はDNAとも，他のヒストンとも相互作用せず，N末端テールに存在するリシン残基とは明らかに異なる環境に置かれている．このような構造下にあるK79をメチル化するためには，進化的にSETドメイン型の酵素とは異なる酵素を用意する必要があったものと推察される．酵母のDOT1は，最初，テロメアサイレンシングの制御因子の1つとして同定されたが，最近ではH3K79メチル化を介してユークロマチン領域での遺伝子の転写に関与していることが示唆されている．その他，減数分裂におけるパキテン期のチェックポイント制御やDNAの損傷修復に関与していることも知られている．一方，DOT1Lは，発生や造血などに関与する．

＊2-44　共に，特徴的な顔貌や学習障害をはじめとして，多様な症状を示す．

＊2-45　ハンチントン病（Huntington's disease：不随意運動や認知症などの症状を示す）の患者はこのタンパク質のグルタミン残基連続配列部分の鎖長が伸長している．

また，ジストロフィン遺伝子（*Dmd*）の転写を制御するという報告もある．

アルギニンメチル基転移酵素

アルギニン残基のメチル化は，側鎖の端にあるグアニジノ基内の窒素上で起きる．この反応を触媒する酵素 PRMT [protein arginine (R) methyltransferase] は，KMT と同様，SAM のメチル基をアミノ酸残基に転移する．ただ，PRMT は KMT に比べてヒストンに対する基質特異性は低い．ヒストンにおけるメチル化の部位は，ヒストン H3 の R2，R8，R17，R26 と H4 の R3 であり，いずれも N 末端テールに存在する．PRMT は主に 2 つのタイプに分けられる．1 つはモノメチル化アルギニンと非対称ジメチル化アルギニンを産生するタイプ（I 型）で，もう 1 つは，モノメチル化アルギニンと対称ジメチル化アルギニンを産生するタイプ（II 型）である（図

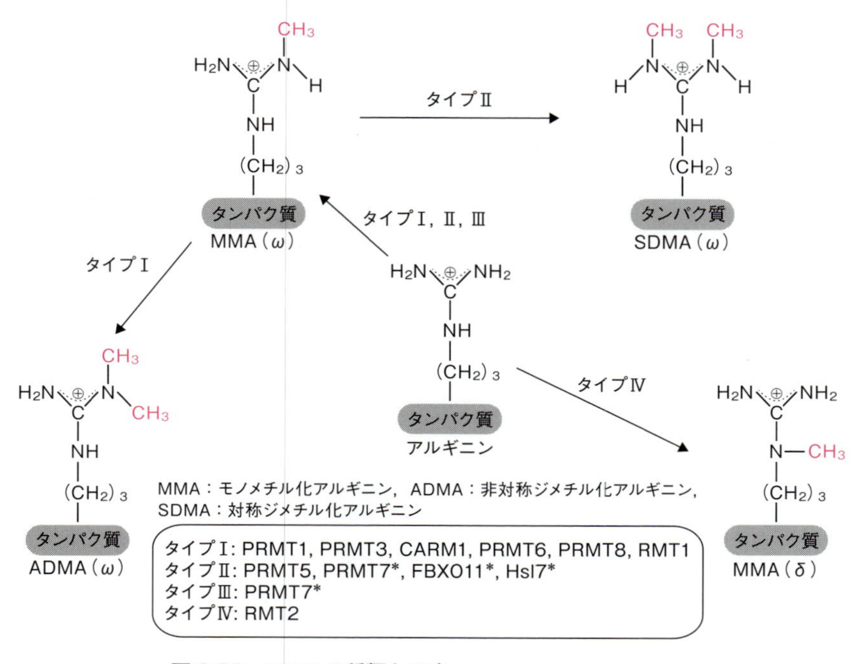

図 2.30　PRMT の種類と反応
＊印を付した酵素については未確定．Bedford, M. T., Clarke, S. G. (2009) Mol. Cell, **33**: 1-13 より．

2.30)．ただし，どちらのタイプにおいてもモノメチル化アルギニンは中間産物である．タイプⅠに属する酵素として，PRMT1，3，4（別名 CARM1：coactivator-associated arginine(R) methyltransferase 1)，6，8 などが，タイプⅡに属する酵素としては PRMT5，7 などが知られている．この他，両タイプとは異なり，グアニジノ基の内部の窒素原子をモノメチル化する酵素（タイプⅣ）も存在する．様々な PRMT が知られているが，タイプⅠが最も多い．そのなかで PRMT1 は主要な酵素であり，すべての真核生物に高度に保存されている．ヒストンに関しては，PRMT1 は H4 の R3 を，PRMT4/ CARM1 は H3 の R2，R17，R26 をメチル化することが明らかになっている．

結晶構造解析によりラットの PRMT3 と PRMT1 の各触媒ドメインの三次元構造が明らかにされ，2000 年と 2003 年にそれぞれ報告された．解析には，前者の場合，PRMT3 のコア領域（PRMT に保存された領域）と SAM が脱メチル化されて生じる SAH（*S*-adenosylhomocysteine）との複合体が，後者の場合，PRMT1，SAH，3 つのアルギニン残基を含む 19 残基の基質ペプチドの 3 者複合体が用いられた．PRMT1 は，マウスでは着床後の初期発生に重要な役割を果たすことが知られている．一方，PRMT3 はリボソームタンパク質に対するメチル基転移酵素としての重要性が指摘されている．結晶構造解析の結果，PRMT には，SAM の結合ドメインと β バレル様ドメイン[*2-46]の 2 つがあり，両者の間に活性部位のポケットがあることと，β バレル側から飛び出したアームにより二量体を形成することが明らかになった．また，PRMT1 に変異を導入して解析した結果から，二量体の形成は SAM の結合に必須であることが明らかになった．この他，PRMT1 にはペプチドが結合できる 3 つの窪みがあることもわかった．

2.4.2b　脱メチル化酵素

リシン特異的脱メチル化酵素

HAT と HDAC によってヒストンのアセチル化と遺伝子発現はダイナミッ

＊2-46　樽（barrel）のような形をしたタンパク質の構造モチーフ．ねじれた逆方向 β シートが複数連続して形成される．

クに制御されている．メチル化を介して同様の制御を実現するためには，一度メチル化されたヒストンから必要に応じてメチル基を積極的に除去するシステムも必要である．しかし，HDAC の発見後も脱メチル化酵素はしばらく見つからなかった．また，一部の生物で N 末端テールの一部が切除されたヒストン H3 の存在が知られていたこともあり，ヒストンのメチル化は長い間不可逆的な修飾ではないかと考えられていた．つまり，付加されたメチル基を除去する機構として，メチル化された N 末端テール領域をヒストンから切り取るか，あるいはメチル化ヒストンを未修飾のヒストンやヒストンバリアントで置換する機構があるのではないかと考えられていた．しかし，これらの方法は柔軟な制御をするには不向きである．一方，わずかではあるが酵素的な脱メチル化が起きていることを示唆するデータが古くから存在していたことに加え，1996 年に HDAC の存在が明らかになっていたこともあって，メチル化されたヒストンを脱メチル化する酵素の探索も続けられていた．そして，2004 年，ついにヒトの酵素でヒストン脱メチル化活性をもつものが報告された．この酵素は，アミンオキシダーゼのホモログで LSD1（lysine specific demethylase 1）と命名された．この報告では，LSD1 は特にヒストン H3 のジメチル化された K4（転写の活性化と関係している）からメチル基を除去することと，転写のコリプレッサーであることが明らかにされた．

① LSD ファミリー

LSD1 様のアミンオキシダーゼは，ヒト以外にも，マウス，ショウジョウバエ，線虫，分裂酵母，シロイヌナズナなどにも見られる．このファミリーは，アミンオキシダーゼドメインに加え，SWIRM ドメインと FAD（flavin adenine dinucleotide）結合モチーフを共通にもっており（図 2.31），酸素を酸化剤にし，FAD を補因子にしてメチル化リシン残基を酸化的に脱メチル化する（図 2.32）．SWIRM ドメインという名は，SWI3（酵母の SWI/SNF クロマチンリモデリング複合体の構成成分の 1 つ），RSC8（酵母の RSC クロマチンリモデリング複合体の構成因子の 1 つ）および MOIRA［ショウジョウバエのトリソラックス群タンパク質（→ 2.4.10）の 1 つで BRM クロマチンリモデリング複合体の構成因子の 1 つ］がこのドメインをもつことに由

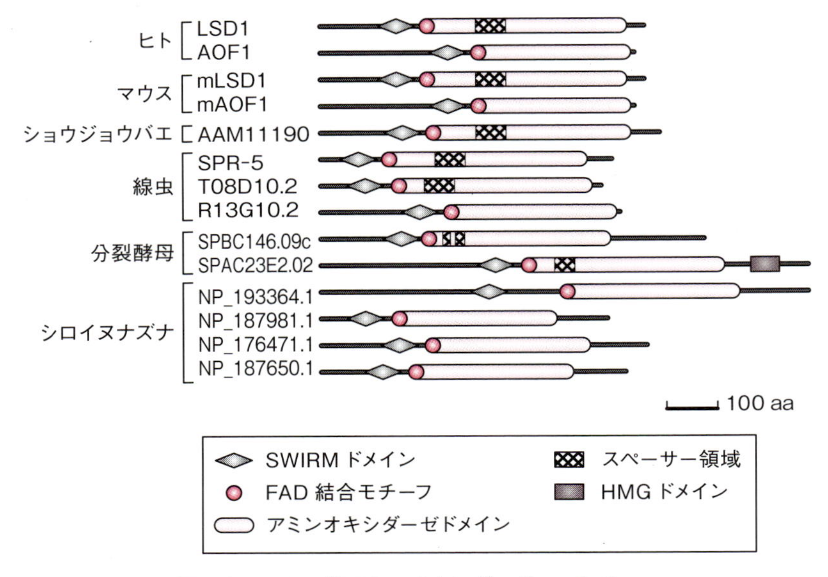

図 2.31　LSD1 様アミンオキシダーゼファミリー
Shi, Y. *et al*. (2004) Cell, **119**: 941-953 より.

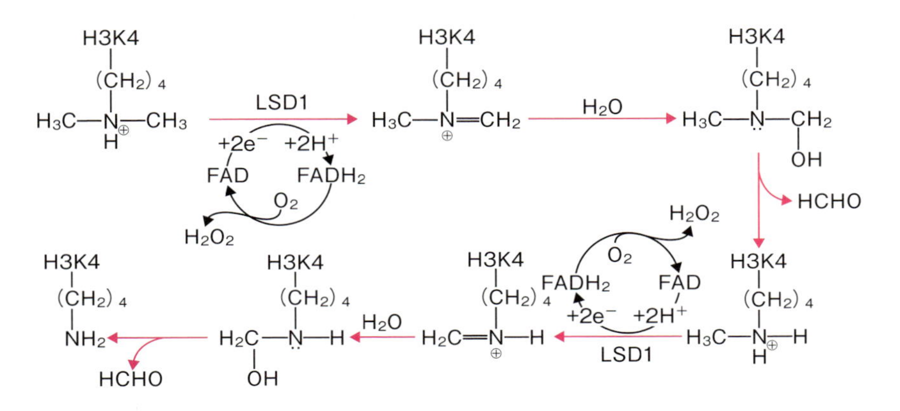

図 2.32　LSD1 による脱メチル化の推定上の機構
ここではジメチル化された H3K4 からの脱メチル化反応が示されている．Shi, Y. *et al*. (2004) Cell, **119**: 941-953 より.

来する．このドメインは，N-末端側に位置し，α-ヘリックス構造（85アミノ酸残基程度が含まれる）からなる．機能的にはタンパク質-タンパク質相互作用に関わっていると考えられている．FADは酸化還元反応の補因子で，FAD結合モチーフは，SWIRMドメインとアミンオキシダーゼドメインの間に存在する．LSD1は，モノメチル化またはジメチル化リシンを脱メチル化することはできるが，トリメチル化リシンを脱メチル化することはできない．なお，LSD1は，今日ではKDM1A［KDM: lysine (K) demethylase］と呼ばれる．このファミリーに属する酵素としてヒトではAOF1（amine oxidase, flavin containing 1）も知られている（図2.31）．

② JHDMファミリー

束田裕一らはJmjC（Jumonji-like C terminus）ドメインをもったヒストン脱メチル化酵素をHeLa細胞から精製し，JHDM1（JmjC domain-containing histone demethylase 1）[＊2-47]と命名して2006年に報告した．この酵素は，Fe（Ⅱ）とα-ケトグルタル酸の存在下でメチル化されたH3K36を選択的に脱メチル化する（図2.33）．当時，JmjCドメインをもつタンパク質は，酵母からヒトに至るまで幅広く存在することが知られていたが，このドメインがヒストン脱メチル化活性をもつことは知られていなかった．この発見により，JmjCドメインをもつタンパク質は脱メチル化活性を有する可能性があるこ

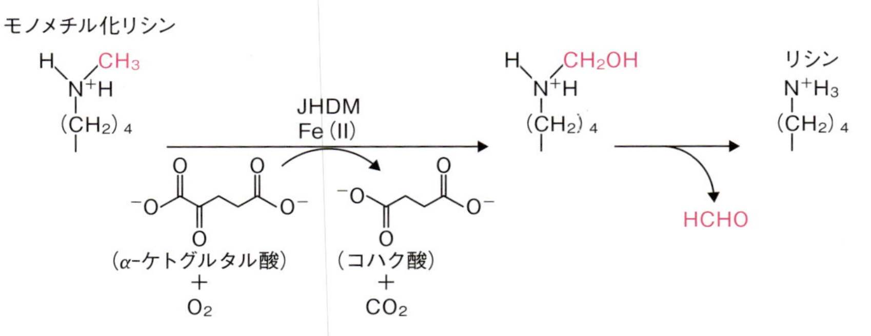

図2.33 JHDMによる脱メチル化の機構
ここではモノメチル化されたリシン残基からの脱メチル化反応を示した．

＊2-47 後にKDM2Aとも呼ばれるようになった．

とが示唆された．その後の研究で，実際にこのようなタンパク質の多くがヒストン脱メチル化活性をもつことが明らかになった．JHDM ファミリーに属する酵素は，モノ・ジ・トリの違いに関わらずメチル化リシンを脱メチル化できるが，アミノ酸残基の位置とメチル基の数に関して選択性が見られる．たとえば，KDM2B（別名 JHDM1B または FBXL10）という酵素は，H3 の K4me3（me はメチル基，後ろの数字はその数を表す：この場合はトリメチル化されていることを意味する）と H3 の K36me2 または me1 を脱メチル化する．また，KDM3B（別名 JHDM2B）は，H3 の K9me2 または me1 を脱メチル化する．

アルギニン特異的脱メチル化酵素

2007 年に JMJD6（jumonji domain-containing 6 protein）という JHDM ファミリーの酵素がヒストン H3 のメチル化された R2（2 番目のアルギニン残基）および同様の修飾をもつ H4 の R3 を脱メチル化するという報告がなされた．しかしその後，別のグループが JMJD6 は RNA スプライシングに関与するタンパク質の 1 つのリシン残基をヒドロキシル化する機能をもっているが，ヒストンのアルギニン残基上のメチル基の除去はしないという報告をした．現在，アルギニン残基に特異的な脱メチル化酵素の存在については，まだはっきりしていない．

本来的な意味での脱メチル化ではないが，メチル化アルギニン残基を他のアミノ酸残基に変換するという方法でもメチル基を除去することができる．生体内には，タンパク質内のアルギニン残基をシトルリン残基に変換できる，ペプチジルアルギニンデイミナーゼ（peptidyl arginine deiminase：PAD と略す）という酵素が存在する．シトルリンは，天然アミノ酸の 1 つではあるが，通常，タンパク質中には存在しない．PAD2 という酵素は，エストロゲン応答遺伝子の転写制御において，モノメチル化された H3 の R2，R8，R17，R26 と H4 の R3 をシトルリンに変えることができる．しかし，この機構ではシトルリンという非標準アミノ酸が産生されることになり，これをアルギニンに変換しない限り，メチル化前の状態に戻したことにはならない．今のところ，生体内にそのような機構が存在するかどうかは不明である．

2.4.2c ヒストンメチル化の機能的意義

ヒストンのメチル化の場合，アセチル化のようなヌクレオソーム構造に対する弛緩効果は生じない．これまでの研究で，メチル化修飾を認識して結合する様々なタンパク質やタンパク質モジュールが明らかになっており（表2.5）＊2-48，ヒストンのメチル化修飾は，これら“リーダー（reader）”分子を介して様々な生物学的過程に関与していると考えられている．アルギニン残基のメチル化修飾の意義についてはまだよく理解されていないが，リシン残基のメチル化修飾は，転写の活性化や抑制（修飾部位の違いによって活性化に働くこともあれば抑制に働くこともある），ヘテロクロマチン化，X染色体不活性化などといった現象に深く関与していることが明らかになっている（図2.34）．また，それぞれの分子機構の解明も着実に進められてはいるが，詳細な機構となると，一部を除いて，今後の研究に待たねばならない状況にある．なお，H3K9は，アセチル化もされるがメチル化もされる．ただし，メチル化された場合には，アセチル化の場合とは逆に転写の抑制に働く．

表2.5 メチル化されたヒストンを認識して結合するタンパク質の例

タンパク質	結合モジュール	メチル化の部位と度合
HP1	クロモドメイン	H3K9me3, H3K9me2
ポリコーム	クロモドメイン	H3K27me3, H3K27me2
CHD1	ダブルクロモドメイン	H3K4me3, H3K4me2, H3K4me1
Tip60	クロモバレルドメイン	H3K4me1
DNMT3A	PWWP	H3K36me3
MLL1	PHDフィンガー	H3K4me3, H3K4me2
G9a	アンキリンリピート	H3K9me2, H3K9me1
GLP	アンキリンリピート	H3K9me2, H3K9me1
EED	WD40リピート	H3K27me3, H3K9me3
PHF1	チューダー（Tudor）	H3K36me3
UHRF1	タンデムチューダー	H3K9me3

＊2-48 表2.5に示した各タンパク質は，PHF1（PHD finger protein 1：PHDフィンガーをもつタンパク質の1つ）以外は，本書に記載されているので，性質などについては該当部分を参照されたい．表には載せなかったが，H4K20，H3R17，H4R3の各メチル化修飾のリーダータンパク質も知られている．

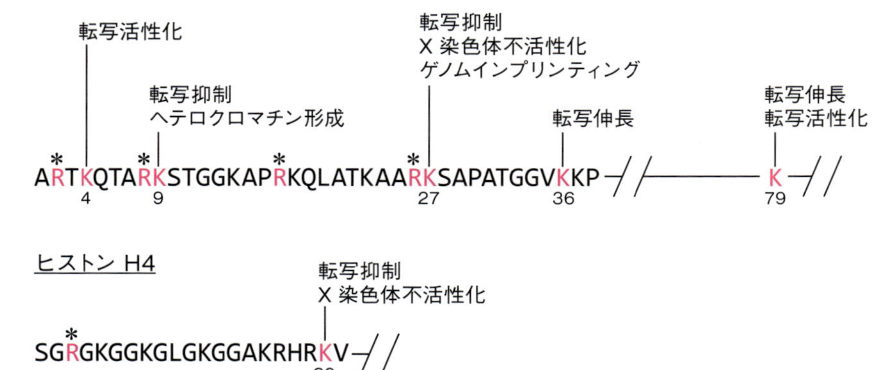

図 2.34　ヒストンにおけるメチル化修飾と相関する主な現象
修飾されるリシン残基には番号を，アルギニン残基にはアスタリスクを付した．メチル化修飾と相関する現象に関しては，よく知られたものだけを示した．なお，アルギニン残基のメチル化修飾の生物学的意義についてはまだよく理解されていない．

2.4.3　リン酸化と脱リン酸化

リン酸化と脱リン酸化はタンパク質のコンフォメーションや機能を変えるもっとも一般的な機構であり，細胞機能の調節の多くは，この方法で行われている．タンパク質のリン酸化を触媒する酵素は，タンパク質リン酸化酵素（プロテインキナーゼ）と呼ばれ，ATP などのヌクレオシド三リン酸の γ 位に存在するリン酸基をタンパク質のセリンやトレオニン，またはチロシン残基のヒドロキシ基に移す活性をもつ．セリン / トレオニンキナーゼの種類は多く，たとえば，ヒトには約 400 種の遺伝子が存在している．さらに，これらによるリン酸化は，全リン酸化の 98％以上を占める．チロシンキナーゼは多細胞生物だけに存在し，多くの場合，シグナル伝達に関与する．

ヒストンもリン酸化を受ける．特に，ヒストン H3 の S10（10 番目のセリン残基）のリン酸化は真核生物に広くみられ，染色体凝縮に関与しているのではないかと推察されている．この修飾に関わる酵素としては，RSK2（ribosomal protein S6 kinase 2），MSK1（mitogen- and stress-activated protein kinase 1)，オーロラキナーゼ（aurora kinase）類などが知られている．RSKは，リボソームの構成成分の1つであるS6タンパク質をリン酸化することからこの名前が付けられたが，S6タンパク質だけでなく，それ以外のリボソームタンパク質を含む，いくつかのタンパク質が基質になることが知られている．なお，RSKファミリーはセリン/トレオニンキナーゼであり，生体内におけるシグナル伝達に関わっている．

オーロラキナーゼ類は，分裂期キナーゼ（mitotic kinase）＊2-49の1つで，M期における染色体構築に重要な働きをしている．これらもセリン/トレオニン特異的酵素である．酵母のIPL1（increase in ploidy protein 1），ショウジョウバエ，アフリカツメガエル，マウス，ヒトの各オーロラBキナーゼもH3S10のリン酸化活性をもっている．なお，哺乳類のオーロラBキナーゼは，H3S28もリン酸化する．オーロラBキナーゼは，H3S10のリン酸化を介してヘテロクロマチンタンパク質HP1（→2.1.3）のヒストンへの結合と離脱に関与している．HP1はメチル化されたH3K9に結合するが，面白いことに，この隣に存在するS10がリン酸化されるとHP1はヒストンからはずれる．一方，オーロラBキナーゼの機能を阻害すると染色体からHP1が解離しなくなる．

H2BS14のリン酸化は脊椎動物のアポトーシスと相関しているという説がある．これは，MST1（mammalian sterile twenty 1）と呼ばれるタンパク質［STK4（serine/threonine kinase 4）とも呼ばれる］が，カスパーゼ3によって切断されて34 kDaの大きさの分子になるとH2BS14をリン酸化し，これを介して細胞核の凝縮を誘導する（アポトーシスの実行段階）という報告に基づいている．しかし，MST1はH2BS14のリン酸化をしないという報告もあり，結論を下すにはさらなる研究が必要である．なお，MST1はオートファジーを阻害し，それが原因で心臓の機能低下を引き起こすという報告がある．

脱リン酸化反応は加水分解反応であり，セリン/トレオニンホスファター

＊2-49　細胞分裂の制御には様々なタンパク質のリン酸化が関わっており，このリン酸化を触媒する一連の酵素を分裂期キナーゼと呼ぶ．

ゼ，チロシンホスファターゼなどのリン酸化タンパク質脱リン酸酵素（ホスホプロテインホスファターゼ）が触媒する．ヒストンの脱リン酸化は，通常のタンパク質の場合と同様，これらの酵素によって行われる．

2.4.4　ユビキチン化と脱ユビキチン化

ユビキチンは76アミノ酸残基からなるタンパク質で，これが直列に複数結合した（ポリユビキチン化された）タンパク質はプロテアソームによって認識され，分解される．このようにユビキチンはタンパク質分解との関係でよく知られた分子であるが，その他にもDNAの修復，翻訳の調節，シグナル伝達など，様々な生命現象に関わっていることが知られている．タンパク質のユビキチン化にはE1～E3の3つの酵素が関与する．E1はユビキチン活性化酵素，E2はユビキチン結合酵素，E3はユビキチンリガーゼ（転移酵素）として働く．最終的にユビキチンのカルボキシ末端のグリシンと標的タンパク質のリシン残基内のε-アミノ基とが結合する（この結合をイソペプチド結合と呼ぶ）．

ユビキチンは最初ヒストンH2Aと結合した形で見つかった（このH2AはA24と呼ばれた）．1975年のことである．分解のためのユビキチン化ではない場合，ヒストンには通常モノユビキチンが付加されるようであるが，それでも，アセチル化，メチル化，リン酸化とは異なり，かなり大きな分子が付加されることになる．この場合，標的となるアミノ酸残基は哺乳類では主としてH2AのK119とH2BのK120である[*2-50]．

H2Bのユビキチン化は，転写の活性化と関係している．ヒトのH2Bのユビキチン化では，上記のようにK120が標的になる．その際，RNF20/40複合体（RNF：ring finger protein）がE3リガーゼとして，UBE2E1（ubiquitin-conjugating enzyme E2 E1：別名UbcH6）がE2酵素として働く．そしてこれらにhPAF（human polymerase Ⅱ association factor）複合体を加えた三

＊2-50　H2AとH2Bに関しては，C末端テールもヌクレオソームコアの表面から飛び出している．

者の会合が H2BK120 のモノユビキチン化には必要である．H2B のユビキチン化は転写を活性化する．たとえば，*HOX* 遺伝子の場合，H2BK120 のモノユビキチン化のレベルが高いほどその発現活性も高い．RNAi（→ 2.5.1）により RNF20/40 複合体または hPAF 複合体の形成を抑えて H2BK120 のモノユビキチン化のレベルを減少させると，*HOX* 遺伝子の発現が抑制される．なおこの時，H3K4 と H3K79 のメチル化レベルも低下する．因みに，酵母では H2BK123（哺乳類の K120 に相当）のモノユビキチン化は E2 酵素の Rad6（radiation-sensitive protein 6）と E3 リガーゼの Bre1（brefeldin A sensitivity 1）が行う．また，モノユビキチン化された H2B は 1 ～ 5％にのぼり，その局在は転写が盛んに行われているユークロマチンに限られる．

ヒストンのユビキチン化は，他のヒストン修飾に影響を及ぼす．上記の *HOX* 遺伝子のケースはその一例であるが，酵母においても同様の現象が見られ，H2BK123 のモノユビキチン化は，H3K4 と H3K79 のジ・トリメチル化に必須である．H3K4 のメチル化は，一般に遺伝子の活性化に関与しており，H3K79 のメチル化についても，そのレベルと遺伝子発現活性との間に正の相関が見られる．一方，H3K36をメチル化するためには，H2BK123ub（ub：ユビキチン基）の脱ユビキチン化が必要である．メチル化された H3K36 は転写が進行しているクロマチン内に局在する（つまり，H3K36me は，転写の伸長に関与していると考えられる）ことから，H2BK123ub の存在は，転写伸長に負の影響を与えると考えられる．

H2AK119ub は，セントロメア周辺領域の不活性クロマチンや不活性 X 染色体内に多く見られ，H2AK119 のユビキチン化は，転写の抑制と関係しているという報告が多い．脊椎動物の場合，10 ～ 15％の H2A に K119ub が存在し，ショウジョウバエの場合も K118ub が見られるが，酵母ではこの修飾は見つかっていない．ヒトの場合，H2A の E3 ユビキチンリガーゼとしては，RING2（RING：really interesting new gene）や 2A-HUB（HUB：homologous to ubiquitin）などが知られており，これらはいずれも転写サイレンシングに関与している．RING2 は，転写抑制複合体 PRC1 や hPRC1L（human PRC1-like）などのなかで機能する．なお，PRC1 は，H3K27me3 修飾のある領域に局在し標的遺伝子（たとえば，*HOX* 遺伝子など）の転写を抑制する（→ 2.4.10）．H2AK119 のユビキチン化における RING2 の関与は，たとえば，ヒトの細胞で RING2 をノックダウン＊2-51 すると H2AK119 のユビキチン化レベルが低下することからも明らかである．

ユビキチン化されたタンパク質からユビキチンを除去する酵素も存在する．ヒトの場合，およそ 100 の脱ユビキチン化酵素が存在することが知られている．出芽酵母では Ubp8 と Ubp10（Ubp：ubiquitin protease）と呼ばれる酵素が H2BK123ub の脱ユビキチン化をする．Ubp8 はヒストンアセチル基転移酵素複合体 SAGA の 1 つのサブユニットである．興味深いことに，Ubp8 は，Rad6-Bre1 による H2B のユビキチン化をリセット（つまり脱ユビキチン化）してしまうが，それでも Ubp8 は転写を活性化する．この場合，脱ユビキチン化は転写の伸長の制御に関与する酵素，Ctk1（carboxy-terminal domain kinase 1）のリクルートに必要で，Ctk1 は Ctk2 および Ctk3 と複合体をつくり，RNA ポリメラーゼⅡの CTD（C-terminal domain：カルボキシ末端ドメイン）をリン酸化する．CTD のリン酸化は，転写の開始や伸長の制御に必要な修飾である．なお，転写の伸長の際にはヒストンのユビキチン化と脱ユビキチン化が何度かくり返されていると考えられている．Ubp10 は，テロメアサイレンシングに関与している．その脱ユビキチン化活性は，テロメア近傍で H2BK123 のユビキチン化ならびに H3K4 と H3K79 のメチル化を低レベルに維持することに寄与する．これにより Sir（silent information regulator）タンパク質がテロメアに最大限に結合できるようになり，テロメアのサイレンシングが可能になる．また，Ubp10 は転写が抑制された rDNA 領域にも局在してヒストンの低メチル化に寄与していることが知られている．

ユビキチン化された H2A を脱ユビキチン化する酵素もいくつか知られている．たとえばショウジョウバエの Calypso と呼ばれる酵素は，その 1 つ

＊2-51　一般に，標的遺伝子の転写産物の量を減少させて遺伝子の機能を減弱させる操作を指す．

である．この酵素は，ユビキチンC末端加水分解酵素（ubiquitin C-terminal hydrolase：イソペプチド結合を切断する酵素）であり，PR-DUB（Polycomb repressive deubiquitinase）複合体の構成成分である．PR-DUBは，Calypsoの他にポリコーム群（Polycomb group：PcG）タンパク質（→2.4.10）を含んでおり，PcGの標的遺伝子領域でモノユビキチン化されたH2Aからユビキチンを除去する．PR-DUBを欠くショウジョウバエの突然変異体ではモノユビキチン化されたH2Aが著しく増加する．

2.4.5　SUMO化

SUMO［small ubiquitin-related (like) modifier］タンパク質は，その名が示すようにユビキチンに似た，100アミノ酸残基程度のタンパク質であるが，このタンパク質はユビキチンとは異なり，タンパク質分解の標識にはならない．SUMOタンパク質は，タンパク質の安定化をはじめとした様々な機能をもっている．ヒストンのSUMO化はリシン残基上で起こり転写の抑制に働く．同じリシン残基をアセチル基と奪い合うことで転写の抑制に働いている可能性があるが，実際にどのような機構で転写を抑制しているかは明らかになっていない．ただ，転写の活性化につながる修飾の部位をSUMOタンパク質がブロックしてしまうことで少なくとも活性化は阻止できる．さらに，SUMO化がHDACやHP1をリクルートして遺伝子サイレンシングを仲介するという報告もある．SUMO化は，4つのコアヒストンのすべてで見つかっている．

SUMO化の機構はユビキチン化の機構に似ている．活性化酵素E1，結合酵素E2，転移酵素（リガーゼ）E3の働きによりヒストンのリシン残基にSUMOタンパク質が付加される．しかし，E3 SUMOリガーゼがどのようにしてヒストン上の特定のリシン残基を認識してSUMOタンパク質を付加するのかは不明である．

SUMOタンパク質を除去する際には，このタンパク質に特異的なプロテアーゼが使われる．このような酵素は，酵母では2つ，ヒトでは6つ知られている．ヒトのSUMOプロテアーゼは，SENP（sentrin/sumo-specific protease）と呼ばれる．

2.4.6　ADP リボシル化

ADP リボシル化もタンパク質の翻訳後修飾の1つで，NAD$^+$に由来するADP リボースが標的タンパク質に付加される．ADP リボシル化は，ADP リボースが1単位だけ結合する場合（モノ ADP リボシル化）と，この ADP リボースに複数の ADP リボースが結合して核酸様の重合体を形成する場合（ポリ ADP リボシル化）がある．ADP リボシル化は，細胞周期制御，転写，複製，DNA 損傷に対する応答など，多様な機構に関与している．

マクロファージにおいてリポ多糖は炎症性サイトカイン遺伝子の発現を誘導するが，この系では，ポリ ADP リボースポリメラーゼ I ［PARP-I：poly (ADP-ribose) polymerase I］が活性化され，*il-1β*（インターロイキン 1β）などの炎症性サイトカイン遺伝子のプロモーター領域のヒストンが ADP リボシル化され，転写が活性化することが知られている．活性化のメカニズムとしては，ヒストンの ADP リボシル化により，プロモーター領域でのヒストンと DNA の相互作用が不安定化され，転写因子 NF-κB（免疫反応・炎症反応に関与する転写因子の1つ）が結合し易くなるためであると考えられている．

2.4.7　ビオチン化

ビオチンは水溶性ビタミンの一種（ビタミン B 群に属す）で，通常，炭酸固定やカルボキシ基転移反応に働く酵素の補酵素として機能する．タンパク質がビオチン化される際にはビオチニダーゼとホロカルボキシラーゼ合成酵素が働く．ヒストンの場合，ビオチン化の部位は，H2A 内に5か所（K9, K13, K125, K127, K129），H3 内に3～4か所（K4, K9, K18 と恐らく K23 も），H4 内に2か所（K8, K12）あると報告されている．ヒストンのビオチン化は，遺伝子のサイレンシング，DNA 損傷応答，細胞増殖などに関与している可能性がある．H4K12bi（bi：ビオチン基）は，ヒトリンパ芽球腫細胞において，セントロメア周辺領域の α- サテライト DNA 上に形成されているヌクレオソームや，転写が抑制されている γG グロビンやインターロイキン 2 の遺伝子領域のヌクレオソームに多く含まれていることが報告されている．また，α- サテライト DNA 上では，H4K12bi の他，H3K9bi, H3K18bi，および H4K8bi も多く存在することが報告されている．

2.4.8　その他のヒストン修飾

以上で述べた修飾の他にも，H2B の S112 が *O* 結合型 *N*- アセチルグルコサミン（GlcNAc）で修飾されるという報告や，特定のリシン残基がクロトニル化されるという報告がある．GlcNAc 修飾に関しては，それが H2BK120 のモノユビキチン化を促進することと，この修飾をもつヒストンが転写の活性化しているクロマチン領域や，ショウジョウバエの多糸染色体のなかのユークロマチン領域に見られることから，GlcNAc 修飾は転写の活性化と関係した修飾であると考えられている．一方, クロトニル化されたヒストンは, ヒトの体細胞ゲノムとオスのマウスの生殖細胞ゲノムを調べた研究で，転写が活性化している遺伝子のプロモーターや潜在的なエンハンサー領域，さらには高発現している精巣特異的遺伝子領域に多く存在することが明らかになった．このことから，ヒストンのクロトニル化は，遺伝子発現の活性化や精子形成に関係していると考えられている．GlcNAc 化やクロトニル化以外にもいくつかのヒストン修飾が知られているが，遺伝子機能との関係はまだはっきりしていない．

2.4.9　ヒストンコード仮説

これまでに述べたように，ヒストンはアセチル化，メチル化，リン酸化，ユビキチン化，SUMO 化，ADP リボシル化，ビオチン化など，様々な翻訳後修飾を受ける．さらに，これらの修飾は個々のヒストン上で多重に起きることが多い．Brian D. Strahl と Charles D. Allis は，ヒストンテールでの化学修飾のパターンが 1 つのコード（暗号）を形成しており，下流の生物学的事象を制御する遺伝情報になっているのではないかという，ヒストンコード仮説（histone code hypothesis）を2000年に提唱した＊2-52．核酸の塩基配列に記された遺伝暗号（遺伝コード）は，細胞の主成分であるタンパク質の構造を決めるコードである．一方，ヒストンコードは，遺伝子発現等の生物学的事象を制御するためのクロマチン構造［たとえば，転写（促進したり，抑制したりする）や細胞分裂・減数分裂に資する構造］を構築するためのエピジェネティックなコードの1つとして機能しているという概念である．ヒストン修飾は，特定のタンパク質によって読み取られる．メチル化されたヒストンに結合するHP1やSwi6，アセチル化されたヒストンに結合するCBPやGCN5などは"読み取り"タンパク質の例で，このようなタンパク質はコードリーダー（code reader）と呼ばれる．コードリーダーには，ブロモドメインやクロモドメインといった，ヒストン上の化学修飾を認識して結合するドメイン構造が存在する．ヒストンコードの形成に関わる各種酵素群（"writer"と呼ばれる），あるいはコードを消去する酵素群（"eraser"と呼ばれる），ならびにコードリーダーまたはそれらの複合体が下流の生物学的現象を制御していると考えられている．

2.4.10　ポリコーム群タンパク質とトリソラックス群タンパク質

ポリコーム群遺伝子とトリソラックス群（trithorax group：trxG）遺伝子と呼ばれる遺伝子群は，最初，ショウジョウバエのホメオティック遺伝子群（コラム2章④中の図）の発現抑制の維持や発現の維持に重要な役割を果たす遺伝子群として同定された．その後の研究で，これらの遺伝子群は，細胞記憶（cellular memory）＊2-53に関わる遺伝子発現制御において重要な働きをする遺伝子群であり，無脊椎動物から脊椎動物まで広く保存されているだけでなく，植物にもそのホモログが存在することが明らかになった．加えて，今日ではこれらが幹細胞機能やがんを含む多様な生命現象にも関与している

＊2-52　クロマチンの構築またはクロマチン構造自体を"上流"に位置づけている．

＊2-53　細胞内での遺伝子の発現パターンが細胞分裂後もその子孫細胞に受け継がれて（記憶されて）いく現象．

ことがわかっている．本項では，ショウジョウバエを用いた研究を中心に，これらの遺伝子群・タンパク質群がエピジェネティックな細胞記憶の現象にどのように関わっているかについて述べる．

ショウジョウバエの発生では，母性因子による前後軸の決定後，種々の遺伝子群［母性効果遺伝子群（maternal effect genes），ギャップ遺伝子群（gap genes），ペアルール遺伝子群（pair rule genes），セグメントポラリティー遺伝子群（segment polarity genes）］が段階的に発現して，胚の体節構造（14に区分される）が形成される（図 2.35）．その後，胚は幼虫，蛹を経て成虫になるが（図 2.36），この過程でホメオティック遺伝子群の発現が各体節で

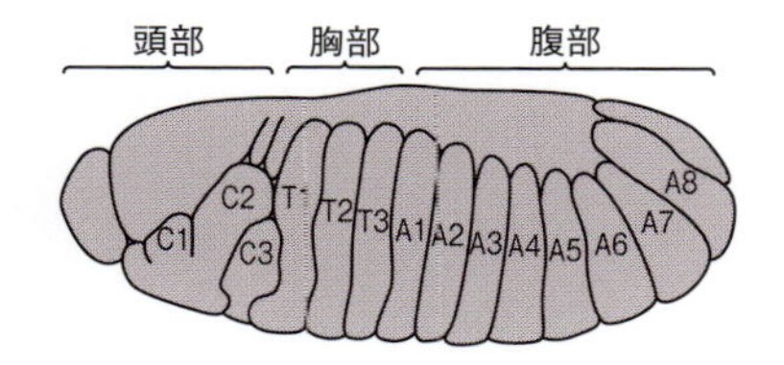

図 2.35　ショウジョウバエの胚の体節構造
浅島 誠・駒崎伸二（2011）『動物の発生と分化』（本シリーズ）を参考に作図．

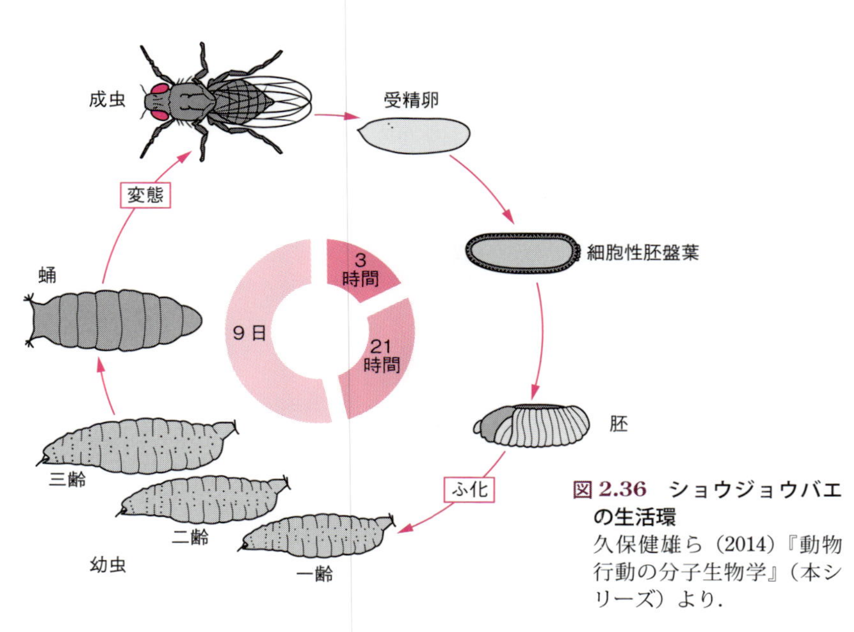

図 2.36　ショウジョウバエの生活環
久保健雄ら（2014）『動物行動の分子生物学』（本シリーズ）より．

正確に制御されることでハエの体の基本構造が形成される．ホメオティック遺伝子群の発現パターンは記憶され，細胞分裂後も維持される．PcG タンパク質と trxG タンパク質はこの制御を行っている．PcG タンパク質は，ホメオティック遺伝子が発現すべき体節以外で発現しないようにする役割を果たしており，trxG タンパク質は，発現を活性化する役割を果たしている．したがって，これらの遺伝子群の変異はホメオーシス（コラム 2 章④「ホメオーシスとホメオティック遺伝子」）の原因になる．

コラム 2 章④

ホメオーシスとホメオティック遺伝子

ショウジョウバエの触角が足に変わったり，植物の花が萼(がく)に変わったりする現象，つまり，体のある部分の構造が別の部分の構造に置き換わる現象をホメオーシス（homeosis：相同異質形成）という．そして，ホメオーシスの原因となる遺伝子をホメオティック遺伝子（homeotic genes）と呼ぶ．冒頭に述べたショウジョウバエの変異は，アンテナペディア遺伝子（*Antennapedia* gene）の突然変異が原因で起きるホメオーシスである．また，この例のように，ホメオティック遺伝子に起因する突然変異はホメオティック突然変異（homeotic mutation）と呼ばれる．ホメオティック遺伝子は多数存在し，胚発生の初期に体の前後軸に沿った各体節の特異的構造を形成する遺伝子群として機能する．ショウジョウバエの場合，ホメオティック遺伝子群は，第 3 染色体上に 2 つのクラスター（集団）を形成して存在する．それぞれ，アンテナペディア複合体（Antennapedia complex）とバイソラックス複合体（bithorax complex）と呼ばれ，前者には 5 つの，後者には 3 つの遺伝子が含まれている（**図**）．なお，両者をまとめて HOM-C（homeotic complex）と呼ぶ．ショウジョウバエの HOM-C と進化的な起源が同じものが脊椎動物にもあり，それらは *Hox* 遺伝子群（*Hox* genes, *Hox* gene cluster）と呼ばれる．

　ホメオティック遺伝子には，180 塩基対からなる相同性の高い領域が存在する．この領域はホメオボックス（homeobox）と呼ばれる．ホメオボックスは，ホメオティック遺伝子以外にも多く見られ，翻訳されると 3 つの α-ヘリックス構造を形成する．そして，第 2 ヘリックスと第 3 ヘリックスは，ヘリックス・ターン・ヘリックス構造を形成する．この構造は，転写因子に多く見られ，DNA 結合ドメイン（特にホメオドメインと呼ばれる）として機能する．なお，ホメオボックスをもつ遺伝子はホメオボックス遺伝子と総称される．ホメオボックス遺伝子とホメオティック遺伝子は，定義の仕方が異なるので注意が必要である．両者は必ずしもイコールの関係にはない．

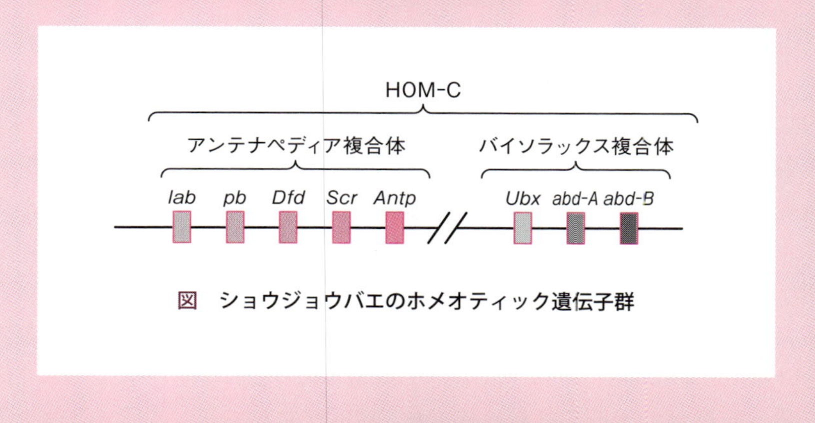

図　ショウジョウバエのホメオティック遺伝子群

　ポリコームは，文字通りコームがたくさんあるという意味で，このコームはオスしかもたない性櫛（sex comb）を指す（図 2.37）．野生型では性櫛は第 1 肢（前足）に存在するが，ポリコーム遺伝子に異常が生じたオスの場合，性櫛を，第 2 肢，第 3 肢にももつ（“ポリ”コーム）ようになる．この変異が，遺伝子の名称の由来である．一方，*trxG* 遺伝子は，その変異が *PcG* 遺

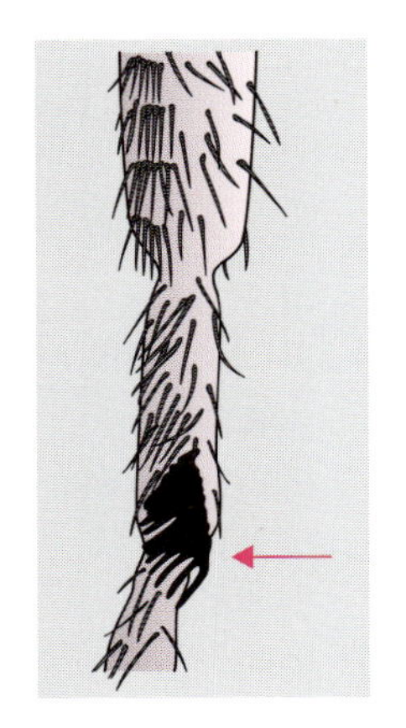

図 2.37　ショウジョウバエの性櫛
Daubresse, G. *et al*. (1999) Development, **126**: 1175-1187 をもとに作図.

伝子の変異による表現型を抑制することが発見の端緒になった．前後軸に対して，各ホメオティック遺伝子は発現の前方境界をもっていて，それよりも後方の体節で発現する．*PcG* 遺伝子に変異が起きるとこの境界が前進し，その結果，ホメオティック遺伝子の発現領域は拡大する［posterior transformation（後方化変異）］．一方, *trxG* 遺伝子の変異ではこの境界が後退し，ホメオティック遺伝子の発現領域が縮小する［anterior transformation（前方化変異）］．PcG タンパク質と trxG タンパク質の作用が拮抗的に働くことでホメオティック遺伝子の発現を適切に維持することができる．

PcG タンパク質が形成する主要な複合体は PRC2 と PRC1 である．前者は, H3K27 のジメチル化とトリメチル化を行い，後者は，H2AK119 のユビキチン化（→ 2.4.4）を行う．PRC2 は，すべての多細胞生物に存在し，細胞のアイデンティティーの維持，増殖，分化，あるいは幹細胞の可塑性，X 染色体不活性化などに関与している．PRC2 の主要な構成因子は，ショウジョウバエでは E(Z)［enhancer of zeste：SET ドメイン（→ 2.4.2a）をもつ］，ESC（extra sex combs），SU(Z)12，Caf1［CAF-1（chromatin assembly factor 1）＊2-54 の 55 kDa のサブユニット］である（図 2.38）．E(Z) は，メチル基転移酵素で，H3K27 にメチル基を 1 ～ 3 個導入できる．なお，E(Z) は，複合体内で ESC および SU(Z)12 と結合し，Caf1 は，SU(Z)12 と結合している．これらのタンパク質のホモログは哺乳類にもある．E(Z) のホモログは EZH1 または EZH2 で，やはりメチル化を担う．ESC のホモログは EED，SU(Z)12 のホモログは SUZ12，Caf1 のホモログは RbAp46 または RbAp48（RbAp：Rb-associated protein）である（表 2.6）．

＊2-54　ヒストンシャペロンの 1 つ.

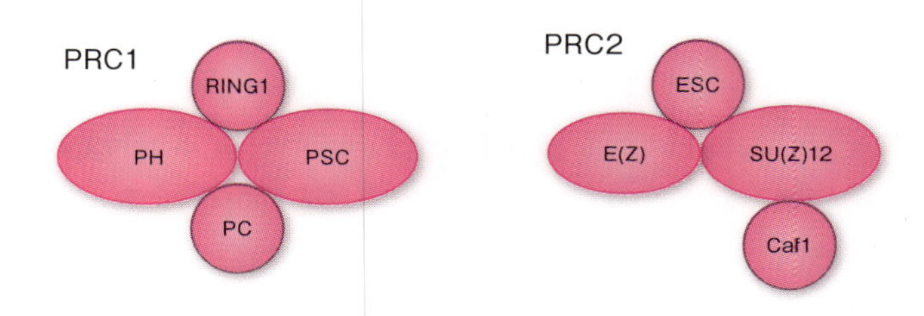

図 2.38 ショウジョウバエの PRC1 と PRC2 の
サブユニット構成の模式図

表 2.6 PRC1 と PRC2 を構成する主要なタンパク質

複合体	ショウジョウバエ	ヒト
PRC1	RING1	RING1，RING2
	PSC	BMI1，MEL18
	PH	PHC1，PHC2，PHC3
	PC	CBX2，CBX4，CBX6，CBX7，CBX8
PRC2	E(Z)	EZH1，EZH2
	ESC	EED
	SU(Z)12	SUZ12
	Caf1	RbAp46，RbAp48

PRC1 は，PRC2 による修飾で生じる H3K27me3 に結合して，H2A の K119 をユビキチン化する（→ 2.4.4）．PRC1 の主要な構成因子は，ショウジョウバエでは RING1［*Sce*（*sex combs extra*）の翻訳産物：RING フィンガードメイン＊2-55 をもつ］，PSC（posterior sex combs），PH（polyhomeotic），PC［Polycomb：クロモドメイン（→ 2.2.4）をもつ］で，この内，RING1 と PSC はヘテロダイマーを形成して RING1 のユビキチンリガーゼ活性を促進する．これらの各タンパク質のホモログは哺乳類にもある．加えて，ゲノムにはたくさんのパラログがコードされている．具体的には，RING1 のホモログは 2 種（RING1，RING2：後者を含む複合体が多い），PSC に関

＊2-55　40 ～ 60 のアミノ酸残基からなるジンクフィンガー様ドメインでタンパク質間相互作用の仲介をする．ユビキチンリガーゼ（別名 E3）の 1 グループにもこのドメインをもつものがあり，それらは RING 型 E3 と呼ばれる．このほか，このドメインはいくつかの転写因子（またはそのグループ）にも見られる．

しても2種［BMI1（B lymphoma Mo-MLV insertion region 1 homolog），MEL18］，PHに関しては少なくとも3種［PHC1（polyhomeotic-like protein 1），PHC2, PHC3］，PCに関しては5種［CBX2（chromobox protein homologue 2），CBX4, CBX6, CBX7, CBX8］のタンパク質がそれぞれ知られている（表2.6）．

PRC2とPRC1による遺伝子サイレンシングの機構については，まだ不明な点が多いが，少なくとも両者は以下のように働いていることが明らかになっている．最初にPRC2が標的領域にあるヒストンH3のK27をトリメチル化する．続いて，PRC1がこのエピジェネティックマークを認識して結合し，H2AK119をユビキチン化する（図2.39）．マウスES細胞を用いた解析では，その後，この修飾によりRNAポリメラーゼⅡ（RNAP）による転写が影響を受けて，発生制御に関わるある一群の遺伝子の転写が抑制されることが報告されている．しかし，その機構がどのようなものかはまだよくわかっていない．さらに，*in vitro*の実験ではPRC1がクロマチン凝縮を引き起こすことが報告されている．また，*in vitro*でクロマチンリモデリング（→2.2）を阻害するという報告もある．したがって，PRC1によりRNAPや転写因子

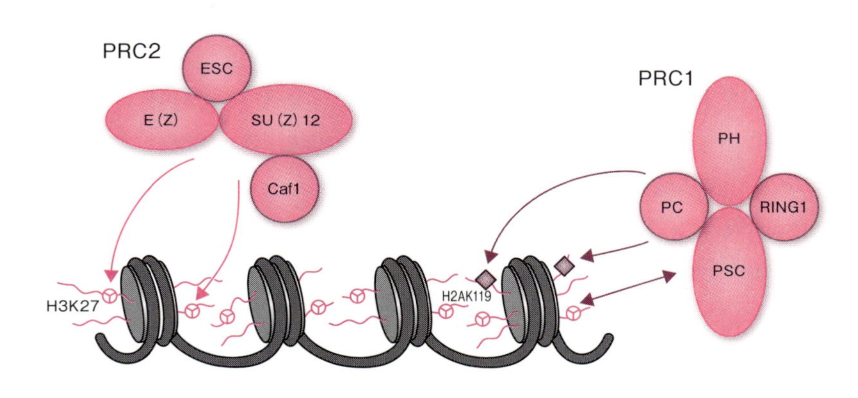

図2.39　PRC1とPRC2によるヒストンの修飾
PRC2が標的領域のH3K27をトリメチル化する．このエピジェネティックマークをPRC1が認識して結合する．そしてPRC1は，H2AK119をユビキチン化する．

の結合を許容しないクロマチン構造が維持または構築されることで転写が抑制されるのかもしれない．その他，H2AK119ub が転写抑制に働く何らかの因子をリクルートしている可能性も考えられている．

さてそれでは，PRC2 はどのようにして標的部位を認識するのだろうか．この機構では PRE/TRE（PcG/trxG response elements）と呼ばれる DNA 領域と非コード RNA（→ 2.5）が重要な役割を果たしていると考えられている．PRE/TRE は，PcG タンパク質または trxG タンパク質のリクルートに働くシス DNA エレメント（実際にはエレメントというより領域である）で，両者の拮抗的な働きに関与する．最近になって，ショウジョウバエの

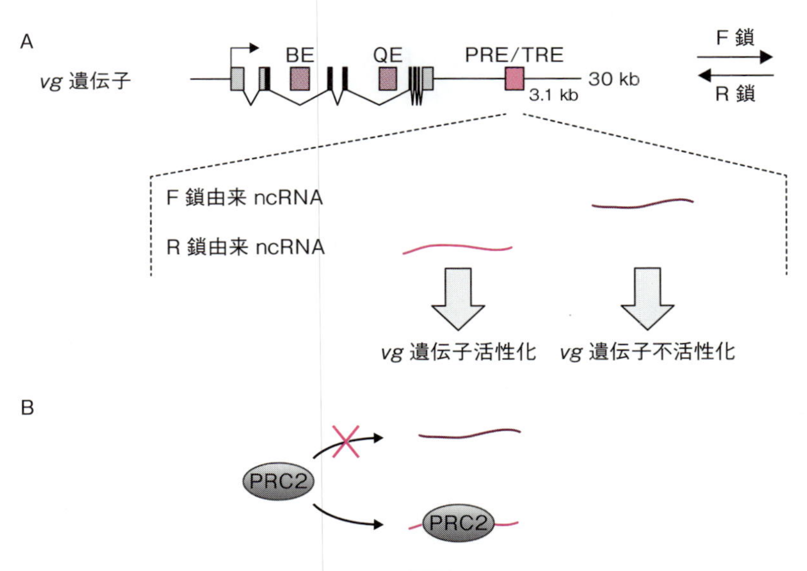

図 2.40　PRE/TRE 由来 ncRNA による *vg* 遺伝子の発現制御
（A）ショウジョウバエ *vg* 遺伝子の構造と PRE/TRE 由来 ncRNA
vg 遺伝子の構造は，Herzog, V. A. *et al.* (2014) Nature genetics, **46**, 973-981 による．黒色部分がエキソン．BE と QE はエンハンサー（BE: boundary enhancer, QE: quadrant enhancer）．R-ncRNA は *vg* 遺伝子の活性化と，F-ncRNA は *vg* 遺伝子の不活性化と，それぞれ相関する．
（B）PRE/TRE ncRNA と PRC2 との相互作用
In vivo では，PRC2 は R-ncRNA とは結合するが，F-ncRNA とは結合しない．

vg（*vestigial*）遺伝子の発現に関して，この領域とncRNAとPcG/trxGタンパク質をつなぐ，興味深い現象が明らかになった．*vg*遺伝子の下流には3.1 kbのPRE/TREが存在し（図2.40），*vg* mRNAが発現している組織にはこのPRE/TREから転写されたncRNAが存在する．産卵後10時間経過した胚（ステージ13）の筋組織系列の細胞には，*vg*遺伝子のアンチセンス鎖側のDNA鎖（以下，R鎖）由来のncRNA（以下，R-ncRNA）と*vg* mRNAが存在するが，*vg*遺伝子のセンス鎖側のDNA鎖（以下，F鎖）からのRNA（以下，F-ncRNA）は存在しない．また，*vg*遺伝子の発現活性化は，R-ncRNAの出現と相関する．一方，3齢幼虫の翅原基や脳では，F-ncRNAだけが転写され，しかも，この転写は*vg*遺伝子の発現抑制と相関する．細胞内ではR-ncRNAはPRC2に強く結合するが，F-nc RNAは結合しない．これらの事実から，次のような解釈ができる．R-ncRNAが主に転写される細胞ではPRC2がPRE/TRE領域にリクルートされても，このRNAがPRC2に結合し，その機能を阻害するために*vg*遺伝子は発現抑制を免れる．一方，F-ncRNAが主に転写される細胞では，PRC2がPRE/TRE領域にリクルートされると，そのまま遺伝子の発現抑制の機構が働き出す．このような機構に普遍性があるか否かは，今後の研究に待たねばならないが，*vg*遺伝子の系は，PRE/TREの機能変換スイッチ（遺伝子の活性化と抑制）の機構とncRNAを明確に結びつけた系として注目される．

2.5　非コードRNAとエピジェネティクス

RNAは，タンパク質のアミノ酸配列を規定する情報をもったRNA（すなわち，mRNA）とそれ以外のRNAに大別できる．後者は非コードRNAまたはノンコーディングRNA（noncoding RNA：ncRNA）と呼ばれる．近年，エピジェネティクスにおけるncRNAの重要性が明らかになってきた．本節ではncRNAの種類や機能について述べる．

2.5.1　短鎖非コード RNA と長鎖非コード RNA

ncRNA の範疇には tRNA や rRNA なども含まれるが，エピジェネティクスとの関連では，短鎖非コード RNA と包括されるマイクロ RNA（microRNA：miRNA または miR と略される），低分子干渉 RNA（small interfering RNA：siRNA）および piRNA（PIWI-interacting RNA）や，長鎖非コード RNA（long non-coding RNA：lncRNA）と呼ばれる分子種などが重要である．短鎖非コード RNA は，クロマチン構造や転写後の過程（RNA 代謝や翻訳）の制御を通して真核生物の遺伝子発現を抑制する．また，lncRNA は，哺乳類の X 染色体不活性化機構において中心的な役割を果たしているだけでなく，遺伝子発現の制御にもしばしば重要な役割を果たしている．

miRNA は発生，分化，細胞死，がんなど，さまざまな生命現象に関与する 21 ～ 23 ヌクレオチド程度の大きさの一本鎖 RNA である．miRNA の主な機能は，標的 mRNA の翻訳抑制や切断である．miRNA は，標的 mRNA にハイブリダイズするが，多くの場合，完全な相補対を形成するわけではなく，部分的である（図 2.41）．miRNA と標的 mRNA が完全な相補対を形成

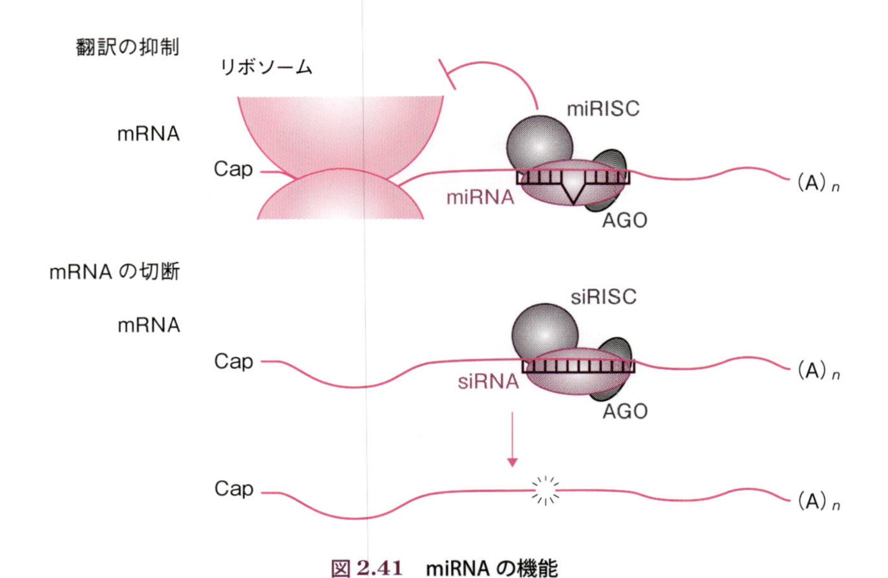

図 2.41　miRNA の機能

する場合，そのような miRNA は特に siRNA と呼ばれる．両者とも特定のタンパク質との間で複合体を形成して機能する．miRNA の複合体は miRISC（miRNA-induced silencing complex），siRNA の複合体は siRISC（siRNA-induced silencing complex）とそれぞれ呼ばれる．多くの場合，miRISC は翻訳の阻害をし（mRNA の分解もする），siRISC は mRNA の分解をする（図 2.41）．なお，RNA 干渉（RNA interference：RNAi）と呼ばれる現象＊2-56 は，siRNA の経路を利用しており，転写後の遺伝子発現を抑制する．このような制御は PTGS（posttranscriptional gene silencing）と呼ばれる．

一次転写産物（pri-miRNA）から成熟（機能できる）miRNA ができるまでには数段階のプロセスを経る（図 2.42）．そのなかで中心的な働きをする酵素が Drosha と Dicer である．両者は，リボヌクレアーゼⅢ（RNase Ⅲ）に属する，二本鎖 RNA に特異的なリボヌクレアーゼである．ヒトの場合，Drosha は 1,374 アミノ酸残基，Dicer は 1,922 アミノ酸残基からなる．Drosha は，pri-miRNA を pre-miRNA に切断する段階で働く．この反応は細胞核内で行われ，コファクター DGCR8［DiGeorge syndrome chromosomal（または critical）region 8：ショウジョウバエでは Pasha，線虫では PASH-1 として知られる］を必要とする．ヒトの DGCR8 は，773 アミノ酸残基からなる．この段階でヘアピン構造をもつ 60 ～ 70 ヌクレオチドの pre-miRNA が産生される．その後，この分子は，エクスポーチン 5 と Ran・GTP＊2-57 により細胞質に輸送される．GTP の加水分解に伴って核外輸送複合体から分

＊2-56　最初は，二本鎖 RNA がその一方の鎖と相補的な配列をもつ mRNA を特異的に分解して遺伝子発現を抑制する現象を意味した．しかし今では，miRNA による翻訳阻害を背景とした遺伝子発現抑制についても，しばしば RNA 干渉と呼ばれる．現在，RNAi は遺伝子の機能阻害実験に広く用いられている．RNAi は，ウイルスに対する自己防御機構やトランスポゾンの転移を抑制する機構などとして進化してきたと考えられている．なお，RNAi の発見者である Andrew Z. Fire と Craig C. Mello は，2006 年度のノーベル生理学・医学賞を受賞した．

＊2-57　輸送タンパク質であるエクスポーチン（核外輸送を担う）とインポーチン（核内輸送を担う）の活性を調節するタンパク質．核外輸送の際には GTP と結合した Ran（GTP 型 Ran）がエクスポーチンと結合して働く．

離した pre-miRNA は，次に，Dicer によって切断され，21 ～ 23 bp の RNA になる．この RNA は，miRNA/miRNA*（マイクロ RNA/ マイクロ RNA スター）と呼ばれる．Dicer のホモログは，カビから植物や哺乳類に至るまで広く存在している．ヒトでは，Dicer は，二本鎖 RNA 結合ドメインをもつ TRBP［transactivating response (TAR) RNA-binding protein：TAR RNA 結合タンパク質］と相互作用をする．TRBP は，Dicer による RNA 切断を促進

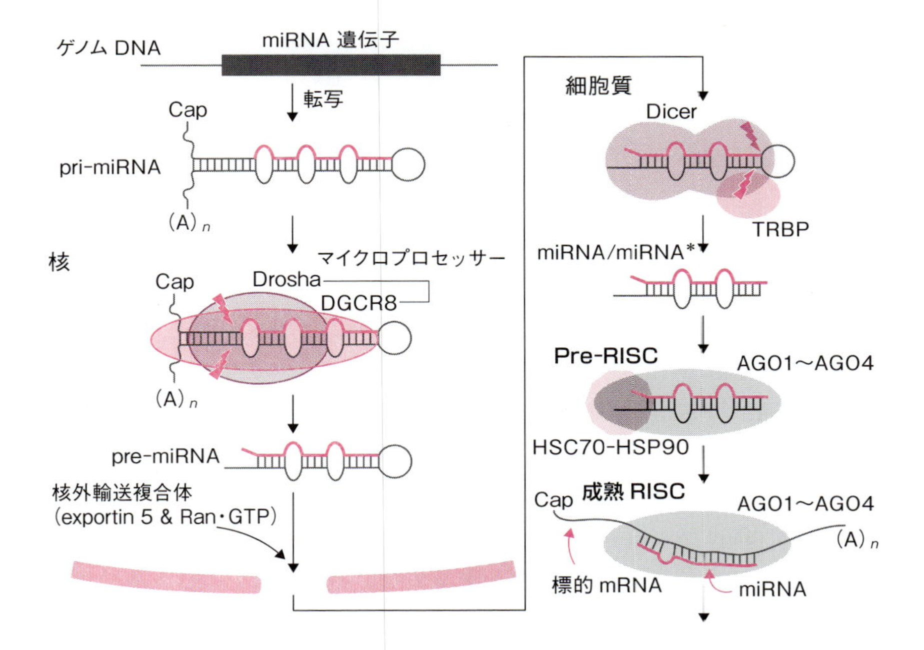

図 2.42　ヒト miRNA の生合成プロセス

miRNA 遺伝子は RNA ポリメラーゼⅡが転写する．その一次転写産物（pri-miRNA）は，マイクロプロセッサーと呼ばれる，Drosha とコファクター DGCR8 の複合体により切断されて，60 ～ 70 ヌクレオチドのヘアピン構造をとった pre-miRNA になる．その後, エクスポーチン 5 と Ran・GTP により，pre-miRNA は細胞質に輸送される．GTP の加水分解に伴って複合体から分離した pre-miRNA は，次に，Dicer によって切断されて miRNA/miRNA* になる．TRBP がこの過程を促進する．この後，HSC70-HSP90 複合体の力をかりて二本鎖 RNA は AGO に取り込まれる．最後に，miRNA/miRNA* は巻き戻されて，miRISC ができあがる．

する．ショウジョウバエの場合，Loqs（loquacious）と呼ばれるタンパク質がDicerと相互作用する．次にmiRNA/miRNA*は，HSC70-HSP90複合体（HSC70：heat shock cognate 70，HSP90：heat shock protein 90）*2-58およびAGO［AGO：Argonaute；ヒトには4種類のAGO（1～4）がある］と複合体を形成してPre-RISCになる．miRNA/miRNA*がAGOに積み込まれる際にはエネルギーが必要で，HSC70-HSP90複合体によるATPの加水分解によりそのエネルギーが供給される．その後，miRNA/miRNA*は巻き戻されて成熟したmiRISCが形成される．2本のRNA鎖のうち，AGOに残らないものはパッセンジャー（passenger）鎖，残るものはガイド（guide）鎖と呼ばれる．なお，AGOは約100 kDaのタンパク質で，4つのドメイン（N，PAZ，MID，PIWI）をもっている．siRNAの生合成機構も，miRNAの機構によく似ているが，pre-RISCから成熟RISCに移行する段階で，miRNAの場合には二本鎖RNAを巻き戻すだけであるのに対し，siRNAでは，パッセンジャー鎖を切断・分解する経路もある*2-59点が大きく異なる．

piRNAは，piRNAクラスターと呼ばれるトランスポゾンの転写産物がプロセシングされて産生される，25～33ヌクレオチドの大きさの分子種である．piRNAクラスターの転写はアンチセンス鎖およびセンス鎖の両方を鋳型として行われ，プロセシングの過程にはZuc（zucchini）と呼ばれるタンパク質とPIWI（P-element induced wimpy testis）と呼ばれるタンパク質が関与する．後者はArgonauteのサブファミリーの1つである*2-60．最終的にセンスpiRNAを取り込んだPIWIとアンチセンスpiRNAを取り込んだPIWIの2種が生み出される．これらは，siRISCが標的mRNAを切断するように，トランスポゾンから転写されるRNAを標的にして切断する．piRNAと

---

*2-58　HSC70は，HSP70（分子量70 kDaの熱ショックタンパク質）と90%以上の相同性をもつタンパク質で，HSP90は分子量90 kDaの熱ショックタンパク質．

*2-59　二本鎖RNAがAGO2に取り込まれた場合で，エンドヌクレアーゼ活性をもつC3POと呼ばれるタンパク質が分解に関与する．

*2-60　Argonauteは，AGOサブファミリーとPIWIサブファミリーに分類できる．前者は，ユビキタスに発現し，後者は主として生殖系列の細胞で発現する．

PIWI は主に生殖系列の細胞で発現し，トランスポゾン領域を転写不活性なクロマチン構造に誘導する．たとえば，ショウジョウバエでは精巣や卵巣においてトランスポゾンなどの転移性遺伝因子が存在するゲノム領域のヒストン H3 の 9 番目のリシン残基にトリメチル化を誘導して（H3K9me3 は遺伝子発現抑制型のヒストン修飾→ 2.4.2c）それら因子の発現抑制に寄与する．また，哺乳類では雄性生殖細胞においてトランスポゾンなどが存在するゲノム領域に DNA のメチル化を誘導し，それら因子の発現抑制に関与する．トランスポゾンは，ゲノム DNA 内にランダムに入り込める．したがって，生殖細胞の段階でその動きを封じ込めておくことは生物にとってきわめて重要である．piRNA と PIWI は，その役割を担っていると考えられる．

lncRNA は，ncRNA のうち分子サイズが 200 以上のものを指す．近年のトランスクリプトーム解析*[2-61] から，真核生物は，多種多様な lncRNA をもっていることが明らかになった．その多くは，mRNA と同様の転写後修飾を受けているが，翻訳はされない．lncRNA は，酵母からヒトに至るまで，すべての真核生物に存在すると考えられている．機能的には発生や分化の過程での遺伝子発現制御に関わっていることが多い．したがって，発生における複雑性が増すほどその生物の lncRNA 分子種は多いと考えられている．機能の具体例としては，X 染色体不活性化（3 章），ゲノムインプリンティング（3 章），*HOX* 遺伝子の発現制御（→ 2.5.2c），繊維芽細胞の iPS 細胞へのリプログラミング，脳と中枢神経系の発生，ある種の核内構造体の形成などへの関与が知られている．

2.5.2　非コード RNA によるクロマチン制御

2.5.2a　siRNA とヘテロクロマチン

2.1.2 項で述べたが，セントロメアやテロメアなど，反復配列上に形成されるクロマチンはヘテロクロマチンである．分裂酵母を用いた研究により，

＊2-61　細胞や組織，あるいは生物全体を対象として，含まれているすべての mRNA を解析する手法のこと．

これらの領域でヘテロクロマチンが構築される機構に siRNA が関与していることが明らかになった．分裂酵母においては，*ago1* が Argonaute を，*dcr1* が Dicer を，*rdp1* が RdRP（RNA-dependent RNA polymerase：RNA 依存 RNA ポリメラーゼ）＊2-62 をコードする．分裂酵母においてこれら 3 つの遺伝子を欠失させると，セントロメア領域のそれぞれの DNA 鎖から転写される互いに相補的な RNA の異常な蓄積が見られるようになる．さらに，セントロメア領域に導入した外来遺伝子の発現の脱抑制が起きたり，H3K9 のメチル化修飾が消失したり，さらにはセントロメア領域のクロマチン構造の機能が失われたりすることが明らかになった．

分裂酵母のセントロメア領域におけるヘテロクロマチン化の分子機構モデルを図 2.43 に示した．まず，主に RdRP によってつくられる二本鎖 RNA

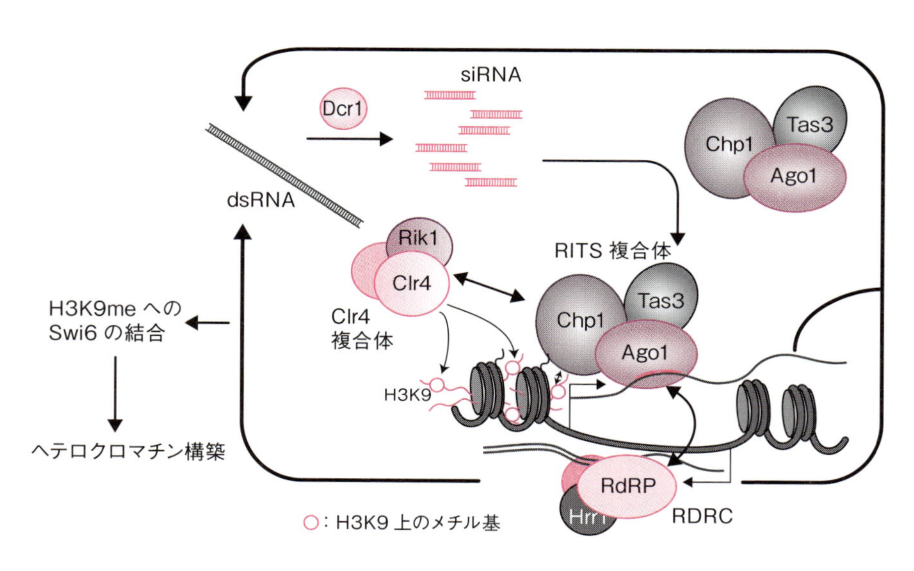

図 2.43　分裂酵母セントロメア領域におけるヘテロクロマチン構築のモデル
機構の詳細については本文を参照.

＊2-62　生物によっては，RdRP が siRNA の増幅に寄与する．

(dsRNA)＊2-63 が Dcr1 によって切断されることで二本鎖 siRNA が生じる．この siRNA は，Ago1 に積み込まれ，一本鎖化される．Ago1 は，Chp1（クロモドメインをもつ）および Tas3（targeting complex subunit 3）とともに RITS（RNA-induced transcriptional silencing）と呼ばれる複合体を形成する．この複合体は，Ago1 のガイド鎖によりセントロメア領域にリクルートされる（相補性に基づく RNA 鎖同士の対合による：図参照）．その後，RITS は H3 のリシンメチル基転移酵素である Clr4（cryptic loci regulator 4）を主要な成分とする Clr4 複合体をリクルートし，この複合体は H3K9 をメチル化する．さらに，この修飾を Chp1 のクロモドメインが認識して結合することで RITS は標的領域に局在する．その後，HP1 ファミリーに属する Swi6 が H3K9me を認識して結合し，ヘテロクロマチン化が進行してゆく．この他，RdRP が Hrr1（RNA ヘリカーゼの一種）および Cid12（ポリ A ポリメラーゼファミリーのメンバー）と形成する複合体 RDRC（RNA-directed RNA polymerase complex）は，RITS と相互作用して siRNA の増産に働いてヘテロクロマチン化の機構が増強されているらしい．

2.5.2b　X 染色体不活性化と lncRNA

X 染色体の不活性化（3 章）には，Xic（X-inactivation center）と呼ばれる領域から転写される，Xist（X-inactive-specific transcript）と Tsix（Xist を t の側から逆に並べた表記）と呼ばれる 2 つの lncRNA が中心的な役割を果たしている．それぞれ，17 kb と 37 kb の lncRNA である．Tsix をコードする DNA 領域は Xist のコード領域を含んでいる．両者の転写方向は互いに逆であるため，Xist と Tsix は，センスとアンチセンスの関係になる．X 染色体不活性化のプロセスが進むと，Xist は，2 つある X 染色体の一方だけで特異的にしかも高発現するようになり，その後，その染色体の全体に分布域を拡げ PRC2（→ 2.4.10）による H3K27me3 修飾を介して，最終的にその染色体を不活性なヘテロクロマチンに導く．一方，Tsix は，Xist の発現抑制に働いて，もう 1 つの染色体が不活性化しないようにする役割を担っている．現在考え

＊2-63　各 DNA 鎖から合成される RNA のハイブリダイズによっても dsRNA ができる．

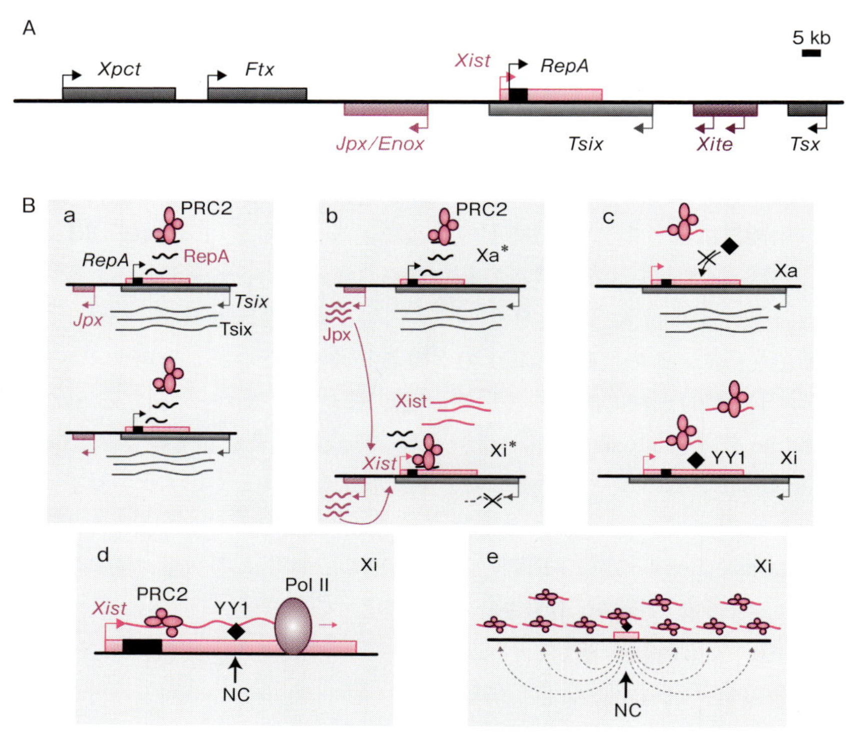

遺伝子：イタリック表記. 転写産物(lncRNA)：非イタリック表記. Xa：活性X染色体(Xa*：Xaの初期段階). Xi：不活性X染色体(Xi*：Xiの初期段階). NC：Xistの最初の積み込み部位.

図 2.44　X 染色体不活性化機構のモデル

(A) Xic の構造．Xic には lncRNA をコードする遺伝子が多数存在する．
(B) lncRNA による X 染色体不活性化の開始過程．a：(前段階) RepA (*Xist* 遺伝子座内部から転写される 1.6 kb の lncRNA) が PRC2 を X 染色体にリクルートする．しかし，RepA-PRC2 複合体が X 染色体に積み込まれることを Tsix が妨げるため X 染色体は不活性化されない．b：発生の過程で *Jpx* 遺伝子が活性化されて Jpx (*Xist* の正の制御因子) が産生され，さらに一方の染色体で *Tsix* の発現が抑制されるとその染色体では *Xist* が発現できるようになる．その結果，RepA-PRC2 複合体の積み込みも可能になる．c：転写と同時に Xist が PRC2 と結合する．転写因子 YY1 が Xi 上の Xist 積み込部位 NC (nucleation center) に結合する．Xa 上ではこの結合ができない．d：*Xist* 遺伝子の転写と同時進行で，YY1 が結合している NC に Xist-PRC2 複合体が積み込まれる．e：Xist-PRC2 複合体は，まず，NC からポリコームの強い結合部位 (約 150 存在する) に拡がり，次いで中位のポリコーム結合部位 (3,000 ～ 4,000 存在) に拡がる．これらの過程を通して H3K27me3 修飾が拡がりヘテロクロマチン化に至る．Lee, J. T., Bartolomei, M. S. (2013) Cell, **152**: 1308-1323 を一部改変．

られている不活性化機構のモデルを図 2.44 に示す．

2.5.2c　*HOX* 遺伝子と lncRNA

HOX 遺伝子（→ 2.4.10）の発現制御としては，HOTTIP（*HOXA* transcript at the distal tip）と HOTAIR（*HOX* transcript antisense RNA）とそれぞれ呼ばれる lncRNA の例がよく知られている．前者はシスに作用して標的遺伝子の転写を活性化し，後者はトランスに働いて転写を抑制する．HOTTIP は，MLL1 複合体［MLL1 *2-64 を含む MLL 複合体（→ 2.4.2a）］と相互作用して *HOXA* クラスター（遺伝子群）内のプロモーター領域の H3K4 をトリ

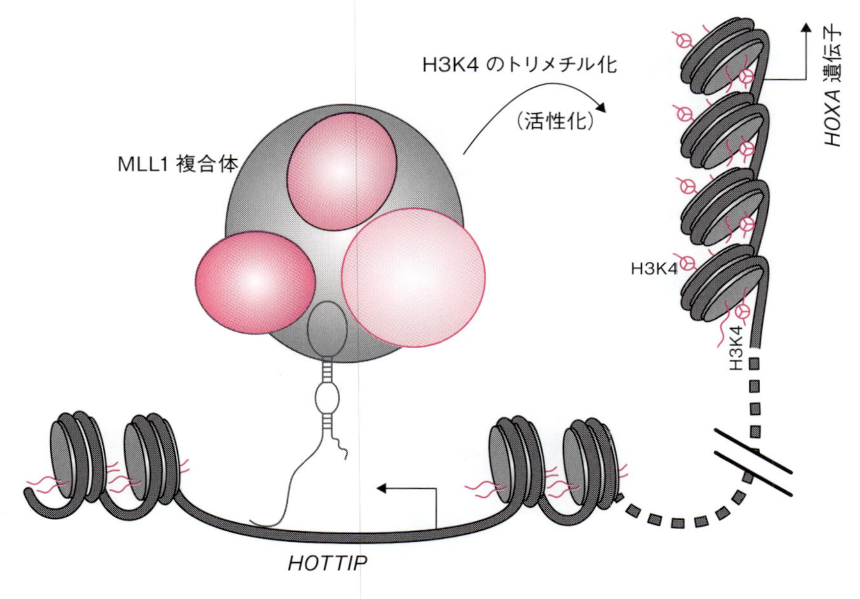

図 2.45　lncRNA による遺伝子活性化の例
HOTTIP は下流にある複数の *HOXA* 遺伝子を活性化する．
その機構については本文を参照．

＊ 2-64　繊維芽細胞では MLL1 と MLL2 が *HOX* 遺伝子の発現活性化に中心的な役割を果たす．

メチル化（活性型ヒストン修飾）して複数の*HOXA*遺伝子の発現を活性化する（図 2.45）．一方，HOTAIRは，*HOXC*クラスターに由来するlncRNAで，*HOXD*クラスターの遺伝子発現を抑制する．HOTAIRは，PRC2複合体（→ 2.4.10）および LSD1/CoREST/REST（lysine-specific demethylase 1/REST corepressor 1/RE1-silencing transcription factor）複合体のそれぞれと相互作用することにより，H3K27me3修飾の誘導（前者による）とH3K4me3の脱メチル化を行う（後者による）ことで，不活性型のクロマチンを構築して転写を抑制する（図 2.46）．

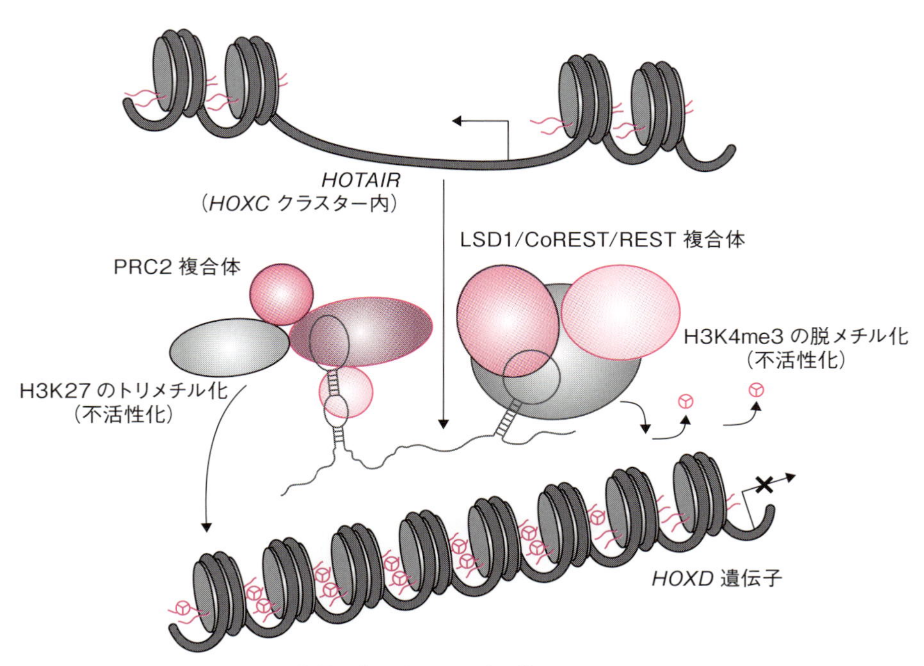

図 2.46　lncRNAによる遺伝子不活性化の例
HOTAIRは*HOXC*クラスター内で転写されるlncRNAで，*HOXD*クラスターを不活性化する．その機構については，本文を参照．

2.5.3　非コード RNA と DNA メチル化制御

マウス ES 細胞に特異的な miRNA が，多能性の維持や制御に重要な役割を果たしていることが明らかになってきた．マウス ES 細胞のなかでは，miR-290 クラスターと呼ばれる，1 つの miRNA ファミリーがもっとも多く存在する．7 番染色体内の 2.2 kb の領域がこのクラスターをコードしており，一次転写産物から 14 種の成熟 miRNA が産生される．ES 細胞内ではこれらの miRNA は高発現しているが，細胞の分化を誘導するとそれらの発現は低下する．マウスの *Dicer*$^{-/-}$ ES 細胞（*Dicer* 遺伝子をノックアウトした ES 細胞）内では，成熟した miRNA ができないため miRISC が形成されない．このような細胞では，***Dnmt3a***，***Dnmt3b***，***Dnmt3L*** の発現低下が起きており，細胞分化を誘導しても ***Oct4*** 遺伝子（Oct4：octamer-binding transcription factor 4）[＊2-65] のプロモーター領域の ***de novo*** メチル化が起きない．また，細胞自体も分化できない．一方，*Dicer*$^{-/-}$ ES 細胞に miR-290 クラスターの miRNA をトランスフェクション[＊2-66] して細胞分化を誘導すると，***Oct4*** プロモーターがメチル化されるようになる．つまり，miR-290 クラスターが存在することで ***Dnmt3*** 遺伝子が発現できるようになると考えられる．なお，発現ベクターを用いてこの細胞内で上記 3 種の ***Dnmt3*** 遺伝子を発現させても同様のメチル化が起きる．

Dicer$^{-/-}$ ES 細胞内では ***Dnmt3*** 遺伝子の転写リプレッサー［Rbl2（retinoblastoma-like protein 2）など］の発現が上昇しているが，この細胞に miR-290 クラスターの miRNA をトランスフェクションすると Rbl2 の発現低下が起こる．したがって，miR-290 クラスターの miRNA は，マウス ES 細胞内で Rbl2 の発現を阻害していると考えられる．以上の知見から，マウス ES 細胞においては，miR-290 クラスターの miRNA により，Rbl2 などの転写リプレッサーの発現が抑制され，その結果，***Dnmt3*** 遺伝子が発現できるよ

＊2-65　*Oct4* は未分化胚性幹細胞の自己複製に関係する遺伝子であり，POU ドメインと呼ばれる DNA 結合ドメインをもつ転写因子をコードしている．転写因子 Oct4 は，胎児の幹細胞，ES 細胞，iPS 細胞などに存在する．なお，*Oct4* 遺伝子は山中 4 因子の 1 つである．

＊2-66　動物細胞や植物細胞に核酸を導入すること．

うになり，*de novo* の DNA メチル化が可能になるという機構が考えられている．つまり，この機構では miRNA が *de novo* DNA メチル化の制御に重要な働きをしている．

3章 エピジェネティックな諸現象

東中川　徹

2003年，James D.WatsonはDNA二重らせんの発見50周年に際し，「これからはクロマチンが重要だ．10年後には相当のことがわかるだろう．」と述べている*3-1．われわれはまさにその渦中にある．ヒトゲノムの解明により，ジェネティクスの究極を見たかに思えた途端，指数関数的に増大した複雑さとともにエピジェネティクスが脚光を浴び始めた．本章では，入門書であることに留意してエピジェネティックな諸現象について，発見のきっかけや生物学的意義などに重点をおく．

3.1　X染色体不活性化

3.1.1　三毛猫はメスしかいない

三毛猫の毛色はどのようにして決まるのだろう．三毛猫の毛色を決定する遺伝子の基本的組み合わせは次の3つである．

$$ww \quad Oo \quad S-$$

Wは毛色を白にする遺伝子で，W（優性）で全身が白くなる．三毛になるにはw（劣性）でなければならない．OはO（優性）で茶色，o（劣性）で黒くなる．Sは毛の白い部分の程度を左右する．$S-$は，SSまたはSsを意味し，SSだと白斑が広く，Ssだと中程度，ssであると白斑がまったく出な

＊3-1 「DNAに関してあと何が残されているだろうか．何か大きな発見があるだろうか．それとも単に隙間を埋めるだけだろうか．」との問いに答えたものである［Watson, J. D. (2003) Sci. Am., **288**: 66-69］．Watsonは別の機会においても，「私たちはDNAの立体構造を明らかにし，その遺伝における複製様式を予言した．しかし，DNAが如何にその機能を発揮するかについては何も明らかにしていない．まったくこれからの問題である．」と述べている．

いので三毛の場合，*S*－でなければならない＊3-2.

さて，これら条件のもと，どのような猫が目に浮かぶだろうか．全身が白ではなく（*ww* だから），白の程度はいろいろで（*S*－だから），残りの部分は茶色（*Oo* だから）の二毛猫になるだろう．ところが，三毛猫が登場する．しかもそれはメスに限られる．

それは *O*（*o*）遺伝子が X 染色体上にあるからである．猫のメスは X 染色体を 2 本もっており，一方に *O*，他方に *o* が乗っている．不思議なことに，2 本の X 染色体の片方が発生過程で細胞ごとにランダムに働きを失うという現象が起きる．*O* が活性 X 染色体上にあれば *O* が発現し *o* は不活性 X 染色体上にあるので発現しない．したがって，その細胞に由来する体毛部分は茶色を示す．逆ならば黒となる．つまり，茶あるいは黒の毛の部分のおおもとの細胞で X 染色体のどちらかが不活性化し，しかも，X 染色体不活性化は細胞分裂を経ても維持されるため，その子孫細胞群が占める領域は茶色か黒になる．このようにして，X 染色体不活性化を考慮に入れずに想定した白と茶色の二毛猫に黒い毛の部分が混ざった三毛猫が誕生する（図 3.1）．蛇足ながら，*ww Oo ss* は茶と黒の二毛猫，*ww OO ss* は茶一色の猫，*ww OO Ss* は白と茶の二毛猫，*ww oo ss* はブラックキャット，*W* が 1 つでもあればホワイトキャットとなる．もちろん，いずれもメス猫の場合である．

図 3.1　三毛猫の毛色はどのようにして決まるか？
O 遺伝子の乗った X 染色体が不活性化されると毛色は黒となり，*o* 遺伝子の乗った X 染色体が不活性化されると毛色は茶となる．白い部分は *SS* で多く *Ss* で少なくなる．

三毛猫の毛色決定の仕組みの中にエピ

＊3-2　*W* はホワイトソリッド遺伝子と呼ばれ最も優位にあり，*W* をもっていれば全体毛が白くなる．*S* はアンドホワイト遺伝子と呼ばれ，変数形質発現（variable trait expression）という発現様式で白の部分の程度を左右する．

ジェネティクスの原理が潜んでいる．不活性化 X 染色体には染色体 DNA は厳然として存在する．しかし，何らかの理由でその遺伝子は発現できない．そして，一旦生じた不活性化は細胞分裂を経ても子孫細胞まで維持される．まさにエピジェネティクスの定義にぴったりの現象である．

3.1.2　発見のいきさつ

1949 年，Murray L. Barr と Ewart G. Bertram は，猫のニューロンの核小体の近くに小さな構造体を見つけ「核小体サテライト」と名づけた．この構造体はメスにしか見られず，色素で染まることから「性クロマチン」と再命名された（現在では Barr 小体と呼ばれている）（図 3.2）．当時，ショウジョウバエの X 染色体が凝縮し濃染されるヘテロクロマチンであることから,「性クロマチン」はメスの X 染色体がヘテロクロマチン化したものであろうと考えられた．1960 年，Susumu Ohno と Theodore S. Hauschka は，メスのマウスとラットにおいて凝縮し濃染される染色体は 2 本の X 染色体のうちの 1 本であり，かつ，オスでは見られないことを報告した．メスの X 染色体の異なる特徴についての最初の報告である．これらの知見に基づいて，1961 年および 1962 年, Mary Lyon は次の仮説を提唱した[＊3-3]．① 凝縮した X 染色体は遺伝的に不活性である．② 凝縮は細胞ごとに X 染色体が父親由来か母親由来かによらずランダムである．③ 不活性化は発生初期に起こる．④ いったん不活性化した X 染色体は細胞分裂を経ても安定に維持される．そして,「X 染色体を 1 本もち Y 染色体をもたないモノソミー（XO）マウスは正常であるから，XX マウスでも 1 本しか必要ではないだろう.」「不活性化はランダムだから，X 染色体連鎖遺伝子のヘテロ接合体は 2 つのタイプの細胞からなるモザイクとなるのであろう.」と考察した．さらに，この仮説を支持し，かつ修正する知見がヒトにおいて X 染色体が 3 本以上あるケースからもたらされた．つまり，細胞あたりの不活性 X 染色体の数は，存在する X 染色体より 1 本少ないことがわかった．したがって，説は修正され, 1 本の X 染色体の不

＊3-3　Lyon に因んで X 染色体不活性化をライオニゼーション（Lyonization）とも呼ぶ.

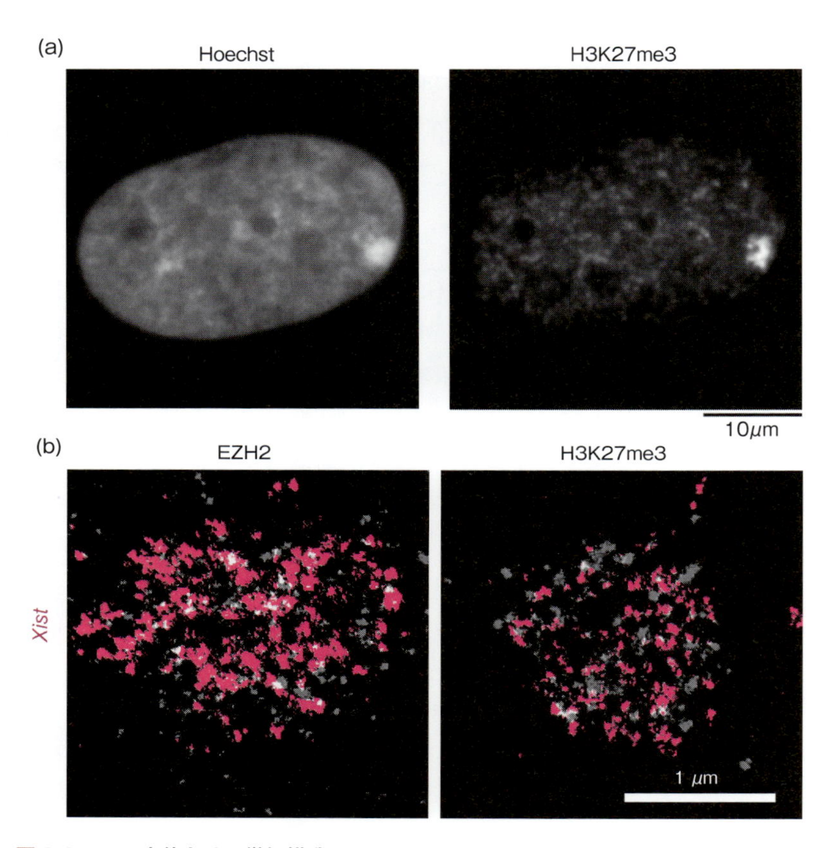

図 3.2　Barr 小体とその微細構造

(a) ヒト上皮細胞核に見られる Barr 小体．（左）Hoechst 染色．Hoechst は DNA を染める色素であり，Barr 小体が凝縮したヘテロクロマチン領域であることを示す．（右）抗 H3K27me3 抗体による免疫染色．Barr 小体に H3K27me3 が集積していることの意味については本文参照．写真は，小布施力史，大久保義真の提供による．

(b) STORM（stochastic optical reconstruction microscopy）法による ES 細胞 Barr 小体の微細構造．（左）*Xist* と EZH2 の分布（*Xist* については本文参照）．（右）*Xist* と H3K27me3 の分布．STORM 法（分解能 20 nm）により，Barr 小体には従来の算定より大幅に少ない数（50 ～ 100）の *Xist* 分子の存在が確認された．*Xist* は PRC2 複合体とともに Barr 小体内を動き回り「Hit-and-Run」方式でヌクレオソームをメチル化していることが推定された．原図では *Xist*（赤），EZH2, H3K27me3（緑），オーバーラップ（黄）であるが，本書は 2 色刷りのため *Xist*（赤），EZH2, H3K27me3（グレイ），オーバーラップ（白）に改変して転載．原報：Sunwoo, H. *et al.* (2015) Proc. Natl. Acad. Sci. USA, **112**: E4216-E4225. 写真は J. T. Lee, H. Sunwoo の提供による．

活性化ではなく,「n 本あれば $n-1$ 本が不活性化されるのだ.」と*[3-4].

X 染色体不活性化の現象は,発見の当初から医学的に重要視されていた.たとえば,Lyon の考察どおり,X 染色体上の遺伝子についてヘテロな女性は 2 つのタイプの細胞をもつ,と説明することができた.また,常染色体数の異常は致死的であるか,あるいはダウン症候群のような重篤さを示すのに対して,XO,XXY,XXXX など異常な X 染色体数をもつ個人が生存可能であることも説明できた*[3-5].

3.1.3　遺伝子量補償

X 染色体上の遺伝子がその量に応じて発現すると,メスではオスの 2 倍の遺伝子産物が生成する.「多々益々弁ず」と言いたいが,そうはいかない.遺伝子産物は適量が重要である.したがって,X 染色体不活性化はオス・メス間の X 染色体連鎖遺伝子量の不均衡を是正する遺伝子量補償(dosage compensation)の機構と考えられる.マウスでは実験的に X 染色体を 2 本とも活性に保つと胚性致死となる.遺伝子量補償は他の生物でも見られ,ショウジョウバエではオス(XY)の X 染色体の転写活性がメス(XX)の X 染色体の 2 倍になるように,また,線虫では雌雄同体(XX)の各 X 染色体の転写活性を半減することによりオス(XO)とバランスしている.鳥類では遺伝子量補償は存在しないと考えられてきたが,最近,遺伝子ごとの補償という部分的補償機構の存在が示唆されている.卵生哺乳類カモノハシの性染色

＊3-4　Barr 小体(不活性化 X 染色体)の数は細胞の X 染色体の数から 1 を引いた数である.より正確にはこのことは二倍体にあてはまる.四倍体の場合は,4 個の X 染色体数のうち 2 個が不活性化される.

＊3-5　染色体を 1 本余分にもつトリソミー(trisomy)や 1 本欠くモノソミー(monosomy)を染色体の異数性という.常染色体異常では 21 番染色体トリソミーはダウン症候群を発症し,5 番染色体短腕の一部の欠失による 5p モノソミーは重度の知的障害などを伴う.X 染色体異常では,XO はターナー症候群,XXY はクラインフェルター症候群と呼ばれ,いくつかの症状をもつが生存可能である.XXXX は「スーパー女性」と呼ばれ,染色体数が異常であるだけで表現型は正常である.

コラム 3 章①

オスの三毛猫

三毛猫の毛色決定には X 染色体不活性化が関わるので三毛猫は X 染色体を 2 本もつメスだけでオスはあり得ない筈である．しかし，オスの三毛猫も稀には見つかる．オスの三毛猫の性染色体は XXY という組み合わせをもつ．Y には哺乳動物のオス決定遺伝子があるから，XXY の猫はまずオスになる．そしてメスの三毛猫と同じ原理で，XXY の XX のどちらかが不活性化され，オスの三毛猫の誕生となる．XXY という核型（染色体構成）は染色体不分離という現象による．生殖細胞形成において稀に染色体の分配が均等に行われず，XX 卵や，XY 精子ができ，それらが正常な精子や卵との受精により XXY という核型をもつ猫が生まれる．

しかし，このような場合ばかりではない．猫は複数の子供を同時に生むため発生初期に 2 つの個体が融合してキメラになったオス三毛が生まれる場合がある．核型は X^OY/X^oY，X^OX^o/X^OY，あるいは X^OX^o/X^oY である．さらに，XY のオスの発生過程で一部の細胞において o が O に変異することもあり，この場合，核型は X^OY/X^oY である．1984 年，C. Moran らはそれまで発表されたオス三毛の核型をまとめて発表した（**表**）．1999 年，イギリスでの調査では，4598 匹のオスのうち三毛が 20 匹，うち 11 匹の核型は，38 XX/XY が 6 匹，39 XXY が 2 匹，38 XX が 2 匹，38 XY が 1 匹であった．このうち核型が XX や XY でオスの三毛とはどういうことであろうか．XX の 1 つの例では，精巣を欠く停留睾丸をもつ一方，末梢リンパ球の核型は XX を示したことから，XX 間性（intersex）あるいは XX/XY キメラであろうと記載されている．別の XX 個体では，組織学的には精巣があるが核型は XX であるのでキメラであろうと論じている．XY の例では，16/28 のリンパ球の核型が XY を示し，組織学的には精子形成を示す精巣をもつが，三毛なのでキメラであろうと結論している．さらに XX/XY の 1 つの例では，生殖細胞を欠く卵精巣（ovo-testsis）が見つかっている．何でも調べて見ると奥が深く複雑であることがわかる．ネット情報だが，日本で見つかったオス三毛はほとんど XX であるそうだ．この場合，Y 染色体のオス決定遺伝子の部分の転座による性転換体であろうと推測されている．

* 仁川純一（2003）『ネコと遺伝学』コロナ社.
* Moran, C. *et al.* (1984) J. Hered., **75**, 397-402.
* Leaman, T *et al.* (1999) Vet. Rec., **144**, 9-12.
* http://catman.moo.jp/male-mike/

表　オスの三毛猫の核型

核型	数	%
39XXY	11	28.9
38XX / 38XY	7	18.4
38XY	6	15.8
38XY / 39XXY	5	13.2
38XY / 39XYY	1	2.6
38XX / 57XXY *1	4	10.5
38XY / 57XXY	2	5.3
38XY / 39XXY / 40XXYY	1	2.6
38XX / 38XY / 39XXY / 40XXYY	1	2.6
	38	

*1　猫の染色体は $2n = 38$ であるので，57 XXY は三倍体である．通常，哺乳類の三倍体は致死となるので，表に示された数の二倍体 / 三倍体キメラが確認されたことは注目に値する．

体構成はより複雑であるが，鳥類に似た補償機構が示唆された．その他，シタビラメ，カイコなどでの研究が散見される．酵母やシロイヌナズナでは遺伝子量補償が見られないという報告もある．

3.1.4　不活性X染色体の特徴

不活性X染色体のDNAは活性X染色体のDNAと同じである．つまりゲノムは同じで異なるのはエピゲノム[＊3-6]である．不活性X染色体では，転写不活性化を反映してプロモーターやエンハンサーのCpGアイランドのDNAメチル化レベルが高い．Barr小体とよばれる凝縮したヘテロクロマチン構造は核辺縁部に観察される（図3.2）．複製タイミングはS期後半である[＊3-7]．不活性染色体には，H3K27me3やH3K9me3，そしてH2Aのバリアントであるmacro H2Aなどが見いだされる（図3.2）．H3K27me3のメチル化に関わるポリコーム複合体PRC2の構成メンバーも，また，H3K27me3をターゲットとするポリコーム複合体PRC1の構成メンバーも不活性X染色体に局在する．

3.1.5　発生過程におけるX染色体不活性化

三毛猫の体毛のように体細胞ではランダムな不活性化が起きている．しかし，発生過程では複雑な不活性化のプロセスが見えてくる（図3.3）．マウスの場合，受精後，2～4細胞期ではX染色体が両方とも活性である．4～8細胞期になると父親由来のXが選択的に不活性化される[＊3-8]．胚盤胞期では原始内胚葉と胚体外組織となる栄養外胚葉で父親由来のXの不活性化状態

＊3-6　DNAにメチル基が付加されたり，ヒストンの化学修飾などエピジェネティック修飾により規定されるゲノム状態をエピゲノムという．因みに，エピゲノム状態のアレルをエピアレル，エピジェネティック修飾が変化することをエピミューテイションという（後出）．

＊3-7　転写活性の高いDNA領域はS期前半に，不活性なDNA領域はS期後半に複製されることが知られている．

＊3-8　これはインプリント型X染色体不活性化と呼ばれる．インプリントとは次節で述べるが，遺伝子の発現が母親由来か父親由来かで異なる現象．

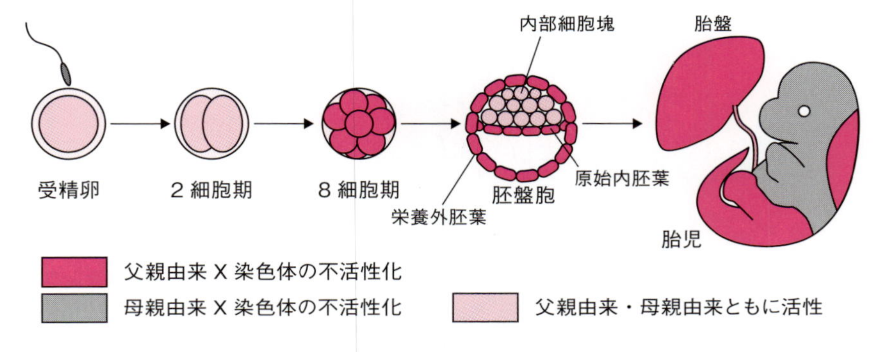

図 3.3　マウス発生過程における X 染色体の不活性化と再活性化
分化した体細胞では X 染色体不活性化は父親・母親由来に関してランダムである．発生初期にはインプリント型 X 染色体不活性化とよばれるノン・ランダムな不活性化が見られる．

が維持され，胎仔になる内部細胞塊では父親由来の X が一時的に再活性化される．その後，胚が着床し三胚葉に分化するにつれてランダム型となる．生殖細胞系列では，始原生殖細胞の出現後まもなく不活性化に必要な分子の発現が消え，胎生 10 日頃から X 染色体上の遺伝子の再活性化が起こり徐々に X 染色体全体の再活性化にいたる．再活性化した X 染色体は受精を経て着床まで活性を維持する．

3.1.6　不活性化のメカニズム

X 染色体不活性化には X 染色体不活性化センター（X-inactivation center: Xic）という X 染色体上の特定の領域が不可欠である（図 3.4）．Xic は，1983 年，Sohaila Rastan により細胞遺伝学的手法＊3-9 を用いて同定された＊3-10．Xic が転座や欠失により失われると不活性化されない．Xic は X 染色体が 2 本あると

＊3-9　細胞遺伝学とは，一般的には細胞の構造と機能を基礎として遺伝現象を解析する分野である．最近では，遺伝子機能を染色体の構造と変異に着目して研究する分野．ここでは染色体の転座などを利用して Naotoshi Kanda の方法（不活性 X 染色体を染め分ける）を用いて Xic を同定した．

＊3-10　詳細なマッピングによりヒトでは Xq13，マウスではバンド D にマップされた．

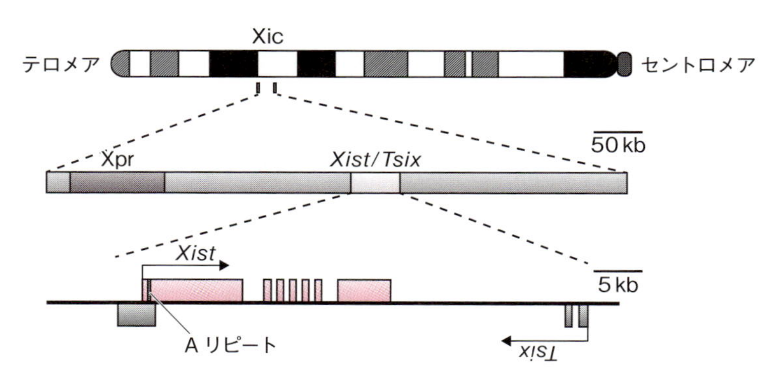

図 3.4 X 染色体不活性化センター（Xic）の構造（マウス）
X 染色体不活性化センター（Xic）は X 染色体バンド D に位置する．Xpr は X 染色体ペアリング領域とよばれ「選択」におけるクロストークに関与すると考えられる．*Xist* 遺伝子は Xic 領域内にマップされ，7 つのエキソンからなる．A リピートは *Xist* RNA の不活性化能にとり必須であることが示唆されている．*Xist/Tsix* 領域からは *Tsix* アンチセンス RNA が転写される．マウスの染色体はすべてテロセントリックでセントロメアが染色体の末端にある．ヒトでは Xic は長腕の Xq13.2 にマップされる．

どちらかをランダムに「選択」し不活性化する．メスの ES 細胞を分化させ X 染色体不活性化を誘導すると＊3-11，2 つの Xic 領域が近接する（ペアリング）ことが観察され，X 染色体どうしが「選択」に関してトークしているように見える．「選択」に関して，ブロッキング因子モデルが提唱されている．「オスではブロッキング因子が 1 本の X 染色体の Xic に結合して不活性化をブロックする．メスではどちらかの X 染色体に因子が結合し活性を維持する一方，因子が結合しない X 染色体は不活性化される」というモデルである．X 染色体が n 本（$n > 2$）ある場合，ブロッキング因子は 1 本の X 染色体の活性を維持し，$n - 1$ 本が不活性化される．

Xic はどのようにして X 染色体全体を不活性化するのだろうか．ここで登場するのが *Xist* RNA である（図 3.4，図 3.5）．*Xist*（X-inactive-specific

＊3-11 メスの ES 細胞では X 染色体は両方とも活性状態にあり，分化誘導により X 染色体不活性化が起こる．

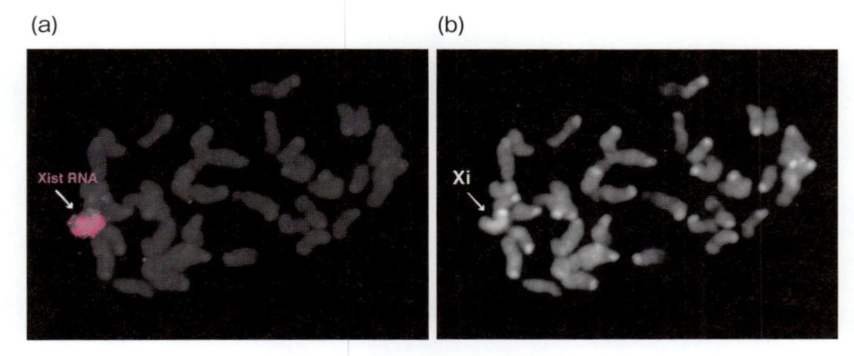

図 3.5　*Xist* RNA の Xi(不活性 X 染色体) への局在

雌マウスの線維芽細胞の中期染色体をローダミン標識 *Xist* RNA をプローブとしてハイブリダイズした．染色体全体は DAPI で染色した．（写真は J. T. Lee の許可を得て Lee, J. T. (2009) Gene. Dev., **23**, 1831-1842 より転載）

transcript）は ORF をもたないノンコーディング RNA（ncRNA），しかも長鎖 ncRNA（lncRNA）（マウス：15 kb，ヒト：17 kb）で，他の *RepA*, *Tsix*, *Tsx*, *Xite*, *Jpx*, *Ftx* など多くの lncRNA とともに Xic 内にマップされる＊[3-12]．*Xist* は将来不活性化される X 染色体から不活性化に先立って転写され，キャップされ，スプライスされ，ポリ A 付加は起こるが核外へ輸送されず，不活性化されるべき X 染色体から離れない．*Xist* RNA は量が増えるにつれ不活性 X 染色体の全領域を *cis* に「雲」のように覆う．この過程で *Xist* RNA のエキソン 1 から転写された *RepA* RNA 内の反復モチーフ（リピート A）により不活性 X 染色体に PRC2 がリクルートされ，その結果，抑制的マーク H3K27me3 のレベルが上昇し（図 3.2），同時に転写活性化に関連する H3K4me3, H3K9ac などのマークが減少する．続いてヒストン macroH2A や *Xist* RNA の停留を助けるタンパク質などが結合することにより，さらに

＊3-12　複雑さを避けるため，これらの lncRNA の位置は図中に示していない．機能的には，*Ftx*, *Jpx*, *RepA* は *Xist* の転写を促進する一方，*Tsix*, *Xite*, *Tsx* はそれを阻害するという具合に複雑である．

ヘテロクロマチン化が進む．一旦確立した不活性化状態を維持するため，不活性X染色体上の遺伝子プロモーターにDnmt1によるメチル化が付加され，かつ，ヘテロクロマチン化に関与するヒストン修飾やHP1によるクロマチン凝縮が起こる．

*Xist*をトランスジーンとして常染色体に組み込むと，染色体特異性を示さずトランスジーンから転写された*Xist* RNAはその染色体上の遺伝子発現を抑制する．最近，この現象を応用して，ダウン症候群患者の21番染色体に*Xist* cDNAを導入し1本の21番染色体を不活性化させる新しい治療法が試みられている．

*Xist*は初期発生のみならず，一生を通じて重要であることが明らかになっている．X染色体不活性化はがん遺伝子を含む数百の遺伝子をサイレンス[*3-13]するので，不活性化の異常はがん遺伝子の再活性化を通じてがんを誘導する可能性がある．

*Xist*からは転写単位を完全に含むアンチセンスRNA, *Tsix*(*Xist*の綴りの逆)が転写される（図3.4）．*Xist*同様タンパク質をコードしない長鎖ncRNAである．*Tsix*は，はじめ両方のX染色体のXicから発現するが，やがて片方のXicから発現されるようになる．そして，*Tsix*発現が維持されるXでは*Xist*の発現が抑えられ活性X染色体になる．*Tsix*が消失し*Xist*発現が亢進されると不活性X染色体となる．つまり，*Tsix*のアンチセンス転写は，*Xist*プロモーターのクロマチン構造やDNAメチル化状態の変調を通じて*Xist*の発現を*cis*にコントロールする．因みに，*Xist-Tsix*のようなセンス-アンチセンスペアは哺乳動物に少なくとも数百か所存在する．この意味でも，*Tsix*を介する*Xist*の制御の分子メカニズムの解明はアンチセンス転写のより深い理解に資すると思われる．

X染色体不活性化[*3-14]は一旦起きると変更されることはないが，ある条件

＊3-13　遺伝子発現を抑制することをこのように表現することが多い．

＊3-14　X染色体不活性化では，X染色体上の全遺伝子が不活性化されるわけではない．ヒトでは約15%（マウスでは約3%）の遺伝子が不活性化されない．不活性化を逃れる遺伝子プロモーターには*Xist* RNAの蓄積は見られない．

下では再活性化される．未分化細胞であるES細胞とマウスのメスの体細胞を融合させると，体細胞の不活性X染色体が再活性化される．この現象はES細胞が体細胞のゲノムをリプログラムする因子をもつことを示唆し，iPS細胞の開発のヒントになったと言われている．

3.2　ゲノムインプリンティング

受精卵は母親と父親から一対の遺伝子を受け取る．一般的には，この遺伝子ペアは胚発生において同等に発現されると考えられてきた．ところが一部の遺伝子ペアでは，片方の発現がスイッチ・オフされる場合が見いだされている（図3.6）．この現象は，ゲノムインプリンティングと呼ばれる．X染色体不活性化では，片方のX染色体全体がオフになり＊3-14，かつ，そのX染色体が母親由来か父親由来かは初期発生を除いてはランダムであった．ゲノムインプリンティングは，常染色体の特定の遺伝子領域に見られる現象で，か

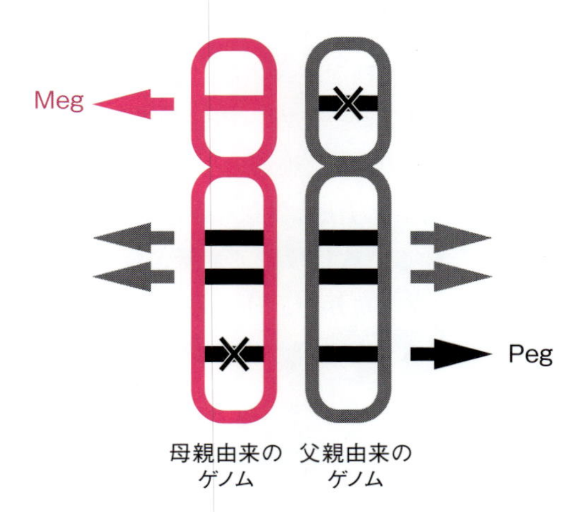

図3.6　遺伝子のなかには片方の親由来のときのみ発現されるものがある
Meg：maternaly expressed gene, Peg：paternally expressed gene.

つ，遺伝子ペアのどちらがスイッチ・オフされるかはその遺伝子が母親由来か父親由来かによって決定される．

3.2.1　発見のいきさつ

ゲノムインプリンティングは，1984 年，Azim Surani ら（4 月），James McGrath と Davor Solter（5 月）および Jeff R. Mann と Robin H. Lovell-Badge（7 月）により報告された．彼らの報告以前には，哺乳類において正常発生に両親のゲノムが必須か，つまり単為発生が可能かどうかについて相反する状況が存在した[＊3-15]．Peter C. Hoppe と Karl Illmensee は，1977 年と 1982 年，マウスを用いて片親からのゲノムだけで成体まで発生が可能であることを報告した．彼らの論文を読むと納得できる結果が記述されている．しかし，他のラボでは再現できない状況が続いていた．この状況を打開し，マウスにおいて両親のゲノムが必要であることを最初に報告したのは Surani らであった．

Surani らは，正常な発生には父親と母親のゲノムが必要である，という仮説を立てた．その証明のため，単為発生により活性化した卵に他の受精卵の雌性前核，または，雄性前核を注入した．雌性前核を注入しても胚発生は見られなかったが，雄性前核を注入すると健康な胚が得られた．成功率は 9/24（38％）で 100％ではなかったが，雌性前核の場合は 0％であったことから，この実験は，「正常発生には両親のゲノムが必須である」ことを証明した画期的な実験であった．方法は異なるが，3 つのグループが 2 〜 3 か月以内に同じ結論を報告しているわけで，さぞ，熾烈な競争があったことであろう．各グループは論文のなかで，Hoppe と Illmensee の実験では，前核を抜き取るのに用いたピペットの径が細く除核が不完全で，「残った前核

＊ 3-15　単為発生とは処女生殖とも呼ばれ，卵子が単独で個体発生まで到達する現象．哺乳類における単為発生の研究は 1930 年代から行われていた．1939 年，G. Pincus は電気刺激によりウサギの単為発生胚から個体が誕生したと報告したが，追試に失敗したため完全に否定された．1973 年，Anna Witkowska はマウスの単為発生胚が胎齢 10 日まで生存することを示した．

断片が発生に寄与したであろう.」と論じている＊3-16. MacGrath と Solter は, GPI＊3-17 パターンからも除核の不完全が判断できると指摘している. 図には, MacGrath と Solter の実験を示す (図 3.7).

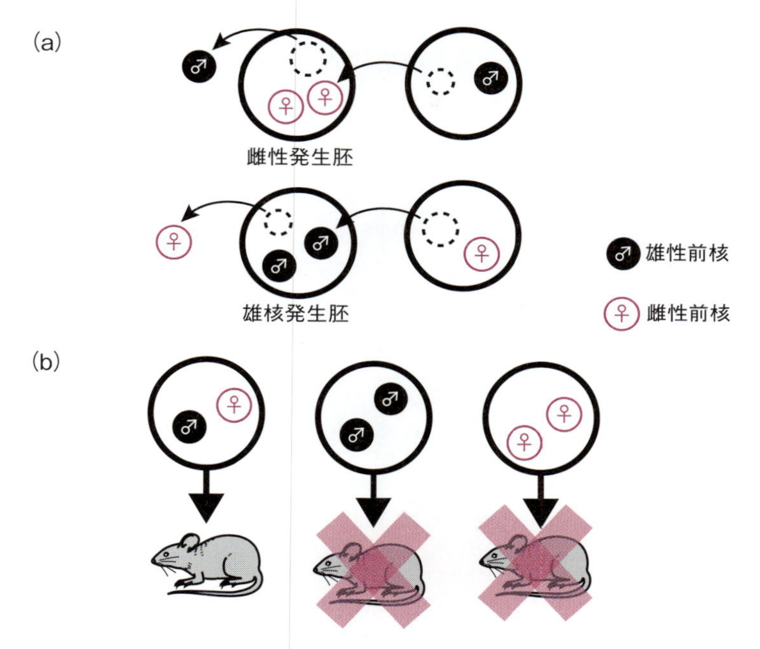

図 3.7 マウスの正常発生には父親，母親両方のゲノムが必要である
図は J. McGrath と D. Solter の実験 (1984) を示す. (a) 受精後の一細胞期の胚において, 前核移植技術により雌性前核を 2 つもつ雌性発生胚 (biparental gynogenone) と雄性前核を 2 つもつ雄核発生胚 (biparental androgenone) を作出した. (b) 前核移植胚およびコントロール胚 (他の胚から雌性前核と雄性前核を 1 個ずつ移植した二倍体胚) を Day1 の偽妊娠マウスの卵管に移植し発生を観察した. その結果, コントロール胚では 348 から 18 の仔マウスが得られたのに対し, 339 の雌性発生胚と 328 の雄核発生胚からの仔マウスはゼロであった.

＊3-16 Hoppe と Illmensee の実験では, いずれも受精卵から前核をピペットで抜き取る操作が含まれている.

＊3-17 GPI (glucose phosphate isomerase, グルコースリン酸イソメラーゼ) はグルコースをフルクトースに変換する酵素である. アイソザイムパターンがマウス系統で異なるため指紋のように系統の識別に使われる.

受精卵は父親と母親のゲノムをどのように識別するのだろうか？　Suraniらは，配偶子形成においていくつかの遺伝子には，精子あるいは卵子独特の「しるし」がつけられるのであろう，と推論した．そして，この「しるし付け」のことをゲノムインプリンティング（genomic imprinting）と名づけた．この推論は，1991年，そのような遺伝子が見つかるまで実証されなかった．

1985年，Bruce M. Cattanachらは，特定の染色体領域が片親に由来するマウス[＊3-18]を用いた遺伝学的実験により，父親または母親由来で発現を異にする染色体領域が10か所以上存在することを報告した．これらはインプリント領域と呼ばれた．1990年，Thomas M. DeChiaraらは，インスリン様成長因子Ⅱ（*Igf2*）遺伝子のノックアウトマウスが奇妙な遺伝様式をを示すことに着目した．通常，変異表現型はF_1ヘテロマウスどうしの交配によるホモマウスにおいて現れる．しかし，*Igf2*ノックアウトでは，F_1マウスが変異に関してヘテロであるにもかかわらず，変異を父親から受け継いだ場合のみに変異表現型を示した．翌年，変異を母親から受け継いだF_1ヘテロマウスは正常であることを確認した．この結果は，正常においては*Igf2*が父親由来のときだけ発現する，と考えれば説明できる．1991年，彼らは*Igf2*遺伝子を最初のインプリント遺伝子として報告した．同年，さらに*Igf2r*，*H19*遺伝子の2つのインプリント遺伝子が報告された．インプリント遺伝子の同定はその後急速に進められたが，すべてCattanachらにより報告されたインプリント領域に存在していた．現在では，マウスで150種類あまりのインプリント遺伝子がリストされている．それらは，父親性発現を示す遺伝子（paternally expressed gene：Peg）と母親性発現を示す遺伝子（maternally expressed gene：Meg）に分けられる．

＊3-18　一対の相同染色体がどちらも片親から由来した状態を片親性ダイソミー（uniparental disomy）という．特定の染色体領域が片親性ダイソミーになるのを部分片親性ダイソミー（segmental uniparental disomy）という．

3.2.2 インプリント領域と Peg および Meg

インプリント遺伝子のゲノム上の分布はランダムではなく，特定の領域にクラスターしている．クラスターはインプリント領域と呼ばれるが，ほとんどが Cattanach らにより同定された領域と一致した．インプリント領域には父親性インプリント領域と母親性インプリント領域がある．大部分は母親性インプリント領域であり，父親性インプリント領域はマウスでは 5 か所のみである．

通常，各領域には Peg と Meg の両方が含まれ，また，インプリントを受けない遺伝子が存在することもある．「父親性インプリント領域に Peg と Meg の両方が含まれる．」という表現は混乱を招き易い．インプリント遺伝子の片親性発現の制御は遺伝子ごとではなく，クラスター内の複数の遺伝子の発現抑制と発現誘導を同時に切り替える機構で行われる．その制御様式はクラスターごとに異なる．しつこいようだが，父親性インプリント遺伝子とは Peg であろうと Meg であろうと父親性インプリント領域にマップされる遺伝子のことで，母親性インプリント遺伝子についても同様である．この「同時に切り替える機構」は後述の例により明らかとなる．

3.2.3 インプリントの消去と再確立

発生においては体細胞系列と生殖細胞系列への分岐が起こる．体細胞系列ではインプリント・パターンは一生維持される．しかし，生殖細胞系列ではインプリント記憶は完全に消去されリセットされる．マウスでは胎生 7 日ごろ，将来の生殖細胞となる始原生殖細胞（primordial germ cell：PGC）が出現する．始原生殖細胞のインプリント・パターンは体細胞と同一であるが，始原生殖細胞が生殖隆起に移動する 11.5 日頃から 12.5 日目にかけてそのパターンの消去が完成する．その後，父親型インプリントは胎生 14.5 日目から出生にかけての精原細胞の段階で，母親型インプリントは出生後の卵成熟の過程でそれぞれ再確立される（図 3.8）．

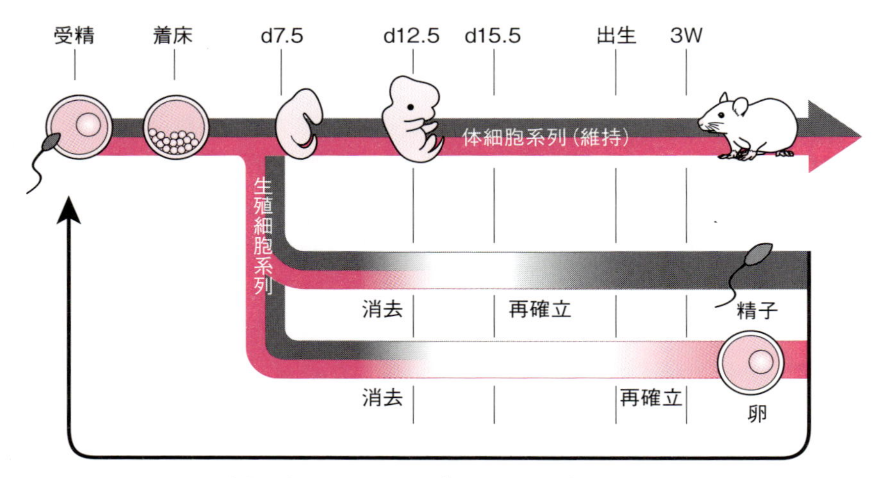

図 3.8　マウス発生過程におけるインプリンティングの消失と再確立
体細胞系列においてはインプリント・パターンは一生維持される．生殖細胞系列においてはインプリント記憶は一度完全に消去され再確立される．再確立のタイミングは父親型と母親型で異なる．

3.2.4　メカニズム

インプリンティングとは「しるし付け」とか「刷り込み」を意味する．インプリンティングは塩基配列が同一でありながら機能的差異を示すのでエピジェネティックな現象である．しかも，それは遺伝子の父親由来か母親由来を識別する反応である．1993 年，En Li らは，維持型 DNA メチル化酵素 Dnmt1 のノックアウトマウスではインプリント遺伝子の片親性発現が消失することを発見し，DNA のメチル化がインプリンティングに必須であることを示した．すなわち，インプリント（刷り込み）とは DNA のメチル化を意味している．

インプリント遺伝子はインプリント領域にクラスターとして存在し，各領域にはインプリンティング・センター領域（imprinting center region：ICR）と呼ばれるメチル化の程度の異なる DMR（2 ～ 3kb）＊3-19 が存在する．父親

＊ 3-19　differentially methylated region．細胞の諸条件によりメチル化パターンが変化する DNA 領域．

由来のICRがメチル化されている領域を父親性インプリント領域(paternally imprinted region),母親由来のICRがメチル化されている領域を母親性インプリント領域(maternally imprinted region)という.ICRは領域内のインプリント遺伝子を2つの異なる様式で制御している.1つは,ICRがインスレーター・エレメントとして(*Igf2/H19*ドメインがその例),もう1つは,ICRがlncRNAのプロモーターとなる場合である(*Igf2r*ドメイン,*Kcnq1*ドメインなど).インスレーターの作用メカニズムは,エンハンサーとプロモーターの相互作用の観点から容易に理解できるであろう.しかし,lncRNAが関与する*Igf2r*ドメイン,*Kcnq1*ドメインなどにおける制御様式はもっと複雑である(図3.9).

*Igf2r*ドメイン,*Kcnq1*ドメインにおいては,*Air* ncRNAや*Kcnq1ot1* ncRNAが*Igf2r*遺伝子や*Kcnq1*遺伝子に対してそれぞれアンチセンスに転写される.*Igf2r*遺伝子については,*Air* ncRNAが*Igf2r*遺伝子プロモーターまで届く長さをもつので転写干渉[*3-20]による遺伝子サイレンシングの可能性が検討されている.*Kcnq1*遺伝子については,*Kcnq1ot1* nc RNAのサイズが*Kcnq1*プロモーターに届かないので転写干渉の可能性は考慮されない.また,この様式で*Igf2r*遺伝子や*Kcnq1*遺伝子のような重複遺伝子[*3-21]のサイレンシングを説明できたとしても,ドメイン内の他の遺伝子のサイレンシングを説明できない.では,センス―アンチセンス転写産物が形成する二本鎖RNAの関与,つまりRNA干渉[*3-22]によるサイレンスが考えられるだろうか.RNAi経路のキー・プレイヤーであるdicerを欠く状態でも*Kcnq1*のインプ

＊3-20 転写干渉とは,2つの近接した強弱プロモーターにおいて一方のプロモーターの転写活性が他方のプロモーターの転写活性に対して*cis*に負の効果をもたらすこと.強いプロモーターからの転写伸長複合体が弱いプロモーターからの転写複合体を包み込む場合や,相対する転写複合体が衝突して片方あるいは両方の転写が中途で止まる場合がある.

＊3-21 DNA上で2種の遺伝情報が部分的に重なり合っている遺伝子.

＊3-22 RNA干渉(RNA interference,RNAi)とは,ある遺伝子と相同なセンスRNAとアンチセンスRNAからなる二本鎖RNA(dsRNA)がその遺伝子のmRNAの相同部分を分解する現象.

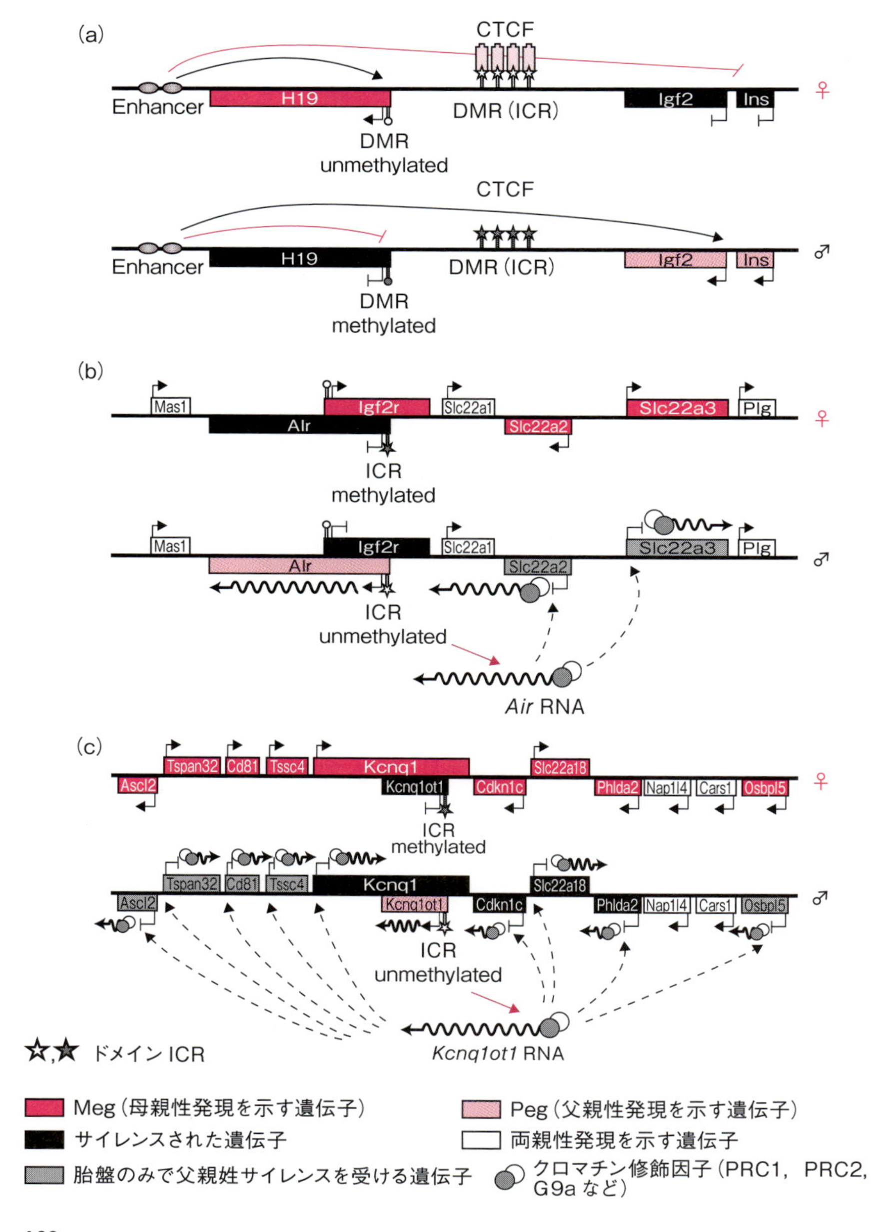

(a)
CTCF
Enhancer
H19
DMR (ICR)
Igf2
Ins
♀
DMR
unmethylated
CTCF
Enhancer
H19
DMR (ICR)
Igf2
Ins
♂
DMR
methylated
(b)
Mas1
Igf2r
Slc22a1
Slc22a3
Plg
Air
Slc22a2
♀
ICR
methylated
Mas1
Igf2r
Slc22a1
Slc22a3
Plg
Air
Slc22a2
♂
ICR
unmethylated
Air RNA
(c)
Tspan32
Cd81
Tssc4
Kcnq1
Slc22a18
Ascl2
Kcnq1ot1
Cdkn1c
Phlda2
Nap1l4
Cars1
Osbpl5
♀
ICR
methylated
Tspan32
Cd81
Tssc4
Kcnq1
Slc22a18
Ascl2
Kcnq1ot1
Cdkn1c
Phlda2
Nap1l4
Cars1
Osbpl5
♂
ICR
unmethylated
Kcnq1ot1 RNA
☆,★ ドメインICR
Meg（母親性発現を示す遺伝子）
Peg（父親性発現を示す遺伝子）
サイレンスされた遺伝子
両親性発現を示す遺伝子
胎盤のみで父親姓サイレンスを受ける遺伝子
クロマチン修飾因子（PRC1，PRC2，G9a など）

図 3.9　ゲノムインプリンティングの制御様式

(a) ***H19/Igf2*-ドメイン．** 父親性インプリント領域である．*H19*（Meg）はノンコーディング RNA，*Igf2*（Peg）はインスリン様成長因子遺伝子，*Ins*(Peg) はインスリン遺伝子である．このドメインの制御はエンハンサー - インスレーターモデルで説明される．両遺伝子の間にある DMR を欠失するとインプリント現象が消えることからこの DMR がこのドメインの ICR であると判定された．この ICR はインスレーター結合タンパク質 CTCF(CCCTC-binding factor) の結合配列を含んでいる．父親性インプリント領域であるから，父方アレルでは ICR(DMR) がメチル化されており CTCF が結合できず，エンハンサーの影響は *Igf2* および *Ins* にまで及び発現を誘導する．*H19* のプロモーターの DMR は 2 次メチル化によりサイレンスされる．一方，母方アレルでは ICR がメチル化されてないため CTCF が結合し，エンハンサーの影響はインスレーター作用によりカットされ *Igf2* や *Ins* は抑制され *H19* が発現する．父方アレルの 2 つの DMR のメチル化の有無が，*Igf2*(Peg)，*Ins2*(Peg) と *H19*(Meg) の発現と抑制を同時に制御していることがわかる．Peg と Meg が隣接している代表例である．

(b) ***Igf2r* ドメイン．** 母親性インプリント領域である．*Igf2r* はインスリン様増殖因子レセプターの遺伝子．約 500 kb にわたる領域で，*Kcnq1* ドメインと類似した様相をもつ．Meg のうち *Igf2r* は全組織でインプリントされており，*Slc22a2*，*Slc22a3* は胎盤においてのみ片アレル性発現を示す．*Air* 遺伝子のプロモーターに位置する DMR がこのドメインの ICR で，母方アレルでメチル化されており，メチル化されていない父方アレルから *Igf2r* にアンチセンスな lncRNA，*Air*（～ 118 kb）が転写される．*Air*RNA は *Igf2r* プロモーターとオーバーラップするので，父方アレルの *Igf2r* を転写干渉によりサイレンスする可能性が示唆されている．また，*Air* はクロマチン修飾因子(PRC2 や G9a など) を伴って *Slc22a2*，*Slc22a3* のプロモーターに集結することによりサイレンスすると考えられている．母方アレルでは ICR のメチル化のため *Air* は発現されず *Igf2r* をはじめ周りの遺伝子は発現する．このドメインにはインプリントを受ける遺伝子の間に両アレル性発現を示す遺伝子も存在する．

(c) ***Kcnq1* ドメイン．** 母親性インプリント領域である．*Kcnq1* はカリウム電位依存性チャネルタンパク質の遺伝子．約 800 kb にわたる領域である．ICR は父方アレルでメチル化されてないため，この部位をプロモーターとして *Kcnq1* 遺伝子に対してアンチセンスに lncRNA, *Kcnq1ot1*（91 kb）が転写される．この lncRNA はスプライスされず，ORF をもたず核内にとどまり，父方アレルの上流，下流の遺伝子を約 800 kb にわたり *cis* に抑制する．*Kcnq1ot1*RNA は *Xist*RNA のように G9a，PRC1，PRC2 などヘテロクロマチン化を促進する因子とともにサイレンスする遺伝子プロモーターに集積し，ヒストンを H3K9me3 や H3K27me3 などに修飾する．母方アレルでは ICR のメチル化によりこの lncRNA は発現せず *Kcnq1*，*cd81*，*cdkn1c* などの Meg が発現する．このドメインは，*H19/Igf2* ドメインから同じ染色体上～ 100 kb 下流に位置しているに過ぎないが，まったく独立に制御されている．

リンティングが起こることからこの可能性も否定される．同様に，この様式では，他の遺伝子のサイレンシングを説明できない．

Xist の場合は，RNA そのものが PRC2 複合体などをリクルートして X 染色体全領域を *cis* に覆いサイレンスした．*Igf2r* ドメインや *Kcnq1* ドメインの場合でも，*Air* ncRNA や *Kcnq1ot1* ncRNA などの lncRNA が *Xist* RNA と同じような機構でドメイン内の遺伝子をサイレンスすることが明らかになって来た．*Igf2r* ドメインでは，*Air* がクロマチンとの相互作用を通じて *Slc22a2* や *Slc22a3* をサイレンスすることが示唆されている．*Air* がクロマチン修飾因子とともに *Slc22a3* プロモーターに集積していたが，*Igf2r* プロモーターには見られないという知見は *Igf2r* 遺伝子のサイレンシングが転写干渉によるという可能性を支持しているかに見える．*Kcnq1* ドメインでは，*Kcnq1ot1* ncRNA がクロマチン修飾因子とともにサイレンスすべき遺伝子のプロモーターに集まり抑制的にエピジェネティック修飾すると考えられる．この集積はサイレンスされない（両アレル性）遺伝子プロモーターには見られない．また，RNA/DNA FISH 法により *Kcnq1ot1* ncRNA のインプリント遺伝子を含む領域への局在が示されている．このような一連の知見から，*Xist*，*Air*，そして *Kcnq1ot1* は機能的に共通性をもつように見える．明らかな違いは，*Xist* が染色体全体をサイレンスするのに *Air* や *Kcnq1ot1* は染色体上の限られたドメイン内の遺伝子をサイレンスする点である．実際，同じ染色体上で *Kcnq1* ドメインのから約 100 kb 離れて *Igf2/H19* ドメインが位置しているが，制御はまったく独立に行われる．両ドメインの間にインスレーターでもあるのであろうか．

Igf2r と *Kcnq1* ドメイン内のいくつかの遺伝子のサイレンシングは細胞系列特異的に起こる．*Kcnq1* ドメインでは *Kcnq1ot1* RNA プロモーターに近い遺伝子は全細胞で，遠い遺伝子は着床前においては両アレル性発現を示し，着床後，胎盤組織でのみサイレンスされる．*Igf2r* ドメインでは，重複遺伝子の *Igf2r* 遺伝子のみが全細胞でその他の *Slc22a2*，*Slc22a3* 遺伝子は胎盤組織でサイレンスされる．この現象に呼応して，*Air* ncRNA がクロマチン修飾因子および G9a などと相互作用して胎盤の *Slc22a3* プロモーターに蓄積

する．

Igf2r ドメインと *Kcnq1* ドメインには，サイレンシングを受けない遺伝子が存在する．その差は何だろうか？ サイレンスされる遺伝子のプロモーターは lncRNA やそれに呼応するサイレンシングマシナリーをもっているのだろうか．

この他，*Dlk1-Dio3* ドメイン（父方インプリント）や *Snurf-Snrpn* ドメイン（母方インプリント）についても研究が進められている．*Dlk1-Dio3* ドメインの母方アレルからは，snoRNA，miRNA，lncRNA が 200kb にわたりポリシストロニックに転写される．最近，これら ncRNA の発現量が iPS 細胞の多能性の指標になることが示された．*Igf2/H19* ドメインとこの *Dlk1-Dio3* ドメインの両欠失により二母性マウスの作出頻度が著しく上昇したことから発生に必須のドメインであることが明らかである（コラム 3 章②『「かぐや」の誕生』参照）．*Snurf-Snrpn* ドメインは，これまで知られたインプリントドメインのなかで最大である（＞ 2 Mb）．Angelman 症候群や Prader-Willi 症候群の発症に関与している（4.3 節 ゲノムインプリンティング異常症 参照）．2 つの ICR をもつこと，snoRNA や lncRNA をポリシストロニックに転写すること，ニューロンとそれ以外では制御方式が異なること，など複雑である．

3.2.5 ゲノムインプリンティングの普遍性

ゲノムインプリンティングは，哺乳類のうち真獣類（ヒト，マウスなど）と有袋類（カンガルー，コアラなど）など胎生の生殖様式をとるグループに見られ，卵生の単孔類（カモノハシ，ハリモグラ）には見られない．鳥類，爬虫類などでは見られていない．魚類，線虫，昆虫（ショウジョウバエ）ではインプリント遺伝子の同定はされていないが，トランスジーンによるインプリント領域の存在が示唆されている．植物ではトウモロコシにおいて最初の例が報告されたが，最近ではシロイヌナズナでよく研究されている（→ 2.3.2d）．種を越えてのこれらの研究は，ゲノムインプリンティング現象の分子機構と進化上の意義の理解に資すると思われる．

コラム3章②
「かぐや」の誕生

2004年，東京農業大学の河野友宏教授らにより，精子を使わず卵子由来のゲノムのみをもつマウス「かぐや」の作製が報告された．「男性はもはや不要？」などという報道で一騒ぎをもたらした．いったい，どういうことだろうか．本文ではマウスでの単為発生の不成功がゲノムインプリンティングの発見につながった経緯を述べたが，その単為発生が可能になったというのだろうか．実は「かぐや」は通常の単為（雌性）発生によるものではなく，ゲノムインプリンティングを回避することにより誕生したのであった．「かぐや」は，2セットの半数体メスゲノムをもつので，通常の単為発生と区別するため「二母性マウス」と呼ばれている．彼らはまず，母性インプリンティングが卵形成後期に起こることから，非成長期（non-growing）卵母細胞（ngと略す）では母性インプリントの樹立が不十分か，あるいは父性インプリントが完全に除去されていないとの想定に基づき，ngと成熟（full-grown）卵母細胞（fgと略す）の二母性胚ng/fg[*1]を作製しその発生を調べた．結果は，それまで単為発生で到達した9.5日を越えて胎生13.5日まで到達した．この胚のインプリント遺伝子の発現を調べたところ，ngゲノムから本来メスアレルから発現されないPegがいくつか発現されており，かつ*Igf2r*(Meg)は抑制されていた．しかし，精子で発現が制御される*Igf2*と*H19*の発現には変更が認められなかった．つまり，*Igf2*(Peg)はngとfgで抑制されており，*H19*(Meg)は両アレルから発現していた．このことはngでは母性インプリントが欠如しており，ngゲノムのインプリント遺伝子の発現が一部オスパターンに変化したことにより単為発生の延長が可能になったことを示唆した．二母性胚の13.5日を越えての発生延長を狙って，ngの遺伝子発現をさらに「精子のパターン」に変換することが試みられた[*2]．こうして作られた*H19*を欠失したng$^{H19\Delta3}$/fgでは17.5日までの発生延長が見られた．さらに進んで，*H19*とこのドメインのICRを欠く変異マ

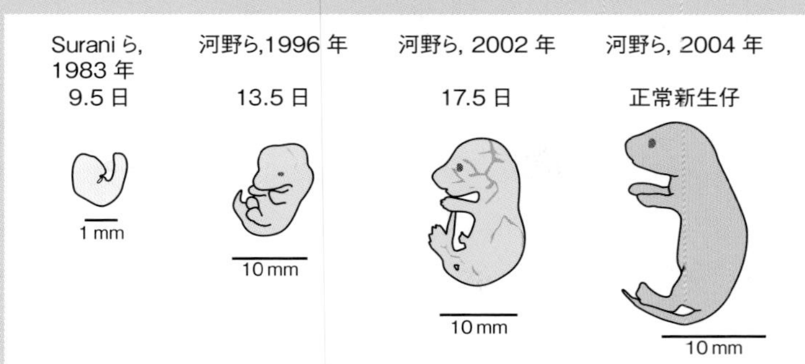

ウスからの ng を用いて，*H19* 発現がオフで *Igf2* 発現がオン，つまり *H19-Igf2* ドメインの遺伝子発現をオスパターンに改変した $ng^{H19\Delta13}$/fg 二母性胚を作製しその発生を調べた．結果は，457 の胚から 28 匹が出生し，うち 2 匹が最終的に生存した．1 匹は遺伝子解析に供し，残る 1 匹は「かぐや」と名づけ里親のもとで保育した．「かぐや」は成熟個体まで成長し交配による正常な繁殖能を示した．オリゴマイクロアレイにより「かぐや」誕生に伴う遺伝子発現解析も行われた．

さらに 2007 年には，7 番染色体の *Igf2-H19* とともに 12 番染色体の *Dlk1-Dio3* の両父性メチル化インプリント領域を欠損させると，二母性胚の 30%が繁殖能をもつ個体にまで発生した．「かぐや」の誕生とそれに続く一連の研究は，哺乳類における単為発生のバリアーはゲノムインプリンティングであること，また，個体発生に必須なのは父方インプリント領域の *Igf2-H19* ドメインと *Dlk1-Dio3* ドメインの 2 つであることを明らかにした．「男性はやはり必要である」ことが再確認されたわけである．

＊1　fg では母方インプリントは完成している．二母性胚 ng/fg 胚の作製は，核移植と卵成熟誘導を用いて行った．詳細は原著を参照されたい．

＊2　「精子パターン」への変換は，*H19* 欠失（H19Δ3）マウス，*H19* とこのドメインの ICR を欠く (H19Δ13) マウス，あるいは，*Dlk1-Dio3* ドメインを欠くマウスを作製し，その ng を用いた．

3.3　位置効果斑入り現象（position effect variegation：PEV）

ポジション・エフェクト（位置効果）とは，遺伝子の発現が染色体上の位置により左右される現象である．遺伝子の相対的位置は逆位，転座，トランスポゾンやトランスジーンの挿入などで変わり得る．位置効果には安定型と「斑入り」型がある．安定型では，すべての細胞で同じ位置効果が見られる．「斑入り」型は，位置効果が細胞ごとに異なるため発現が細胞ごとに異なり表現型は「まだら」状を示す．言い換えれば，「斑入り」型では遺伝子型は同じであるにもかかわらず細胞ごとに発現が異なるわけで，エピジェネティクス研究の格好の対象の1つとなる．「斑入り」型位置効果は，1930年，Hermann J. Muller により初めて報告された．

3.3.1　ショウジョウバエでの PEV

Muller は，ショウジョウバエにX線照射により突然変異の誘発を試みていたとき，眼の色が個体ごとに異なるモザイク状を示す突然変異体を認めた．つまり，個体ごとに複眼が *white* 遺伝子の発現を異にする個眼のパッチから成っていた．Muller はこの現象をトウモロコシや *Drosophila virilis* のケース＊3-23のように，*white* 遺伝子自身が発生過程で頻繁に変化している，と考えた．しかし，この現象は，1936年に Jack Schultz により遺伝学的に解析され，*white* 遺伝子自身の変化によるものではないことが明らかになった．

ショウジョウバエの複眼は多数の個眼の集合体である．赤い色素の合成に関わる *white* 遺伝子がすべての個眼で正常に発現されると赤眼となる．*white* がすべての個眼で発現抑制されると白眼となる．ところが，Muller が認めたように，「斑入り」の複眼をもつ場合がある．実はこの突然変異体では，X線により染色体の逆位が生じ，*white* がヘテロクロマチンの近傍に位置す

＊3-23　トウモロコシの穀粒における斑入り現象や，*Dsrosophila virilis* の易変遺伝子（mutable gene）のように眼の発生過程で頻繁に遺伝子変異が起きていると考えた．状況を表現するのに eversporting という語を用いている．「sport」には「（生）突然変異を起こす」という意味がある．

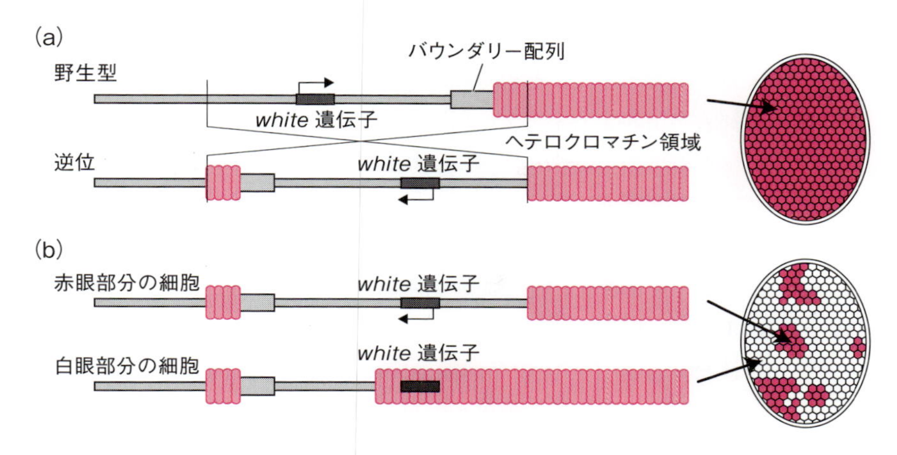

図 3.10　ショウジョウバエの複眼におけるポジション・エフェクト・バリエゲーション
(a) 野生型ではすべての個眼で *white* 遺伝子が発現されるため複眼全体が赤眼となる．逆位により *white* 遺伝子はバウンダリーを欠失したヘテロクロマチン領域の近傍に位置するようになる．
(b) ヘテロクロマチン領域の広がりの程度の差により，個眼ごとに *white* 遺伝子が発現する部分（赤眼）と発現しない部分（白眼）が生じ，複眼は赤眼と白眼の「斑入り」状を呈する．

るようになっていた（図 3.10）．野生型では，ヘテロクロマチンによる凝縮の影響力はバウンダリー配列によって遮断され *white* まで届かない．一方，逆位により *white* がヘテロクロマチンに接近し，かつバウンダリー配列がなくなると，ヘテロクロマチンの凝縮能は *white* にまで届く．凝縮能の及ぶ程度は個眼前駆細胞ごとに確率論的に異なるので *white* の発現が抑制されるものとされない場合が生じる．個眼前駆細胞に生じた *white* の発現状況は，細胞分裂を経ても継承されるので複眼は赤い個眼のパッチと白い個眼のパッチのモザイク状を呈する．すべての個眼が同じ遺伝情報をもっているにも拘らず，*white* のヘテロクロマチン化の程度によって「斑入り」表現型が生じるわけで，典型的なエピジェネティック現象である．

PEV の現象を利用して染色体の構造を調べた面白い実験がある．P エレメントを用いて第 4 染色体の 14 か所に *white* 遺伝子をレポーターとして挿入し，発現状態を眼の色で判定した．結果は，6か所の挿入では赤眼を示し，8か所で「斑入り」型を示した．それぞれユークロマチン領域とヘテロクロマチン領域への挿入を反映すると考えられる．

3.3.2　PEVの制御因子

PEVにおける「斑入り」の程度は，温度，Y染色体の数，ヒストン量，遺伝的モディファイヤーなどの因子で左右される．たとえば，ヒストン遺伝子群の欠失はPEVを抑制する．この知見は，ヘテロクロマチン化やユークロマチン化を制御する因子の存在を示唆しており，PEVの研究からヘテロクロマチン形成を制御する多くの遺伝子が見つかった．ショウジョウバエゲノムには約150個のPEVを制御する遺伝子が存在する．*Su*(*var*) 遺伝子群は，その変異がヘテロクロマチン化の広がりを抑制することからヘテロクロマチン形成に必要と考えられる．その1つがHP1（*Su*(*var*)*2-5*）で，N末端にクロモドメイン，C末端にはクロモシャドウドメインという特徴的構造を持つ．HP1はクロモドメインを介してメチル化H3K9に結合しヘテロクロマチン形成の重要なステップに機能する．*Su*(*var*)*3-9* は，セントロメアのヘテロクロマチンのH3K9をメチル化し，また，HP1とともにヘテロクロマチンに局在することからヘテロクロマチン形成に働いている．一方，PEVを促進する遺伝子として，*E*(*var*) 遺伝子群の1つ *E*(*var*)*3-9E* は転写活性化因子dE2Fをコードし，クロマチンの脱凝縮に機能すると考えられる．*Trithorax* 遺伝子群の *Trithorax-like* がコードするGAGA因子は，FACT因子[*3-24]と複合体を作ってPEVを促進する．

3.3.3　PEVは他の生物でも見られる

出芽酵母では，静止接合型部位HMRとHML，テロメア，rDNA領域が

＊3-24　FACT（facilitates chromatin transcription）は，DNAからRNAが合成される際にヌクレオソームを変形させてRNAポリメラーゼIIの通過を助けるとともに，クロマチン構造変動を促進する働きをもつ．

ヘテロクロマチンとしてサイレンス状態にある．これらの近傍に遺伝子を挿入するとヘテロクロマチンの影響を受け，ショウジョウバエの *white* 遺伝子の場合のように「斑入り」型表現型を示す場合がある．出芽酵母のコロニーはふつう白色であるが，*ADE2* 遺伝子が抑制されると赤色になる．テロメア近傍に *ADE2* をレポーターとして挿入すると，*ADE2* がヘテロクロマチンの影響によりサイレンシングを受けた細胞（赤色を呈する）が出現し，細胞分裂の過程でその状態が維持され赤と白のセクターを示すコロニーが見られる（図 3.11(a)）．赤い細胞も白い細胞も DNA 配列は同じであるから，明らかにエピジェネティックな現象である．*ADE2* 発現は細胞分裂ごとに ON/OFF が可逆的に変換する場合がある．HMR の両側に *ADE2* 遺伝子を挿入すると，HMR の右側への挿入ではピンクのバックに赤白のセクター状コロニーを形成し，左側の場合はピンク色を示した（図 3.11(a)）．ピンクコロニーが出現する原因の１つとして，細胞分裂において *ADE2* 発現の ON/OFF 頻度が高いためコロニーに ON と OFF の異なる発現状態の細胞が混在するためと考えられる．また，この結果は，HMR の右と左ではサイレンシング・メカニズムが異なることも示している．このエピジェネティック制御には，SIR タンパク質＊3-25 や SAS2 タンパク質＊3-26 などによるヒストンアセチル化と脱アセチル化の関与が知られている．サイレンス機構，細胞分裂における ON/OFF 制御，さらには挿入部位間の相互作用などについて，コロニー形成過程を単一細胞レベルで可視化して追跡する手法による解析が進められている（図 3.11(b)）．ヒトのテロメアの近傍にレポーターを挿入したときも同じような現象が見られる．

マウスでは，X 線により毛色の遺伝子が常染色体から X 染色体に転座した突然変異体において「斑入り」型の毛色パターンを認めた古い報告がある．最近では，毛色遺伝子 *agouti* についての例が知られている．マウスの体毛

＊3-25　SIR は silent information regulator の短縮形．SIR タンパク質はヒストン脱アセチル化酵素．

＊3-26　SAS は something about silencing の短縮形．SAS2 タンパク質はヒストンアセチル化酵素．

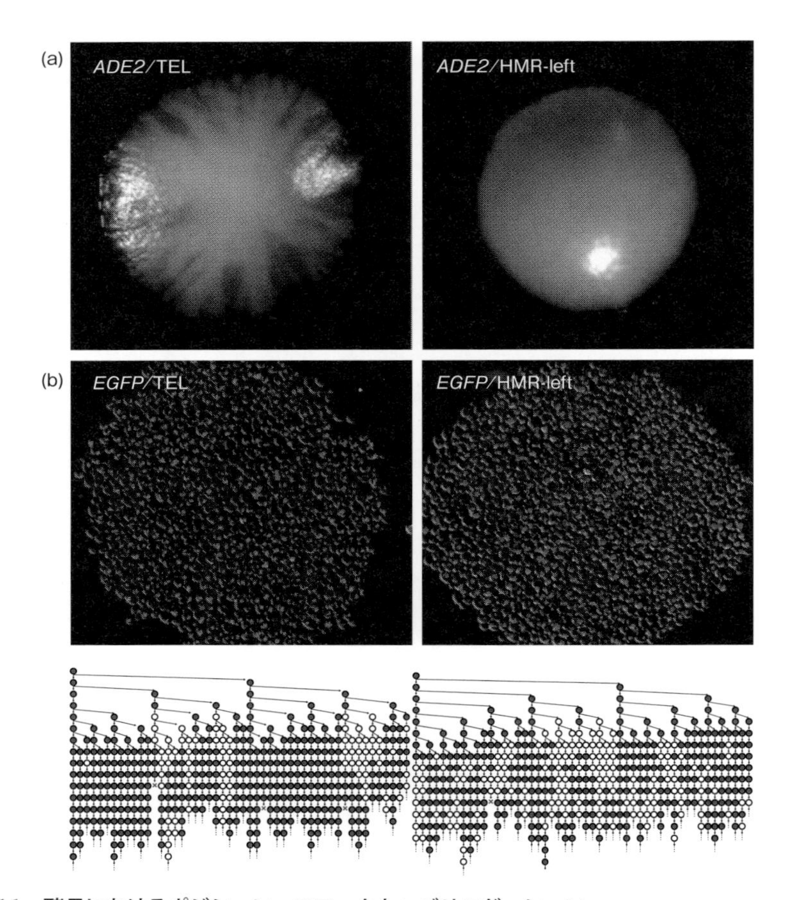

図 3.11　酵母におけるポジション・エフェクト・バリエゲーション

(a) *ADE2* 遺伝子をレポーターとしてテロメア近傍（左）と HMR の左側（右）に挿入した．左の場合，*ADE2* 遺伝子のエピジェネティックな ON/OFF 状態が細胞分裂を経ても維持されるので赤・白のセクター状のコロニーが形成される．右の場合，細胞分裂を繰り返すと ON と OFF が変換され，発現状態の異なる細胞が混在しているためコロニーはピンク色を呈する．（写真は沖 昌也の提供による）

(b) コロニー形成の過程を単一細胞レベルで可視化し追跡した．酵母細胞の直径より少し小さな隙間をもつ特殊なプレートを用いて 1 個の細胞をスタートとしてリアルタイムで観察記録した．細胞は *Z* 方向には増殖せず *XY* 方向にのみ増殖する．レポーターとして蛍光タンパク質をコードする遺伝子 *EGFP*＊をそれぞれテロメア近傍（左）と HMR の左側（右）に挿入した．EGFP タンパク質は緑色の蛍光を発するが，本図では 2 色印刷のため EGFP タンパク質を発現する細胞は赤色で示されている．それぞれの写真の下方に 1 個の細胞からの細胞分裂と EGFP 発現状態の ON/OFF を多くの世代追跡可能であった 50 細胞系列について樹形図として示した．EGFP 発現の ON/OFF 頻度に関して左右で明らかな差が認められ，(a) の結果を支持する．（写真および樹形図は沖 昌也の許可を得て Mano, Y. *et al.* (2013) PLoS Biology, **11**: 1-18 より転載）

＊ EGFP とは，緑色蛍光タンパク質 GFP の蛍光がより明るくなるように突然変異させたもの．「E」は「強化」を意味する．

は *agouti* 遺伝子が発現すると黄色を示し，発現しないと黒くなる＊3-27．実際には，毛周期＊3-28 のため野生型では濃淡の毛色を呈する．*agouti* の上流に IAP＊3-29 が挿入された A^{vy} とよばれるマウス近交系がある．この近交系では *agouti* 遺伝子座には A^{vy} と *agouti* 遺伝子自体に変異のある *a* があり，A^{vy} は *a* に対して優性である．A^{vy} ホモマウスでは IAP の強いプロモーターのために *agouti* 遺伝子が恒常的に発現し体毛は黄色となる．一方，*a* ホモマウスは黒となる．では，A^{vy}/a ヘテロマウスの体毛色はどうなるだろうか？　A^{vy} の優性のため毛色は黄色になると予想される．しかし，実際に観察された毛色は図 3.12 に示すように，黄色，まだら（偽 agouti＊3-30 と黄色の混ざったもの），偽 agouti という具合に連続的にばらついた．ばらつきは環境条件がまったく同じである一腹の仔マウスにおいて観察された．この不思議はやがて解決された．表現型は IAP トランスポゾンのメチル化の有無により決定される．メチル化されないと強い IAP プロモーターのため agouti タンパク質が恒常的に作られ黄色となり，メチル化されると *agouti* 遺伝子本来のプロモーターからの転写により野生色（偽 agouti）の毛色を示す．メチル化は毛色に関わる細胞ごとに確率論的に起こるので，まだらは両者の細胞が混在していることを意味する．IAP のメチル化と毛色との関連については，図 3.23(b) に示

＊ 3-27　*agouti* にコードされるタンパク質は黒いメラニンを黄色いメラニンに切り替える働きをする．

＊ 3-28　毛の伸長において *agouti* 遺伝子は周期的に発現するので，毛の先端と根本で色が濃く中央部は黄色となる．このため，野生色としては全体として濃淡の毛色となる．この毛色はアグーチ（agouti）と呼ばれる．

＊ 3-29　intracisternal A particle の略．レトロトウイルスの一種．そのプロウイルス(DNA)はトランスポゾンとしてマウスゲノムに散在する．レトロウイルスは電子顕微鏡による構造と出芽様式により A，B，C・・・と分類される．IAP は A タイプに属し，かつ小胞体嚢（cisterna）の内腔に出芽しウイルス粒子として検出されるのでこのように命名された．A^{vy} マウスでは *agouti* 遺伝子の上流に IAP プロウイルスの末端（LTR：long terminal repeat）が組み込まれており，強いプロモーターとして働く．

＊ 3-30　野生型 agouti の毛色を示すが，遺伝子型は野生型と異なるので pseudoagouti（偽 agouti）と呼ぶのが正確である．

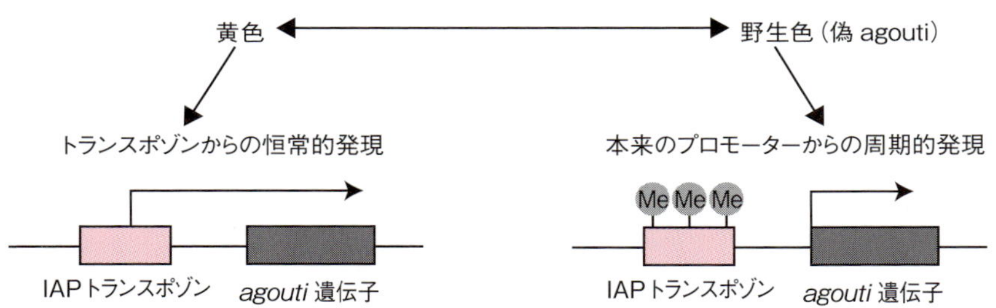

図 3.12　遺伝子型が同一なマウスがいろいろな体毛色を示す
毛色遺伝子 ***agouti*** の上流に IAP トランスポゾンが挿入された A^{vy} マウスにおいて，トランスポゾンのメチル化の度合いにより ***agouti*** の発現が異なり「斑入り」の毛色パターンを示す．2 色印刷のため，マウスの体毛色は実際とは異なる．実際は黄色のバックに黒が混ざる色である．（写真は R. L. Jirtle の提供による）

されている[＊3-31]．

植物では，古くはマツヨイグサでの報告がある．最近では，アサガオの青色色素合成遺伝子の上流に挿入されたトランスポゾンのメチル化の有無によ

＊3-31　A^{vy} 変異マウスはエピジェネティクス研究においてモデルとしてよく用いられる．ここでその性状をよく理解しておくことを薦める．

り青と白の絞り模様が形成される例が知られている．

3.4　細胞分化

国語辞典には「分化とは，均質のものが異質のものに分かれること，およびその結果」（広辞苑）とある．生物学においては，W. Roux が 20 世紀初頭に提唱した発生機構学（Entwicklungsmechanik）においてこの語（Zelldifferenzierung）を用いている．初期には，胚の特定の部域が 2 つ以上の異質な胚域に分かれることを概念的に意味した．その後，細胞の異質化にもこの語が用いられるようになった．今日では，部域，器官の異質性は細胞レベルの異質性により説明できると考えられ，さらに，細胞レベルでの異質化は，細胞内，細胞間，および細胞と外界との相互作用によって起こる分子レベルの反応によって説明される．

ある論文のアブストラクトの冒頭に「Cellular differentiation, by definition, is epigenetic.」とある．Genetics（遺伝学）が，世代を越えての遺伝情報の伝達を対象とするのに対し，エピジェネティクスは「一世代においてゲノムがいかに発生プログラムを展開するか」を問題とする[＊3-32]．細胞分化は，各細胞が同一のゲノムを異なる方法で利用し，異なる細胞，組織，器官を作り上げて行くプロセスである．したがって，このプロセスで「ゲノム DNA の塩基配列の変化はなく，発現プロファイルのみが変化し，かつその状況は細胞分裂を経ても引き継がれる」わけで，細胞分化はエピジェネティクスそのものである．

3.4.1　細胞分化とは？

ヒトのからだの組織，器官は，多種多様の細胞の集まりである．成人では

＊3-32　3.7 節「世代を越えてのエピゲノム遺伝」のところで述べるが，今日ではエピジェネティクス制御が個体一世代のみにとどまらず次世代，次々世代まで影響を及ぼす例が知られている．

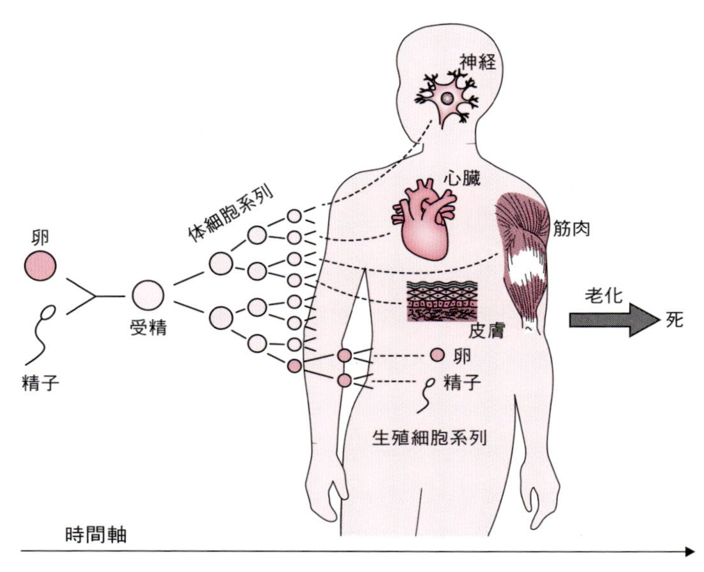

図 3.13　1個の受精卵から細胞分化により多種多様な組織が作られる
体細胞系列の細胞は老化して死を迎えるが，生殖細胞系列の細胞はふたたび受精によりそのゲノム情報が次世代に受け継がれる可能性をもつ．今日では，体細胞からのクローン動物作製により体細胞ゲノムも次世代に受け継がれる可能性をもつ．

200種にものぼる識別可能な細胞種が記載されている．多細胞生物は構造的，機能的に特殊化した細胞の複雑な組み合わせでできている．特殊化した細胞はすべて1個の受精卵に由来する（図 3.13）．1個の受精卵から出発して特殊化した細胞間の分業が成立する過程を細胞分化（cell differentiation）と呼ぶ．

多細胞生物の複雑さはアリストテレスの時代から人々の関心を集めてきた．細胞分化のしくみを証明する手だてがなかった時代にあっては，学説の提唱は自由であったと思われる（コラム3章③「前成説の時代」参照）．今日では，細胞分化における細胞の特殊化は，細胞を構成する分子の特殊化として見ることができる．生化学と分子生物学の発展にともない，細胞分化の現象をタンパク質の変化，さらにはタンパク質を支配する遺伝子の調節に置き換えて説明することが主流になっている．1970年代に登場した遺伝子クローニング技術により細胞分化の機構を調べる手法は一変した.

3.4.2 エピジェネティック・ランドスケープ

1957年，Conrad H. Waddingtonは，著書 “The Strategy of the Genes” の第2章「The Cybernetics of Development」において，細胞分化の概念を比喩的な図で表した（図3.14）．エピジェネティック・ランドスケープ（epigenetic landscape）と呼ばれるものである．図3.14では，上端の平らな部分に続いて手前に向かってスロープを下り，途中いくつかの分岐点を経て谷を通って下端へ至る地形が描かれている．Waddingtonによると，上端のボールは，いわば初期条件で受精卵のなかのある部域に相当する．それがスロープの途中の分岐点で二者択一の選択をしつつ下端に達する．下端はそれぞれ眼，脳，脊髄などに分化した組織に相当する．これらの組織が互いに異なることが，

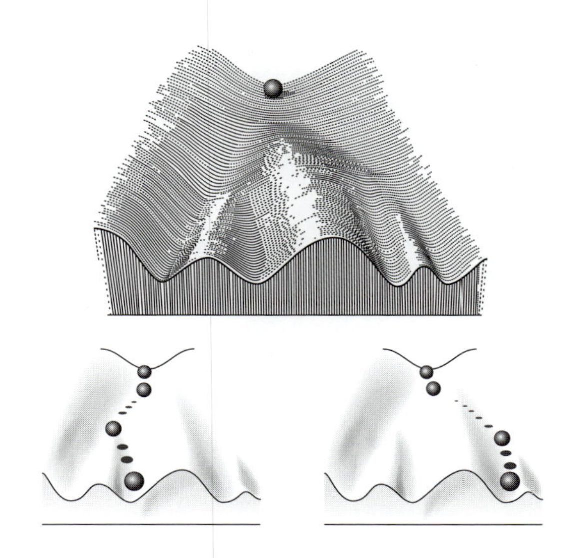

図3.14 エピジェネティック・ランドスケープ
1957年，Waddingtonが発生における細胞分化のプロセスを絵画的に表した図．［Waddington, C. H. (1957) “The Strategy of the Genes”, George Allen & Unwin Ltd., Londonより改変して引用］

コラム3章③
前成説の時代

今日では，生物の複雑な構造は細胞分化の過程で徐々に形成されると理解されている．いわゆる後成説（epigenesis）である．しかし，17世紀～18世紀においては前成説（preformationism, preformation theory）というものが一般的であった．前成説にもいろいろな考え方があったが，最も素朴な考え方によると，成体と同じ形のものが卵のなかにすでにミニチュアとして存在し，発生過程はそれが単に拡大化するにすぎない，というものであった（卵子派という）．この説によると，次の世代の構造は現在の世代の卵の中に存在しているわけで，突き詰めると究極のオリジンは何か，ということに行き着く．前成説の信奉者にとって，それは神による創造であった．A. Vallisnieri（1661-1730）は，エデンの園のイヴの卵巣の中には未来永劫までの全人類が含まれていて，それが生まれ尽くすと人類は滅亡すると主張した．A. von Haller（1708-1777）は，聖書に基づく地球の年齢を5000～6000年として，神は2000億の人間の原型をイヴの卵巣の中に創造したと計算したほどである．Vallisnieriもvon Hallerも当時の生物学や医学分野において指導的地位を占めていた学者であった．このような人々が前成説に傾倒していたのにはそれなりの理由があった．1つには，植物の種子の中には幼植物ができているので，それと同じことが動物の卵にも当然あるはずだと考えたことである．昆虫の蛹を卵と間違えたのもその一因であった．イタリアの夏の39℃を越す暑さは，ニワトリ卵の抱卵温度とほぼ同じで，卵を割ってみるとすでに胚ができていることがあり，これがM. Malpighi（1628-1694）ほどの解剖学者を前成説に導いた理由と言われている．17世紀の後半に精子が発見されると，人間のミニチュアは精子のなかに宿っており，受精により卵子の栄養を得て成長するという一派（精子派）が現れた．N. Hartsoeker（1656-1725）は，完全にでき上がったヒトのミニチュア（ホムンクルス）が精子の中に宿っている図を発表した．一説では，優れた顕微鏡ではこう見えるだろうと想像して描いた図とも言われている．精子派と卵子派は対立し互いに争ったが 1745 年にアリマキの単為発生が発見され卵子派の勝利に終わった．

今日的視点からは，科学者たちがこのような奇妙な説で事足れとしていたことは驚くに値する．複雑な構造のオリジンを神に託するのだから，まともな科学的質問が成り立つ余地がない．しかし，科学と宗教との関係は今日とはずいぶん違っていた．I. Newton（1642-1726）でさえ自然を研究することは神のデザインを知ることである，と信じていた．

しかし，前成説では当時すでに記載され始めていた変異や奇形を説明できなかった．たとえば，白人と黒人との結婚により中間色の皮膚をもった子供が生まれることや，正常な両親から 6 本指の子供が生まれる事実と，遺伝が精子または卵のどちらか一方にのみ依存しているという主張の間には大きな矛盾があることが露呈した．

こうして 18 世紀の後半から 19 世紀にかけて前成説は後退し，後成説（epigenesis）が支持されるようになった．この説では，成体の複雑な構造は未分化の状態からエピジェネシス（epigenesis）というプロセスを経て徐々に形成されると主張する．その哲学的ルーツは Aristotle（B.C. 384-B.C. 322）までさかのぼるが，この考え方は K. F. Wolff（1733-1794）により復活された．Wolff と K. E. von Baer（1792-1876）によるニワトリの血管は未分化の細胞塊から形成されること，などの発見により後成説が定着し始めた．さらに，H. Spemann（1869-1941）のオーガナイザーの発見により前成説が否定された．しかし，後成説においても次々に構造を形成する「力」は何か，という問題が残されている．現代においては，それは物理化学の法則であるとされているが・・・．

今日では，形質がすべて遺伝子にコードされていることが明らかになっているので，前成説的後成説という表現がなされることもある．

谷と谷とが尾根で遮られていることで表されている．

図の上部に位置するボールは，すでにいずれかの谷にルートをとったボールに比べて谷の選択においてより多くの可能性をもち，胚の部域がより多くの分化能（competence）をもつことに相当する．また，谷の底面が平たく両側のスロープが緩やかであると，風などの力でボールが谷の中心からずれた場合，なかなか元に戻れず，結果として，最終的な分化状態が正常からいささかずれることに相当する．谷の底面が狭く両側のスロープが急峻ならば，ボールを正常コースからずらすのは困難であろうし，ずれたとしてもすぐに正常コースに戻るであろう．もっとも，強い力のためにボールが尾根の上に押し上げられたり，尾根を越えて隣の谷に移ったりするならば話は別である．ボールが尾根にとどまることは，最終分化形質が2つの組織の中間の異常なものになることに相当する．隣の谷に移るのは，後述のダイレクト・リプログラミングや分化転換に相当する．Waddington はまた，「モザイク卵や卵細

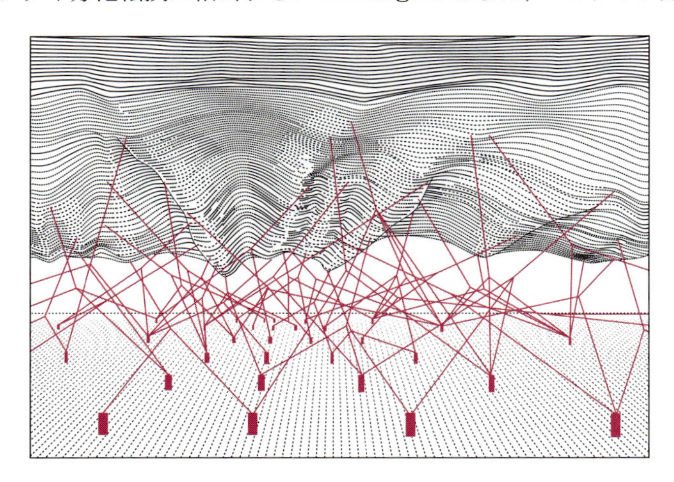

図 3.15　エピジェネティック・ランドスケープの舞台裏
エピジェネティック・ランドスケープを裏から見たもの．赤い杭は遺伝子を表し，杭とスロープの各位置とつなぐ糸は遺伝子が作り出す影響（遺伝子産物であるが，原著では chemical tendency という語が使われている）を表す．各遺伝子（杭）が，糸を経由してスロープのそれぞれの位置でボール（胚細胞）をコントロールしている様子を表している．［Waddington, C. H. (1957) "The Strategy of the Genes", George Allen & Unwin Ltd., London より改変して引用］

胞質勾配による初期発生，あるいは胚誘導などの場合にはエピジェネティック・ランドスケープの形状が変わるだろう.」とも言及している.

図 3.15 はエピジェネティック・ランドスケープを裏側から見たもので，“The Strategy of the Genes” の図 3.14 の 7 ページ後に掲載されている．図の上部がエピジェネティック・ランドスケープの上端に対応する．赤い杭は遺伝子を表し，ロープは遺伝子による化学的影響力（chemical tendency）を表す．エピジェネティック・ランドスケープをボールが通過する過程で，ボールは遺伝子により作られる化学物質との複雑な相互作用によって影響を受けることを表している．当時，これらの杭に相当する遺伝子はほとんどわかっていなかったわけで，エピジェネティック・ランドスケープが遺伝子によりコントロールされることは仮想的，あるいは概念的なことであった．今日の細胞分化機構を概念的に捉えていた Waddington の慧眼に驚かされる.

Waddington はボールを胚の特定の部域になぞらえ，組織レベルの分化を描いた．組織レベルの分化を細胞レベルで説明するのが主流である今日においては，ボールを発生中の胚細胞 1 個とみなす方が妥当であろう．ボールは最初の位置では受精卵に相当し，卵割が始まると胚細胞の 1 個を表すと考えられる．初期状態ではボールの自由度は高い．最初はスロープが急ではないから，転がり始めたボールは風の力などで元に戻されることもあるだろう．さらに下降が進むと，ボールはもはや戻されることはなくどれかの谷に向かって落ちて行く．このたとえのように，細胞が分化するまでには概念的に 2 つの異なった段階が存在すると考えられる．決定（determination）と最終分化（terminal differentiation）である．決定とは細胞が特殊化した形質を発現するのに先だって，細胞の運命が方向づけられる段階に相当する．たとえば，軟骨ができるには，自由度の高い未分化細胞が決定により先ず軟骨前駆細胞になる．この段階ではまだ軟骨特異的遺伝子群を発現していないので軟骨細胞ではない．ただ未分化細胞の自由度はなく，軟骨への発生運命が決定づけられていると考える．決定を受けた細胞は，その運命を変えることはなく，神経や肝臓になることはなく基本的には軟骨以外にはなり得ない．その後，前駆細胞は軟骨特異的な遺伝子群をいっせいに発現して軟骨細胞となる.

コラム 3 章④
エピジェネティック・ランドスケープ
—そのプロトタイプと現代版—

エピジェネティック・ランドスケープが初めて記載された "The Strategy of the Genes"（C. H. Waddington, 1957）には，Waddington が発生過程を微分方程式などを用いて数学的取り扱いをする試みが書かれている．しかし，適当な数学的手法が存在しないことを嘆いている．発生プロセスを代数的に取り扱うには，各状態を記述する多くの方程式を解かねばならない．当時はそれは不可能で，むしろ発生プロセスを代数的より幾何学的に表す方が視覚に訴えるので適当であろう，と考えたようだ．

彼は胚の部域は多次元空間の一点として表されるべきであろう，と言う．それを視覚的に 3 次元空間で表したのが図 (a) である．図 (a) では受精卵（PQRS）が時間を経て成体（P′Q′R′S′）に至る．卵の各部域は A 内にある．B の各部域はそれぞれの軌道を経て成体での B′ となる．他の部域 C_2 を含む C_1 は示された軌道に沿って発生するが途中で両矢印で表された B と C_2 の相互作用により C_2 の軌道は曲げられ C_2' に至る．これは誘導現象を表す．

このような試みの中から，かの有名なエピジェネティック・ランドスケープに行き着いたのであった．彼はエピジェネティック・ランドスケープが発生プロセスを可視化するのに決して十分なものとは言えない，と述べている．実際，胚誘導のケースが図 (a) では表されているが，エピジェネティック・ランドスケープで表すならば別のタイプのランドスケープになるだろう，と述べている．

さて，話変わって今日．発生のプロセスはエピジェネティック・ランドスケープで表されるばかりでは不満な状況がますます明らかになっている．1957 年のエピジェネティック・ランドスケープの裏側に仮想的に描かれていた遺伝子杭と表側のスロープの各位置をつなぐロープの実体，具体的にはボールが受けるエピジェネティック修飾の実態が刻々と明らかにされている．ネットで「エピジェネティック・ランドスケープ」をブラウズすると実に多くの，いわゆる「現代版」がアップされている．ここでは，Goldberg, A. D. *et al*. (2007) Cell, 128: 635-637 に掲載された S. A. Fung-Ho の図を紹介する（図 (b)）．見ての通りエピジェネティック・ランドスケープのピンボールマシン版である．スロープを下ろうとするボールが種々のエピジェネティック修飾を受け，かつ，バネによって跳ね返される様子，つまり，発生において細胞が受ける諸々の影響を表している．ある場合はボールは発射点まで戻されるかも知れない．リプログラミングである．図 (b) 中，エフェクターとは修飾ヒストンがその効果を下流で発揮するのを媒介する分子のこと．また，プレゼンターとはヒストン修飾パターンを「読み手」として認識し，さらに付加的な修飾を受けるよう「present」する「書き手」の補助的分子のこと．他の略号は，2 章を参照されたい．

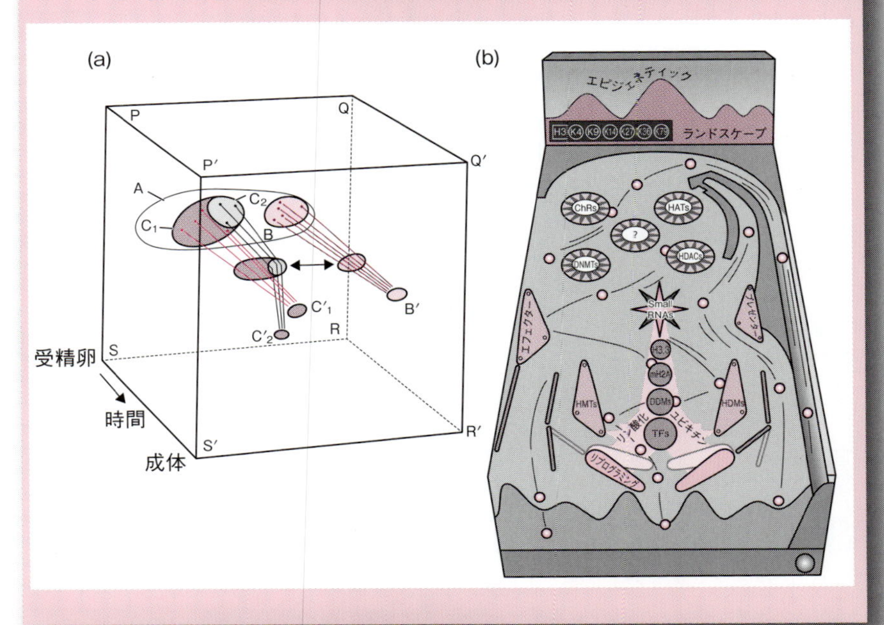

この段階を最終分化という．

エピジェネティック・ランドスケープは胚細胞の能性（potency）の概念もよく表している．受精卵の全能性（totipotennt）からボールの下方移動につれて，多能性（pluripotent）から複能性＊3-33（multipotent），そして単能性（unipotent）へと能性に制限がかかる様子をイメージすることができる．

3.4.3　細胞分化はゲノム情報の差次的発現による

多細胞生物のすべての細胞は 1 個の受精卵に由来し，細胞分化の過程で遺伝子セットは不変である，と考えられている．分子生物学の発展によりこのことを支持する多くの実験事実が蓄積されている（コラム 3 章⑤「細胞分化においてゲノムはホントに同一か？ その証拠は！」）．

では，同一のゲノムをもつ胚細胞が細胞分化のプロセスでいかにして異なる細胞群を作り出すのだろうか．エピジェネティック・ランドスケープにおけるボール（胚細胞）のゲノムは DNA メチル化やヒストン修飾など多様な修飾を受ける．さらに，ncRNA の関与も刻々と明らかになっている．細胞外では，ボールは谷底への道すがらスロープの地形との接触や，別のルートをたどるボールと特定の分子を介したクロストークをする．これらはシグナル伝達，細胞接着因子，細胞外基質として記述される．

細胞内・外のこのような要因は，エピジェネティック・ランドスケープを辿りつつある胚細胞のゲノムに働きかけ，分化に特異的な遺伝子群の発現を誘導する．つまり，異なるルートをたどるほとんど＊3-34の細胞の遺伝子セットは同一であるが，発現される遺伝子領域は異なる（図 3.16）．異なるルートの細胞間で発現がオーバーラップする遺伝子群もあり，細胞の基本的生

＊3-33　multipotent の日本語訳として「複能性」が適当であろうと考える．

＊3-34　細胞分化の過程で遺伝子セットが変化する例が知られている．たとえば，抗体産生細胞への分化の過程では，イムノグロブリン遺伝子の大幅な再編成が見られる．図 3.16 にはこのケースも表されている．したがって，抗体産生細胞への分化においてはジェネティックなプロセスとエピジェネティックなプロセスの両者が関与する．

存に必要なハウスキーピング（細胞機能維持）遺伝子＊3-35とよばれる．同一の遺伝子セットが場合によって異なる遺伝子群を発現することを差次的発現（differential expression）という．したがって，細胞分化における遺伝子発現のしくみを知るためには，発生のある素過程において細胞分化関連遺伝子群に着目して，その制御の詳細を知ることが重要である．

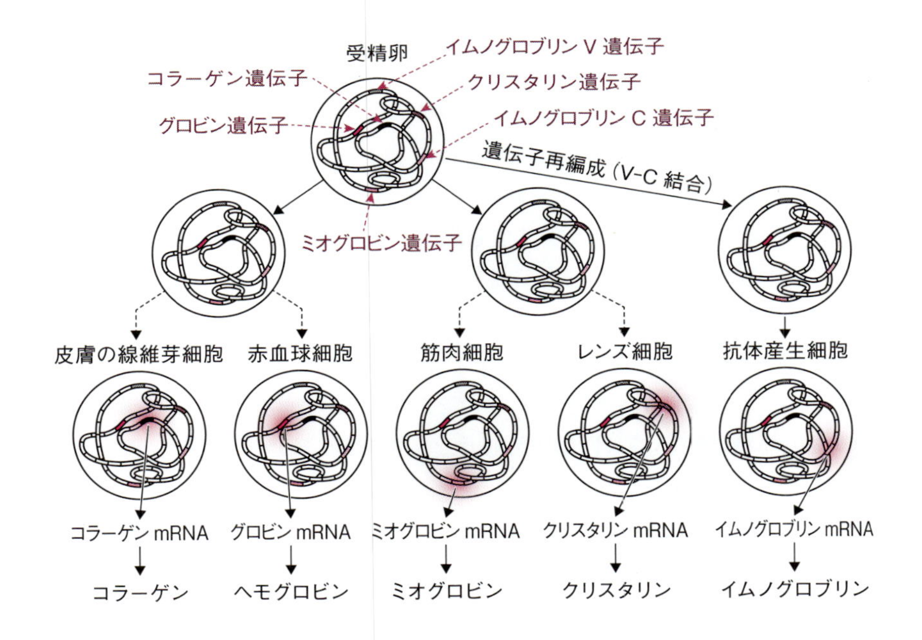

図 3.16　細胞分化におけるゲノム情報の差次的発現
細胞分化においては，大部分の細胞ではゲノムセットは変化せず発現のされ方が異なる（差次的発現という）．しかし，抗体産生細胞ではイムノグロブリン遺伝子の大幅な再編成が起こる．図では，イムノグロブリン V 遺伝子とイムノグロブリン C 遺伝子が受精卵においては離れているが，抗体産生細胞では遺伝子再編成により結合することを表す．

＊3-35　すべての細胞が必要とする遺伝子である．DNA ポリメラーゼ，RNA ポリメラーゼ，ヒストン，細胞膜タンパク質などをコードする遺伝子がその例である．

3.4.4　細胞分化の分子機構

細胞分化のメカニズムを解き明かすにあたり，胚発生とそれに続く細胞分化をイメージしてみよう．ウニの発生を例にとると，第3卵割で動物極4割球と植物極4割球の間で，動植物軸に関しての差が生まれる．さらに第4卵割では植物極側での不等分裂の結果，4個の小割球が生じ胚は明らかに割球のサイズに関して不均一細胞集団になる．アフリカツメガエルでは，未受精卵の段階で動物極と植物極でmRNAの分布が異なるという証拠がある．線虫では，卵割の初期に各割球の発生運命が決定され，発生のスタートから胚は不均一細胞集団である．

DNAクローニング技術で重装備された分子生物学は，10^6の大腸菌についてのデータをもって大腸菌1個に生じていることを知る，というスタンスをもつ．つまり，分子生物学は均一細胞集団には有力である．一方，不均一細胞集団からは平均値データしか得られない．したがって，いろいろな工夫が講じられる．数百個のニワトリ胚から特定の部分を切り出す，均一細胞集団が得られやすい血球系や精子形成などを対象にする，培養細胞系を用いる，胚の微小部域についてRT-PCRを行う，個々の細胞の分子情報をとるため *in situ* ハイブリダイゼーション技術が開発される，などなど．最近では，シングルセル遺伝子解析の発展に続いてシングルセルエピゲノム解析として，1細胞メチローム（メチル化パターン）解析，1細胞Hi-C法＊[3-36]によるクロマチン高次構造解析，あるいは1細胞レベルのヒストン修飾解析など先駆的努力もなされている．

＊3-36　クロマチンの細胞核内での高次構造を知るため3C法（chromosome conformation capture法）が，また，その発展型として，4C（circularized chromosome conforamation capture）法，5C（carbon-copy chromosome conformation capture）法，Hi-C法など一連のC-テクノロジーが開発された．しかし，これらによって得られるデータは細胞集団の平均値であるため個々の細胞の情報とはなり得ない．1細胞Hi-C法は文字通り1個の細胞についてHi-C解析をするもので通常のHi-C法では見えなかったクロマチンの高次構造が顕微鏡像に対応する形で見えてくる．

ES 細胞（embryonic stem cell：胚性幹細胞）は，この状況に有力な解析系をもたらした．ES 細胞は多能性をもつ均一細胞集団である．したがって，細胞分化の出発点における多能性の維持機構，多能性から複能性への移行，さらに分化誘導により単能性への移行をエピジェネティックに追究する系として有力である．

3.4.4a　ES 細胞における多能性の維持機構

細胞分化の機構を知るには未分化状態を理解することが重要である．ES 細胞はこの目的に格好の系を提供する．1981 年，ES 細胞はマウスにおいて初めて樹立された．マウスの初期発生において胚盤胞期（細胞数 70 ～ 100）に達すると胚は栄養外胚葉と内部細胞塊に大別され細胞分化の最初の徴候が現れる．栄養外胚葉は将来の胎盤の一部になり，内部細胞塊は将来の胎児となる．内部細胞塊は多様な細胞に分化する能力，すなわち，多能性を持つ．内部細胞塊を多能性を維持しつつ培養系に移したのが ES 細胞である．ES 細胞は，*in vitro* および *in vivo* で三胚葉の細胞系列へ分化するポテンシャルをもつ[＊3-37]．また，安定な核型を維持し長期にわたり自己複製する幹細胞としての特徴をもつ．

多能性の維持機構の解明へ向けて広範な研究が行われ，ES 細胞特異的に発現される転写因子 Oct 3/4 や Nanog など ES 細胞の分子マーカーが同定された．一方，ES 細胞は多能性維持に関連するエピジェネティックな特徴においてユニークな面をもつことが明らかになっている．

その 1 つは，ES 細胞のダイナミックなクロマチン構造である．クロマチンを構築する H1，H2B，H3，そして HP1 などと DNA との結合は弱く，しかも時間的に変動する．分化に伴いダイナミズムが減少し，クロマチンタンパク質の結合時間も長くなる．つまり，ダイナミックなクロマチン構造は多能性に特異的で，細胞分化においてクロマチンの再構築がなされることを意味する．また，ES 細胞ではヘテロクロマチンのマーカーが散在しているのに，分化とともに集中化し，かつ，H3K9me3 の増加と H4ac のレベル低下を伴う．

＊ 3-37　ES 細胞は胎盤組織には分化できないので全能性ではない．

コラム 3 章⑤

細胞分化においてゲノムはホントに同一か？ その証拠は！

からだの細胞はどれをとってもその細胞のもつゲノムは同じである，という[*1]．一体どのような証拠でこのことを信じてよいだろうか．

一個体のすべての細胞は受精卵に由来し，有糸分裂において染色体が娘細胞に均等に分配されるという観察は，発生における細胞分化において遺伝子セットは不変である暗黙の証拠とされてきた．しかし，これではあまりにも荒っぽすぎる．1962 年，J. B. Gurdon は，紫外線照射により核を不活性化したアフリカツメガエルの未受精卵にオタマジャクシの小腸上皮細胞の核を移植した．核移植卵の中には発生を開始しオタマジャクシになるものが認められた．Gurdon は，小腸上皮の核は細胞分化の過程で不可逆的な変化をしていないと結論し，遺伝子セットの不変性を主張した．例によって，この実験に対してもいくつかの反論が寄せられた．その主なものは，① 発生は紫外線による核の不活性化をまぬがれた卵によるものではないか，② 発生は小腸上皮にある未分化な細胞の核によるものではないか，というものであった．Gurdon はこれらの反論に応えるべく実験を行い，①，② の可能性を見事に否定した．いったいどのような実験を行ったのだろうか？　ここでは，これ以上詳述はしないが，2013 年のノーベル賞に輝いた仕事だけに，その詳細を調べることを薦める．Gurdon の実験は，発生学によるものであり，遺伝子そのものを見ていない．同様の結果は，ショウジョウバエの胚の一部の細胞からショウジョウバエ個体ができること（1972），人参の根の細胞から全植物体ができること（1964），クラゲの傘の細胞から分化した栄養・生殖器官である口柄ができること（1985），などの実験により示された．より最近では，羊の Dolly の誕生は発生における遺伝子セットの不変性を証明した，と論文のサマリーに書いてある（1997）．

クローニング技術の開発はこの問題により厳密な形で答えを与えた．クローン化した cDNA をプローブとして，その遺伝子の発現組織と非発現組織での遺伝子の個数が測定され，発現が遺伝子数の差によるものではないことが示された．制限酵素マップから遺伝子の近傍の状態も組織により変わらないことが示された．イントロン発見の当初，イントロンは非発現組織ゲノムにはあるが発現組織ゲノムには存在しないのではないかと調べたが，「そうではない」ことが一流誌に掲載された．しかし，この問題にもっとも徹底的な答えを与えたのは，Y. Suzuki による，カイコのフィブロイン遺伝子の塩基配列を，後部絹糸腺（フィブロイン産生）と中部絹糸線（フィブロイン非産生）について 1910 塩基対にわたって比較した仕事である．いくつかの差は認められたが，それらはすべて遺伝子制御領域外に位置していた．また，差はクローニングにおける個体間の多型による可能性もあると考察されている．したがって，このデータは，細胞分化の過程での遺伝子セットの同一性を支持する最も強い証拠であると同時に，本質的でない箇所においてはマイナーな塩基配列の変化が起きている可能性も示唆した．

一方，発生過程でゲノムが変化する場合もあることが，古典的にはウマカイチュウでの染色体削減，アフリカツメガエル卵母細胞でのリボソーム RNA 遺伝子の特異的増幅などが知られていた．ゲノム解析技術の進展により，さらにいくつかの例が浮き彫りにされた．ショウジョウバエでの卵殻タンパク質遺伝子の増幅，薬剤耐性における関連遺伝子の増幅，繊毛虫での大・小核間での DNA スクランブルなどがある．もっとも劇的なケースは B 細胞分化における免疫グロブリン遺伝子の再編成である．最近見出された *de novo* コピー数多型（copy number variation：CNV）[*2] もその例である．

＊1　量的には，生殖系列では四倍体（tetraploid）になる時期もあるし，精子や卵子は半数体（haploid）である．体細胞にも倍数体（polyploid）が見られる．

＊2　CNV については脚注 3-70 を参照のこと．*de novo* CNV とは遺伝によるものではなくて，発生過程で生じる CNV のこと．

総じて，ES 細胞のクロマチンはきわめてユークロマチン的で遺伝子発現を許容する状態にある．実はそのことが ES 細胞の多能性を支えており，一方，分化が進むにつれてクロマチンはより構造化され，凝縮し，ヘテロクロマチン化して多能性を失って行く，というイメージが生まれる．

ES 細胞の未分化状態に特徴的なもう 1 つの側面は，クロマチンが二価性ドメイン（bivalent domain）＊3-38 をもつことである．発生に重要な転写因子のゲノム領域を大規模 ChIP アッセイで調べたところ，H3K27me2/3 と

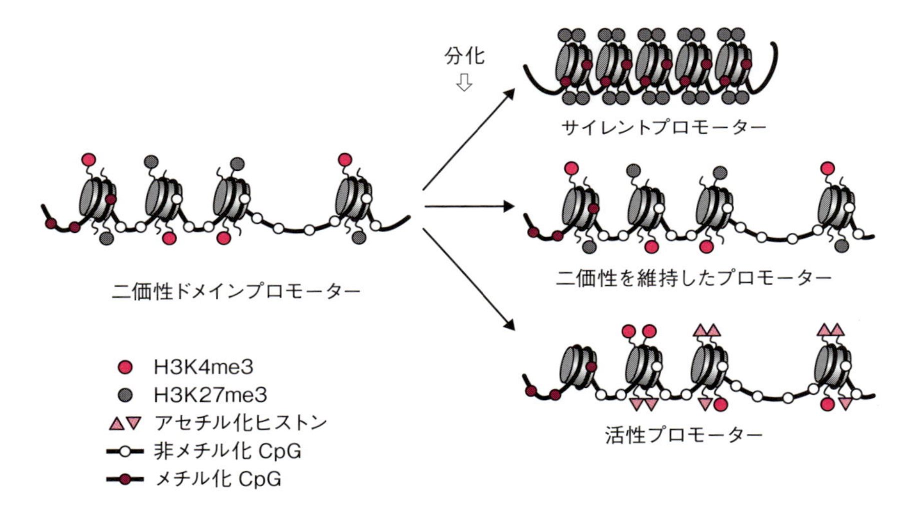

図 3.17　二価性ドメイン（bivalent domain）
二価性ドメインでは転写活性化のマーク（H3K4me など）と転写抑制のマーク（H3K27me2/3 など）が共存している．ES 細胞などの未分化細胞の分化関連遺伝子のプロモーターで見いだされる．CpG はほとんどが非メチル化状態にあり，RNA ポリメラーゼは転写準備状態にある．分化の開始により，二価性ドメインは転写活性状態，転写不活性状態に分別され，一部は次の発現の機会に備えて二価性状態を維持する．

＊ 3-38　ES 細胞以外での二価性ドメインの普遍性に関しては，マウス胚盤胞の内部細胞塊や栄養外胚葉，ゼブラフィッシュ初期胚，そして，頻度は低いが神経前駆細胞，造血幹細胞などの複能性細胞にも見いだされている．一方，アフリカツメガエル（*Xenopus*）やショウジョウバエ（*Drosophila*）では見いだされていない．ヒトやマウスの ES 細胞では，エンハンサーにも二価性ドメイン様の存在が報告されている．

H3K4meを併せもつプロモーター領域が見いだされた．これらのヒストン修飾は転写に関して互いに対立するシグナルであり，この領域は二価性ドメインと呼ばれる．二価性ドメインでは，発生関連遺伝子群の発現を抑制して多能性を維持しつつ，同時に，細胞分化へのプログラムの始動に際して迅速に対応し，抑制されるべき遺伝子群にはH3K27me2/3などのマークを残し，一方，活性化されるべき遺伝子群にはユークロマチンとしての修飾をするべく準備された状態にあると見ることができる．ちょうど遺伝子発現に関してブレーキとアクセルを同時に踏んでいる状態に相当する（図3.17）．

3.4.4b　ES細胞の分化

ES細胞が分化のルートに入る状況をエピジェネティック・ランドスケープで考えてみよう．ボールは坂を下り始め，最初の分岐点を過ぎるあたりから多能性が減少し，細胞間に大まかな差が生じることがイメージされる．三原始胚葉の出現である．エピジェネティック制御は細胞ごとに異なると考えられるから，胚が不均一細胞集団になった途端，胚全体からの情報は平均値的なものになる．したがって，せいぜいできることは，多能性を維持しているES細胞と分化ルートに入ったES細胞との間での全体的なエピゲノムの変化を見ることであろう．

ES細胞ではユークロマチン領域が多くヘテロクロマチン領域は少ない．ヘテロクロマチンに特徴的なH3K9me2/3マークは存在するが，分化細胞と比べて大幅に蓄積することはない．H3K9me2修飾領域（LOCKs）[＊3-39]をゲノムワイドで調べた仕事がある（図3.18）．LOCKsの割合は，ES細胞では～4％であるのに対して，分化したES細胞[＊3-40]では31％，肝臓では～46％，脳では～10％であり，分化とともにヘテロクロマチン化が進行することと符合する．LOCKsががん細胞では著しく減少していることも興味

＊3-39　H3K9me2修飾のブロックのこと．このことを報告した研究者はこの領域をLOCKs（large organized chromatin K9 modifications）と呼んでいる．

＊3-40　ES細胞の未分化状態を維持するため，分化抑制作用をもつLIF（leukemia inhibitory factor）存在下で培養することが多い．この実験での分化誘導はLIF（－）で18～24時間，フィーダー細胞無しで培養した．

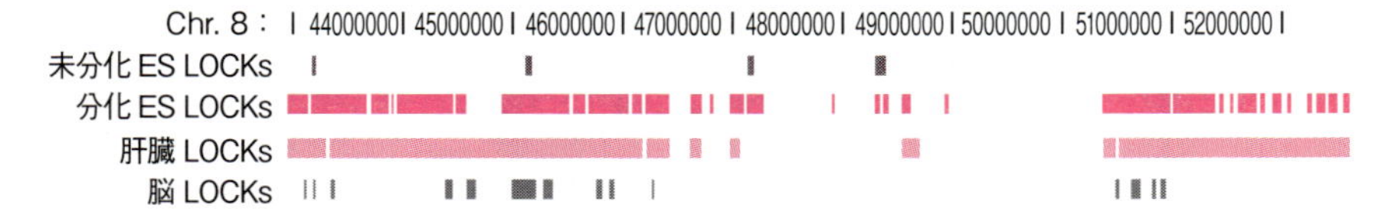

図 3.18 LOCKs の例
マウス 8 番染色体の 10 Mb 領域における LOCKs の分布．細胞分化によりヘテロクロマチン化の度合いが増すことが示されている．LOCKs の分布パターンはマウスとヒトで保存されている［Wen, B. *et al.* (2009) Nat. Genet., **41**: 246-250 より改変して引用］.

深い．

3.4.4c 素 過 程

細胞分化の機構を理解するために素過程を調べるアプローチがある．素過程とはエピジェネティック・ランドスケープの一部を切り取った系に相当する．幹細胞は 1 つの有力な系となる．幹細胞は多能性または複能性を維持したまま自己複製により自身の細胞数を一定に維持する．たとえば，ES 細胞が分化誘導されるプロセスは，細胞分化の素過程を擬するものとしてエピジェネティック制御を解析する好適の系となる．

その 1 つが ES 細胞からの神経発生である．神経前駆細胞や神経幹細胞は特異的な細胞表面タンパク質を発現しているため，FACS＊3-41 フローサイトメトリーにより神経分化の特定の時期にある細胞群を分取することができる．たとえば，CD133 細胞表面マーカーは複能性神経前駆細胞に，β-Ⅲチューブリンはより終末分化に近いニューロンに特異的に発現している．単離した細胞について，多能性関連遺伝子の大幅な発現低下と，*SOX1*，*SOX3*，*PAX7* および *Nestin* などの神経マーカー遺伝子群の発現促進が記述される．未分化 ES 細胞においては，ほとんどの神経特異的な遺伝子群のプロモーターは二価性のクロマチンドメインをもち，分化開始により抑制的 H3K27me3

＊3-41 fluorescence-activated cell sorting（蛍光活性化細胞選別法）．標的細胞を蛍光抗体で標識しレーザー光のなかを液流として流し，標的のパラメーターをもった細胞を帯電させ下方に設置した荷電装置で分取する方法．

の減少と活性化 H3K4me3 が維持が見られる．

造血幹細胞（HSC：haemopoietic stem cell）も自己複製能をもつと同時に，リンパ球系と赤血球骨髄球系の細胞に分化するポテンシャルをもつ複能性細胞である．最近，造血幹細胞から種々の系列細胞への分化のカスケードが以前より複雑であることが明らかにされた．分化系列細胞の細胞表面マーカータンパク質の抗体を用いて，FACS やマグネティック細胞選別法＊3-42 などにより均一細胞集団の分取が可能となった．それぞれの分化ルートについて転写因子の同定，エピジェネティック修飾，さらにクロマチン・リモデリングとの関連が追究されている．

3.4.5 リプログラミング

3.4.5a 核移植によるリプログラミング

植物やプラナリアなどはからだの一部から全体を作ることができる．作られた個体群は同じ遺伝子セットをもつことから「クローン」と呼ばれ，その過程を「リプログラミング」＊3-43 という．エピジェネティック・ランドスケープでは，谷底のボールを何らかの力で出発点に戻すことになる．20 世紀初頭までは高等な動物におけるリプログラミングは不可能と考えられていた．しかし，1952 年，Robert Briggs と Thomas King は，核を除去した未受精卵に胞胚期や原腸胚期の核を移植してオタマジャクシを得ることに成功した．次いで，John B. Gurdon による核移植実験（コラム 3 章⑤「細胞分化においてゲノムはホントに同一か？ その証拠は！」参照）では，発生における細胞分化の過程で遺伝子セットが不可逆的な変化を受けていないことを示す，と同時に，卵細胞質は分化した細胞のエピゲノムを未分化状態に戻す，いわゆるリプログラミング能をもつことを示唆した．クローン羊 Dolly は，哺乳類の成体細胞でもリプログラミングが可能であることを示した．翌年にはピ

＊3-42 細胞選別法の一種．標的細胞の表面抗原に特異的な抗体－マグネット微粒子を結合させ，細胞集団から別のマグネットで吸着選別する方法．

＊3-43 初期化ともいう．

エゾ素子*3-44を用いてマウスでも成功した．今日では実験可能なほとんどの動物種で体細胞クローンが得られている．クローン個体は，当初，オリジナルの完全なコピーと考えられたが，オリジナルにはないDNAやヒストンの修飾などのエピジェネティック異常が見つかった．その1つは，X染色体の過剰な不活性化で，*Xist*のノックアウトやsiRNAによるノックダウンによって過剰な不活性化を防ぐとクローン個体の成功率は著しく上昇した．

3.4.5b　細胞融合によるリプログラミング

ヒト体細胞とマウスES細胞を融合させると，ヘテロカリオン*3-45の状態で体細胞ゲノムから*Oct4*，*Sox2*などの多能性細胞特異的遺伝子の発現が起こり，一方，分化関連遺伝子は抑制される．その後，2つの核は融合しテトラプロイドの融合細胞となる．融合細胞は不安定で分裂ごとにヒト細胞ゲノムは徐々に失われ，最終的にはほとんど残らない．しかしここで注目すべきは，ES細胞の細胞質がヒト細胞核のエピゲノムをリプログラミングする能力をもつ，ということである．リプログラミングの過程で，体細胞*Oct4*プロモーターのDNAメチル化の減少が見られ，蛍光ラベルしたES細胞Oct4が体細胞核に入り込むことも観察されている．

3.4.5c　細胞抽出物によるリプログラミング

プログラミングは細胞抽出物によっても起こすことができる．未分化EC（胚性がん腫 : embryonal carcinoma）細胞抽出物で293T細胞を処理したケースでは，*Oct4*プロモーターの脱メチル化や293T特異的遺伝子の発現低下が認められた．肺細胞抽出物によりES細胞を肺細胞に分化誘導する例も知られている．ES細胞を一定方向に分化誘導する技術的観点から再生医療への可能性が期待されている．

＊3-44　核移植においてピエゾ素子を用いたピエゾドライブという装置を用いることによりピペットの先端を高速で振動させ，一瞬で孔をあけ処理後迅速に修復することに成功した．この手法によりTeruhiko Wakayamaらはマウスでの体細胞クローンの作製に成功した．

＊3-45　ヘテロカリオン（heterokaryon）とは，同一の細胞内に複数の遺伝的に異なる細胞核を含みそれを維持している状態を指す．これに対して遺伝的に単一の核のみを含むものをホモカリオン（homokaryon）という．

3.4.5d iPS 細胞

哺乳類の分化細胞のリプログラミングは，1970 年代，マウス EC 細胞と脾臓細胞との融合により初めて示された．分化細胞としてメスの細胞を用いると不活性 X 染色体の活性化が認められた．その後，ES 細胞とメスの体細胞の細胞融合でも同様のことが観察された．体細胞が未分化状態に戻されたことを意味する．この結果が，2006 年の Shinya Yamanaka らの iPS 細胞の樹立へのヒントになったという．彼らは，「ES 細胞にはリプログラミング因子が存在する」という仮説を立て，データベースより ES 細胞で特異的に発現している遺伝子を選び出し，システマティックに組み合わせて線維芽細胞に導入した．その結果，*Oct4*，*Sox2*，*Klf4*，*c-Myc* の 4 つの遺伝子の組み合わせでES細胞と同様の未分化細胞へリプログラミングされることを発見し，iPS（induced pluripotent stem）細胞と命名した．次いで，ヒトをはじめ種々の動物種で iPS 細胞が樹立された．その後，iPS 細胞作製法については，リプログラミング因子，細胞への導入法，培養条件，iPS の元となる細胞の検討などについて改良がなされている．リプログラミング因子を iPS 細胞に残さない「組み込みフリー」法についても，Cre-loxP 法や RNA 法などで検討されている．iPS 細胞の性状が元の細胞の「エピジェネティック・メモリー」により影響を受けるという報告もある．たとえば，マウス血液細胞からの iPS 細胞は血液系への分化ポテンシャルが高く，神経系に分化する傾向は低いという報告がある．iPS 細胞は，再生医療への可能性が期待されており，医療用 iPS 細胞については研究用とは異なる改良法が検討されている．

3.4.5e ダイレクト・リプログラミング

エピジェネティック・ランドスケープが示すように，一旦分化した細胞は別の分化細胞に転換することはないと長年信じられて来た．一方，1970 年代にはマウス C3H10T1/2 細胞が DNA メチル化を阻害する 5- アザシチジン処理により骨格筋芽細胞（約 40%）に分化することが示された．この結果は，遺伝子の脱メチル化による活性化により分化転換が起こることを示唆した．そうであれば，鍵となる遺伝子の過剰発現により分化転換を誘導できるであろう．1987 年，Harold Weintraub らはこの作業仮説に基づき，筋芽細胞特異的な転写因子をコードする遺伝子（マスター遺伝子と呼ぶ）*MyoD1* を 10T1/2 細胞に導入するだけで筋芽細胞へ転換することを示した．その後，他の細胞種では *MyoD* のような単一遺伝子の同定が困難であり，このアプローチはあまり進展しなかった．しかし，2006 年の iPS 細胞の成功をきっかけに，単一のマスター遺伝子探しではなく複数因子の導入による体細胞の分化転換，すなわちダイレクト・リプログラミングというアプローチが生まれた．2010 年，神経細胞で重要な機能をもつ Ascl1 など 3 因子を皮膚細胞に強制発現させることで神経様細胞が得られた．現在では，特異的な遺伝子の組み合わせにより，心筋様細胞，神経様細胞，肝細胞様細胞などへのダイレクト・リプログラミングが試みられている（図 3.19）．また，生体心筋リ

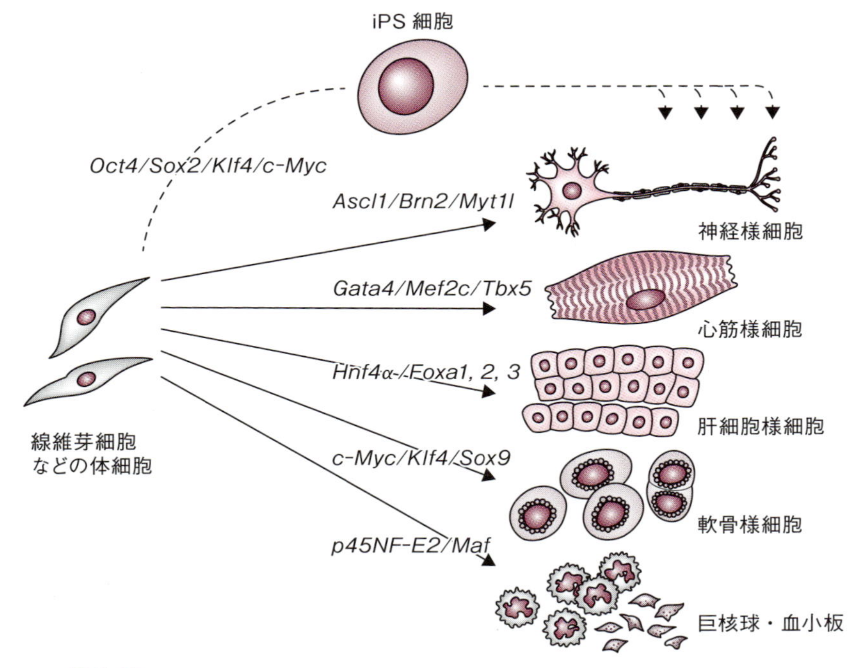

図 3.19
線維芽細胞などの体細胞から細胞特異的な転写因子をコードする遺伝子群の導入によるダイレクト・リプロミングにより，様々な細胞を作製することができる．上方には iPS 細胞を介するリプログラミングを示す．

プログラミングとよばれ，直接体内で線維芽細胞を心筋に転換することで心臓の再生を目指す再生医療研究も進められている．

3.4.6　細胞分化に関連する諸現象

3.4.6a　老　化

老化とは，時間軸に沿って生物個体に起こるすべての変化を指すが，狭義では加齢やエイジング（aging）とも呼び，自然死に至るまでの機能低下を指す．老化については，老廃物蓄積による機能低下，エラーの蓄積，あるいは，遺伝子にプログラムされている，など多くの仮説がある．エラー蓄積説によれば，老化は細胞分化の異常と解されるし，プログラム説に立つならば老化は細胞分化の一過程と見なすことが妥当となる．プログラム説を支持するものとして，1997年，老化を抑制するクロトー（*Klotho*）遺伝子が同定された．老化にともないゲノムワイドにはDNAメチル化の低下が認められるが，領域特異的にはメチル化の減少と増加の両方が報告されている．また，老化に伴うヌクレオソーム構造の乱れが知られている．ヒストン修飾の研究もなされているが一定の方向性は認められない．エピゲノム変化は生涯を通じて起こるので，オランダ冬飢饉（後出，3.5節「栄養とエピジェネティクス」）の場合のように胎生期や成長期の栄養状態が老齢期のエピゲノム変化や疾患の発症に影響を及ぼす可能性も考慮されている．

3.4.6b　脱 分 化

細胞分化を遂げた細胞は，通常他のタイプの細胞に変わることはない．ところが，植物細胞やクラゲでは分化細胞がその特徴を一旦失い，ふたたび多様な細胞に分化する分化転換（transdifferentiation）という現象が知られている．細胞が分化特徴を一旦失うことを脱分化（dedifferentiation），再び分化することを再分化（redifferentiation）という．植物の一部を培養すると脱分化によりカルスという不定形の細胞塊ができる．がんは細胞が正常な分化状態から逸脱した一種の脱分化状態にあると考えられる．

3.4.6c　プログラム細胞死

細胞分化の過程で細胞が死ぬように予定されている現象をプログラム細胞

死といい発生の随所で見られる．形態形成において一旦作ったものを除去したり，細胞死を起こした細胞からの因子が周りの細胞に働きかけることにより発生や再生を制御する．プログラム細胞死は組織傷害で炎症を起こす壊死と異なり正常な形態形成であり，生物個体に利益をもたらすプロセスと考えられる．プログラム細胞死には，アポトーシス（apoptosis）と呼ばれカスパーゼという酵素に依存するタイプ1，オートファジーによるタイプ2，そして，ネクローシス型でネクロトーシスと呼ばれるタイプ3がある．たとえば，オタマジャクシの変態において尾部がなくなるのはアポトーシスによる．手足においては，はじめ指の間が埋まった状態で形成されアポトーシスにより間の細胞が死滅して指ができる．線虫では発生において起こるアポトーシスを制御する遺伝子がすべて同定されており，それらの遺伝子がクローン化されている．

3.5　栄養とエピジェネティクス

「栄養，エピジェネティクス」のキーワードでネットをブラウズすると，“Eating for your epigenome.” とか “You are what you eat.” などという表現に行き当たる．「食」つまり栄養がエピゲノムを左右することを如実に表している．栄養素はからだの構成成分やエネルギー生産に使われるだけでなく，遺伝情報発現を通じて生体応答に可塑的に影響を与える．この問題については膨大な記述があるにもかかわらずその分子メカニズムは不明であった．近年のエピジェネティクス研究の進歩は，nutriepigenetics という分野を生み出し機構解明の糸口を開きつつある．

3.5.1　ミツバチの栄養エピジェネティクス

栄養とエピジェネティクスが直結している身近な例をミツバチに見ることができる．ミツバチは社会性昆虫と呼ばれ秩序だった「社会」を築いている．1つのコロニーは，20,000～30,000匹のハタラキ蜂，2,000～3,000匹のオス蜂，そして1匹の女王蜂からなる．各集団の間には，明らかな分業が成立している．女王蜂は発達した生殖器官によりひたすら産卵にいそしむ．そのかわり，針などの器官は退化している．ハタラキ蜂は，若いうちは育児や巣のハウスキーピングに，成長すると蜂蜜や花粉を集める外勤につく．オス蜂はこれまたひたすら生殖に専念する．ミツバチについては，ハタラキ蜂の尻振りダンスや，オス蜂の一見悲劇的運命など興味ある話題に事欠かないが，それらはさておいて以下の1つの側面に着目する．

それはハタラキ蜂と女王蜂が同じ受精卵（$2n$）から発生することである[＊3-46]．正確にはコロニー内の女王蜂とすべてのハタラキ蜂が同一の遺伝子セットをもつとは言えない．なぜならこれらの親となる女王蜂は数匹のオスと交尾した可能性があるからである．しかし，女王蜂と同一の遺伝子セットをもつ何千匹ものハタラキ蜂がいることは間違いない．言い換えれば，同じ受精卵から天地の差[＊3-47]とも言えるほどの運命の開きが生じる．この違いは何によるのだろうか．巣内の10個ほどの王台という特別室に産み落とされた受精卵は，その後ローヤルゼリー[＊3-48]を与えられ女王蜂候補に成長する．真の女王蜂になるにはもう1つのドラマがあるが・・・．一方，普通の産室に生まれた受精卵は，発生後3日間だけはローヤルゼリーを与えられるがその後は花粉や蜜で育てられる．これらはやがてハタラキ蜂として成長し，ハタライテ，ハタライテ，ハタラキ疲れて一生を終わる．同じ遺伝子セットをもちながら，これほどドラスティックに異なる生涯をもたらす原因は，どう見ても発生後の栄養の違いによるようだ．研究者たちはこれを格好のエピジェネティクスのモデルとして研究を進めた．

2006年，ミツバチのゲノム解読が完了した．ミツバチゲノムは脊椎動物

＊3-46　ちなみにオス蜂は卵から単為発生によって成長したもので n の核型をもつ．

＊3-47　卵を生み続ける女王蜂とハタラキ続けるハタラキ蜂のどちらが天でどちらが地かは見解の相違であろう．女王蜂の寿命は3～5年でハタラキ蜂の寿命が1か月であることを勘案するとどうであろうか．

＊3-48　若いハタラキ蜂が花粉や蜂蜜を食べ，体内で分解・合成し，唾液腺から分泌する乳白色のクリーム状の物質である．アミノ酸，脂肪，タンパク質をはじめビタミンやミネラルがバランスよく含まれている．

のDNAメチル基転移酵素によく似たDNA配列を含んでいた．DNAメチル基転移酵素の標的となるCpGモチーフも見つかった．ミツバチの抽出物がDNAメチル基転移酵素活性をもつこと，さらにメチル化DNAに結合するタンパク質の存在も示された．エピジェネティック・マークを「書き」かつ「読む」装置をもつことが示されたことになる．さらに，エピジェネティック・マークを「除く」ヒストン脱アセチル化酵素をコードする4つのDNA配列も同定された．Robert Kucharskiら（2008）は，幼虫においてDNAメチル基転移酵素の1つ，*Dnmt3*遺伝子をノックダウン＊3-49したところ，ローヤルゼリーを与えたときと同様の効果，つまり女王蜂になり，かつ，ノックダウ

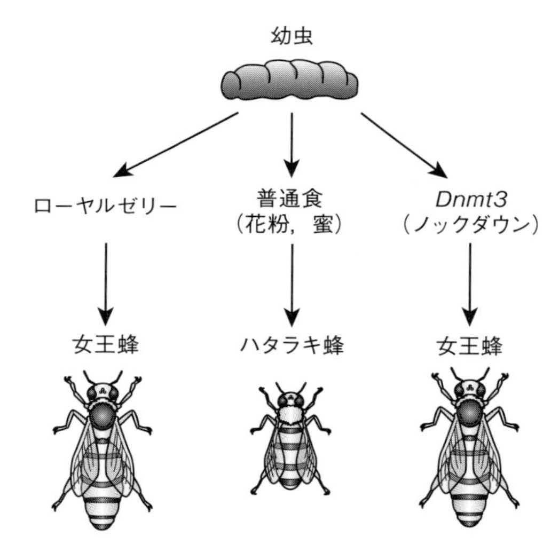

図3.20　*Dnmt3*遺伝子をノックダウンすると女王蜂になる
幼虫にローヤルゼリーを長期間あたえると女王蜂になり，普通食ではハタラキ蜂になる．ローヤルゼリーを与えずに幼虫の *de novo* DNAメチル基転移酵素遺伝子 *Dnmt3* をRNAi法でノックダウンし機能を低下させると女王蜂になる．

＊3-49　遺伝情報の発現を段階的に抑制する方法．RNAiや化学的核酸などを用いる．これに対して遺伝子ノックアウトは，ターゲティングとも言い，標的遺伝子そのものを改変するか，あるいは除去することによりその遺伝子発現をゼロにする方法．両者ともこれらの操作の結果生じる変異体の解析から着目遺伝子の機能を推定する．

ン個体のDNAメチル化パターンは女王蜂のそれとよく似ていた（図3.20）．栄養がどのようにDNAメチル化に変化をもたらすかは不明である．ローヤルゼリーは酪酸フェニルを含んでおり，それはヒストン脱アセチル化酵素を阻害する．つまり，ローヤルゼリーの成分の1つがエピジェネティック酵素の主メンバーを阻害する，という図式が描かれる．

3.5.2　オランダ冬飢餓事件

第二次世界大戦も終わりに近いころ，ノルマンディ上陸作戦に成功した連合軍は，1944年9月，オランダに達しその解放は目前であった．オランダ亡命政府は連合軍を援助するため鉄道のストライキを呼びかけた．ドイツ軍は報復措置としてオランダへの食糧輸送を阻止した．この措置は約2か月後に解除され，運河による食糧輸送が可能になると思われた．ところが，厳しい寒波のため運河は凍結し水上輸送は不可能となり，オランダ西部は想像を絶する飢餓に見舞われた．成人の摂取カロリーは1943年12月には1800 kcal／日であったが徐々に減少し，1944年12月から1945年5月までは400～800 kcal／日となった．1945年5月，連合軍による解放により食糧供給は回復し摂取カロリーは2000 kcal以上／日に復した．

戦争中のこの悲劇的な飢餓事件は，一方で栄養不良に関する研究にとりきわめて稀なケースとなった．飢餓の生存者は，飢餓の始まりと終わりが正確にわかっている特異な集団と言える．さらに，オランダにおける健康管理システムにより個人データが残されていたことは，疫学者たちにとり飢餓の長期にわたる追跡調査を可能にした．これらの研究における注目すべき結果の1つが，妊娠中に飢餓に見舞われた妊婦から生まれた子供の健康状態に関するものである．これは「オランダ飢餓事件バースコホート研究」（The Dutch famine birth cohort study）と呼ばれる．

最初に，子供の出生体重が調べられた．妊娠初期には十分栄養が得られ，妊娠後期の数か月低栄養にさらされた母親からは低体重の子供が生まれた．一方，妊娠初期の3か月ほど低栄養にさらされ，妊娠後期には正常の栄養に復した母親からの赤ん坊は正常な体重であった．これらの観察は一見当然のように思われた．なぜなら，胎児は妊娠後期の数か月間に成長すると考えられていたからである．しかし，子供たちを数十年に亘って追跡した疫学者達が見いだしたことは驚くべきものであった．

低体重で生まれた子供は一生小さいままで肥満率も一般と変わらなかった．40年以上の間，十分な食糧が得られたにもかかわらず，なぜか妊娠後期の低栄養の影響から回復できなかった．驚くべきことは，妊娠初期に低栄養にさらされた母親からの子供が肥満率が高く，精神的な疾病へのリスクも高かったことである．出生時には健康上問題なく見えたが，胎内にあったときの影響が何十年も後になって現れたかに見える．つまり，妊娠初期の3か月がその後の人生を左右するというわけである．さらに驚くべきことは，これらの低栄養効果のいくつかはその母親の子供の子供，つまり孫にまで及んでいるように見えたことである．

似たような例は中国でも見られた．1959年から1961年にかけて安徽省では洪水，旱魃，集団農業の失敗が重なり飢饉となり出生率は50％以上も減少した．この期間に生まれた子供が成人して精神分裂症を発症する割合は，1959年では，0.84％であったが，1960年には2.15％に，1961年には1.81％に増加した．この栄養と精神分裂症との相関は，オランダ冬飢餓の記録がなければ注目されなかったであろう．

これらの観察は何らかの生物学的相関を示唆する．オランダ冬飢餓の時期に生まれた子供，さらに孫についての追跡調査が疫学的およびエピジェネティックな視点から継続されている．たとえば，飢餓期を経験した母親から生まれた子供について60年後に行った調査では，*IGF2*遺伝子のメチル化の減少と*IL-10*，*LEP*，*MEG3*遺伝子の高メチル化が認められている．これらの結果はマウス実験でも確かめられている．

3.5.3　生活習慣病胎児期発症説（DOHaD）

オランダ冬飢餓事件は，胎生期低栄養が生活習慣病の発症に影響するという視点をもたらした．生活習慣病は疾患に関連する遺伝子群と生活習慣の乱れにより発症すると言われてきた．しかし，近年の生活習慣病の急増はこの考え方だけでは説明しきれない．新たに登場したのが「生活習慣病胎児期発症説」である．それは，妊娠の早期に低栄養により生活習慣病の素因が形成され，それが過剰栄養，過剰ストレス，あるいは運動不足などの生活習慣の乱れと合わさると生活習慣病が発症する，というものである．そのメカニズムは胎児期におけるエピジェネティックな変化によることが明らかになってきた．

「生活習慣病胎児期発症説」（developmental origins of health and disease 説）＊3-50 は，1986 年，イギリスの疫学者 David J. P. Barker らにより，先ず

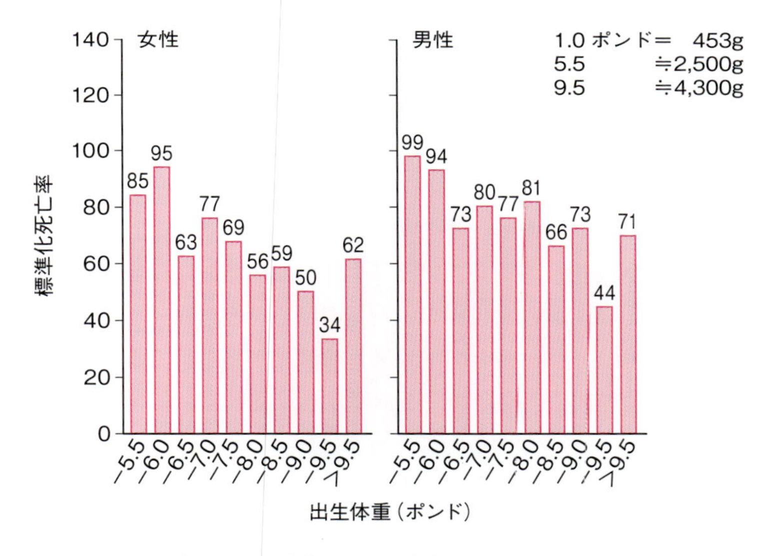

図 3.21 出生体重と心疾患による死亡率との相関性
1911 ～ 1930 年に生まれた男性 10,141 人，女性 5,585 人についてのイギリスでの調査．出生体重が小さくなるほど死亡率の上昇が見られる．しかし，体重があまり大きくなりすぎると死亡率が上昇し，ちょうど J 型を示している．標準化死亡率とは，その期間に生まれた男女について国全体の死亡率を 100 とした時の値である．［Osmond, C. *et al.* (1993) BMJ, **307**: 1519-1524 より改変して引用．BMJ は British Medical Journal の略称］

＊3-50　DOHaD 説と略称され，研究者はドーハッド説と呼んでいる．

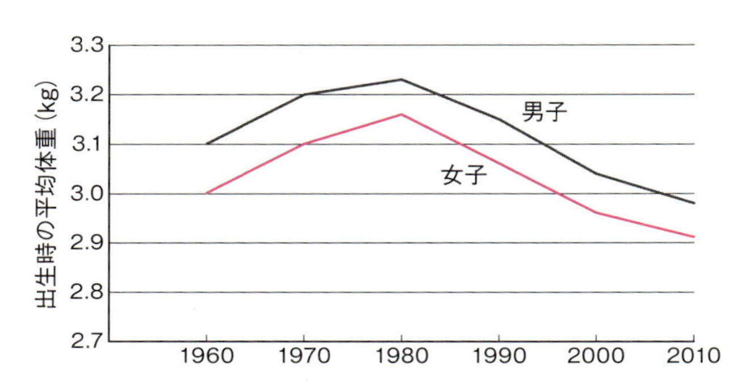

図 3.22　日本における新生児の平均体重の推移（1960 ～ 2010）
（厚生労働省乳児身体発育調査より引用）

成人病胎児期発症説（fetal origins of adult disease：FOAD）として提唱された．彼らは，イギリスのある地域の人々について出生体重が低いほど心疾患死亡率が高いという関連性を認めた（図 3.21）．出生体重と疾病リスクの相関を示した最初の報告である．その後，FOAD 説は概念を拡大して疾病は胎児期の早期に素因が形成されるという「生活習慣病胎児期発症説」（DOHaD 説）に発展した．この説は，世界の研究者の関心を促し膨大な疫学調査が行われた．その結果，出生体重と発症リスクの関連が見られる疾患として，虚血性心疾患，2 型糖尿病，高血圧，メタボリック症候群，脳梗塞，脂質異常症，神経発達異常の 7 つが明らかになった．DOHaD 説は，疾病の発症機序を新しい視点から見直すにとどまらず，子供の健康のためには女性の生活態度，妊娠時および育児における配慮，環境ホルモン，さらには社会構造までを見直す必要があるというパラダイムシフトを提唱している．これに関連して，近年の日本における出生体重の減少が指摘され（図 3.22），日本の子供たちが，小児生活習慣病，発達障害など疾病リスクの高い状況にあることを示唆している．「小さく生んで大きく育てる」と昔からよく言われたが再考の必要があるであろう．

3.5.4　Nutriepigenetics

栄養条件とエピジェネティック・マークの関連を見た実験は数多い．エピゲノムに見られるメチル基は，葉酸が関与する経路を介して生成する *S*-アデノシルメチオニンにより供与される．したがって，葉酸はエピゲノム制御に重要であり，妊娠期間を通じて適切に摂取しないとホモシステイン血症＊3-51などを発症する．Robert A. Waterland と Randy L. Jirtle（2003）は，メチル基ドナーやコファクターを投与した母親からの A^{vy}/a マウスとそれらを投与しない母親からの A^{vy}/a マウスを比較した．図 3.23(a) に示すようにメチル基ドナーを与えた母親からの仔マウスの体毛色は偽 ***agouti*** 側へシフトした．IAP の 7 か所の CpG 部位のメチル化を見ると，メチル基ドナー添加群では，全体としてのメチル化が促進され，かつ，メチル基の偽 ***agouti*** へのシフトが認められた（図 3.23(b)）．母親の食餌におけるメチル基ドナーの有無は仔マウスの体毛色への影響だけでは止まらない．メチル基ドナーを与えなかった親から生まれた仔マウスが成体になると，図 3.23(c) のように超肥満マウスとなる．agouti タンパク質は毛色を黄色に変える以外に，脂肪の貯蔵を促進する効果をもつからである．もう 1 つの例．ヒツジの受精前後に，メチオニン，葉酸，ビタミン B_{12} を欠如した食餌を与え，妊娠 90 日齢の胎仔肝臓について 1400 個の CpG アイランドを解析したところメチル化に変化が見られた．栄養がエピジェネティックな変化を引き起こす可能性を示している．

これら動物実験の成果に基づいて，ヒトにおける栄養－エピゲノム関係を解き明かそうとする努力はすでに始まっている．ヨーロッパでは Diet, Obesity and Genes (DiOGenes) プロジェクト＊3-52がエピジェネティクスとの関連で進められている．

＊3-51　葉酸やビタミン B_{12} の欠乏は血中のホモシステインの増加を招き，骨粗鬆性骨折，動脈硬化，心臓疾患，精神遅滞などを引き起こす危険因子となる．

＊3-52　ヨーロッパにおける食事の観点から肥満を防ごうとするプロジェクトである．

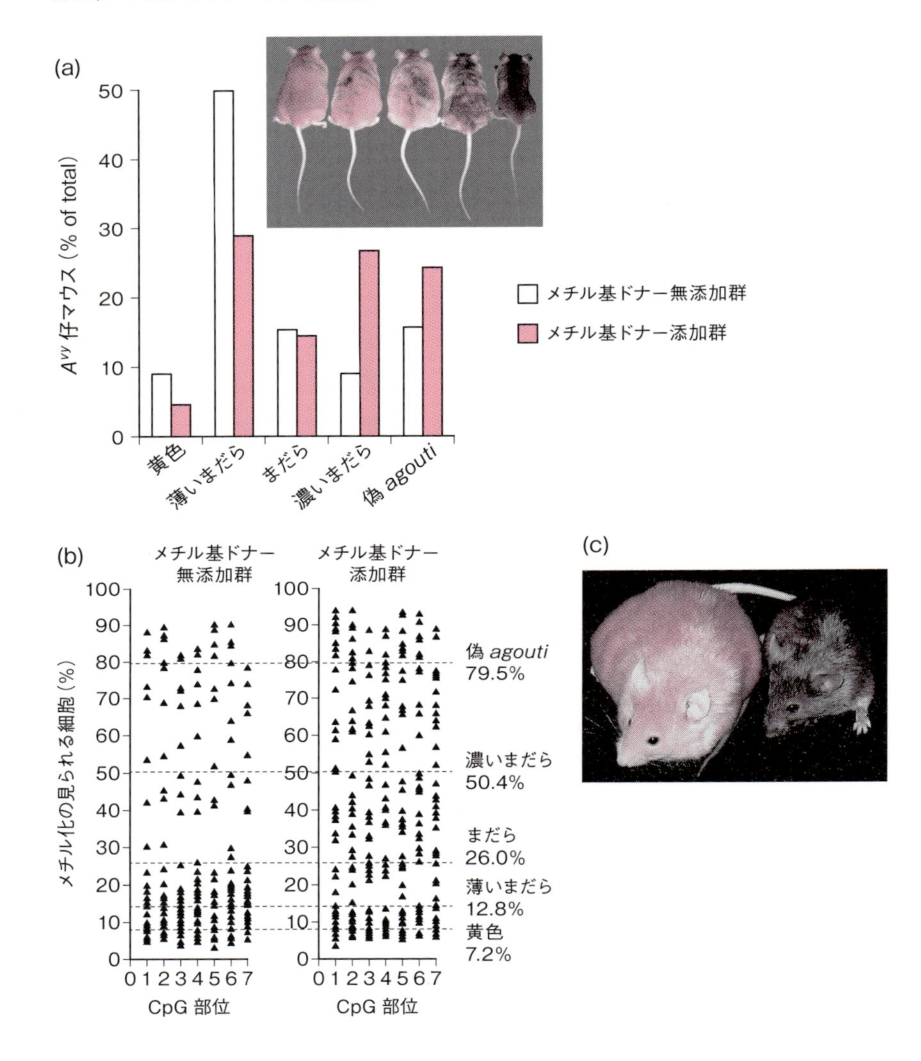

図 3.23　A^{vy}/a マウスの体毛色は母親の食餌のメチル基ドナーの有無により影響を受ける
説明は次頁参照.

図 3.23 A^{vy}/a マウスの体毛色は母親の食餌のメチル基ドナーの有無により影響を受ける
(a) メチル基ドナー無添加食餌を与えた母親（9 匹）からの仔マウス（30 匹）とメチル基ドナー添加食餌を与えた母親（10 匹）からの仔マウス（39 匹）における体毛色分布. メチル基ドナー添加により偽 *agouti* へのシフトが見られる. 図 3.12 に示すように，メチル基ドナーの添加により IAP トランスポゾンがメチル化され，転写は *agouti* 遺伝子本来のプロモーターから開始されマウスは野生色（agouti）を示す. ただし，遺伝子型は野生型ではないので偽 *agouti* と呼ぶ. 2 色印刷のため，マウスの体毛色は実際とは異なる. 実際は黄色のバックに黒が混ざる色である. ［Waterland, R. A., Jirtle, R. L. (2003) Mol. Cell. Biol., **23**: 5293-5300 より改変して引用. 写真は R. L. Jirtle の提供による］
(b) 図 3.12 の仔マウスの IAP トランスポゾンの 7 か所の CpG についてメチル化を調べた. メチル基ドナー添加群において全体としての CpG メチル化が促進され，かつ，メチル化の偽 *agouti* 側へのシフトが見られる. ［Waterland, R. A., Jirtle, R. L. (2003) Mol. Cell. Biol., **23**: 5293-5300 より改変して引用］
(c) メチル基ドナーを与えなかった母親から生まれた仔マウスが成体になると写真（左）のように超肥満となる（右はコントロール）. IAP のメチル化がないため，IAP の強いプロモーターによりたくさんの agouti タンパク質が作られ，その脂肪貯蔵効果により肥満となる.（写真は R. L. Jirtle の提供による）

3.6 細胞メモリー

3.6.1 細胞メモリーは古くて新しい問題である

エピジェネティック・ランドスケープにおいて，最終分化状態に至った細胞では分裂前後で同じ遺伝子発現プログラムを維持する. 細胞分裂前のエピゲノムが分裂後においても再構築されるシステムが備わっていることを意味する（図 3.24）. これを細胞メモリー[*3-53] と呼ぶ. DNA 複製機構の理解によれば，DNA は一旦裸の状態で複製し，ふたたびヒストンなどのクロマチンタンパク質と結合すると考えられている. いかにして分裂前のエピゲノムを，そして細胞メモリーを維持することができるのだろうか.

1979 年，Harold Weintraub は，培養細胞を用いて分裂前後のクロマチン構造を DNase I 感受性[*3-54] により調べた. その結果，活性遺伝子は複製後，複製フォークから 5 ～ 10 ヌクレオソームの距離以内でヌクレオソームとし

＊ 3-53 転写メモリー（transcriptional memory）あるいはエピジェネティック・メモリー（epigenetic memory）とも呼ぶ. メモリーというが脳による記憶とは異なる.

＊ 3-54 転写活性のある遺伝子部位はクロマチン状態において DNase I の消化を受けやすい.

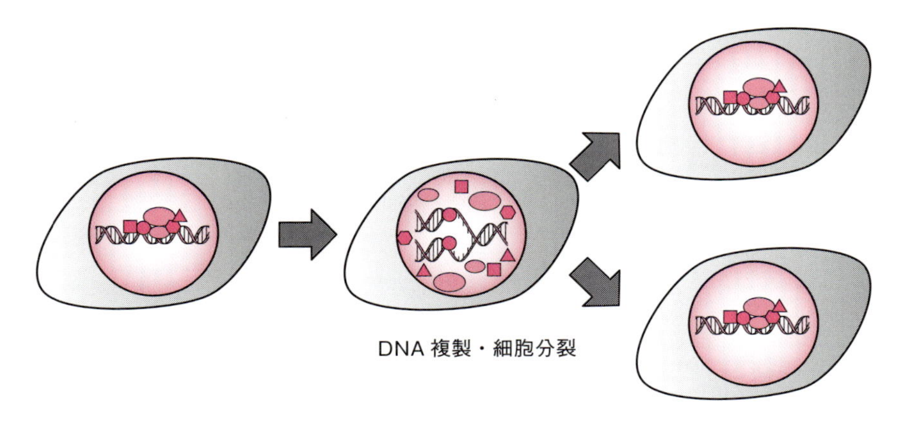

図 3.24　細胞メモリーとは？
エピゲノム・パターンが，DNA 複製と細胞分裂という 2 つのステップを越えても維持される現象をいう．

て再構築され，かつ，20 ヌクレオソームの距離以内で DNase I 感受性をもつ活性型ヌクレオソームに再構成されることを示した．複製前の活性遺伝子部位のクロマチン構造を構築するための DNA-ヒストン相互作用が複製後きわめて早い時期に起こっていることを示す．

1986 年，Alan Wolffe と Donald D. Brown は，アフリカツメガエルの 5S rRNA 遺伝子の転写複合体の *in vitro* 複製系を構築した．この複合体を *in vitro* で複製させたところ，特異的な転写に必要な因子は DNA からもぎ取られ，複製後ふたたび正しい転写をみせる転写複合体は再構成されなかった．

この 2 つの実験は，*in vivo* では複製後きわめて早期に細胞メモリーにより複製前のエピゲノム状態を再構築するが，その分子機構は転写系や複製系とは異なり，そう簡単に *in vitro* で再現されるものではないことを示している．DNA 複製とそれにつづく細胞分裂を通してどのような機構でエピゲノム再構成がなされるのか？　これまでの複製研究では何かを見落としていたのだろうか？　この重大問題は多くの研究者の関心を集めてきた．それにもかかわらず適当な手段の見つからないまま古くて新しい問題として残されてきた．

そのような状況のなかで，この問題に関して注目を集めだしたのがショウジョウバエのポリコーム（*Polycomb*）遺伝子群やトリソラックス（*trithorax*）遺伝子群であった．遺伝学的解析から，前者は遺伝子の抑制状態の，後者はその活性化状態の維持に機能するということが示された．つまり，これらの遺伝子群は一旦確立されたエピゲノムの維持，つまり細胞メモリーに機能することが示唆された（図 3.25）．

問題を整理してみよう．エピジェネティック・マークとしては，DNA メチル化，ヒストン修飾がある．これらのマークがS期とM期を通じていかに維持されるか，そして，この過程にエピジェネティクスの他のプレイヤーであるノンコーディング RNA やポリコーム遺伝子群やトリソラックス遺伝子群がどのように関わるか，ということである．

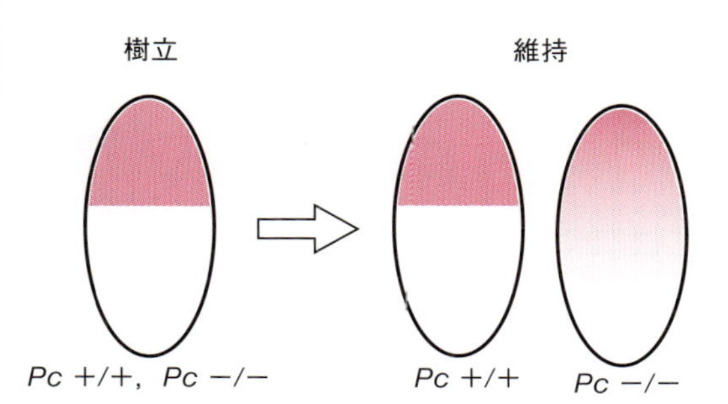

図 3.25　ポリコーム遺伝子群は細胞メモリーに関与する
ポリコーム遺伝子群は遺伝子発現パターン（エピゲノム）の樹立には必要ではないが，その維持に必要である．図から明らかなように，Pc 変異体（*Pc* −/−）では樹立された遺伝子発現パターンが維持されない．

3.6.2　DNA メチル化が細胞メモリーである

DNA 複製において DNA メチル化パターンは通常維持される．したがって，DNA メチル化は細胞メモリーを支える分子機構としてよく理解できる．実際，DNA メチル化こそが細胞メモリーであることを主張した報告がある．かなり込み入った実験であり詳述するスペースはないが，面白い実験であるので原報にあたることを薦める（Yong-Qing Feng *et al.*, 2006）．要約すると，レポーターとして β- グロビンプロモーターを含み両端に loxP をつけた DNA 断片（カセット）を 2 種類用意した．片方の断片では CpG をすべて他の塩基で置き換えメチル化が起きないように細工した．いわばCpGノックアウト・カセットである．これらのカセットをCre-loxPシステム[*3-55]でマウス培養細胞の狙ったloxPサイトに導入した．このシステムでは，カセットからの発現は挿入の向きによりオン・オフとなるので，サイレント型になっているトランスフォーマントを選択した（図3.26）．サイレンシングが十分落ち着いたと考えられる3か月後，Creリコンビナーゼによりカセットを*in vivo*で反転させ発現型の向きにしたクローンを選択した．さらに1か月後，コントロールではカセットからの発現はオフのままで，かつH3の脱アセチル化やメチル化が維持され，かつS期後期複製[*3-56]を示した．一方，CpGノックアウト・カセットでは，発現が回復しH3のアセチル化やH3K9メチル化が見られ，かつS期前期複製を示した．つまり，サイレンス状況は消えていた．

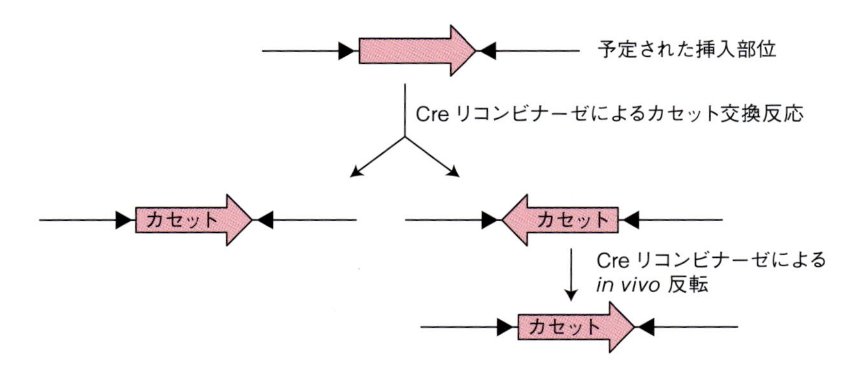

図3.26　DNAメチル化がメモリーである
マウス細胞のあらかじめ予定された部位にCreリコンビナーゼによるカセット交換反応により，CpGノックアウト・カセットとコントロール・カセットを導入した．ついで，カセットからの遺伝子発現が「オフ」であるもの（右）を選択した．3か月後，Creリコンビナーゼによる*in vivo*反転により，カセットを「オン型」に反転させた．

＊3-55　loxPと呼ばれるDNA配列に特異的に働くDNA組換え酵素Creを用いた部位特異的組み換え反応による遺伝子組換え実験システム．

＊3-56　遺伝子はその転写活性により複製タイミングが異なる．S期後期複製とはその遺伝子が不活性であることを示す．

かれらはこの結果から，細胞メモリーはDNAメチル化である，と結論している．

従来，DNAメチル化はきわめて安定なものであると考えられてきた．しかし，DNA複製時における維持型DNAメチル化酵素の機能喪失やメチル基ドナーの不足は脱メチル化（受動的）を誘起する．複製期以外における脱メチル化（能動的）も想定されている．さらに最近のTETファミリーの発見は，安定であると考えられてきたDNAメチル化パターンが受動的および能動的に変化する可能性を示唆している．このような状況のなかで，DNAメチル化のみを細胞メモリーとする主張は再考の余地があろう．

3.6.3 ヒストン修飾が細胞メモリーである

アフリカツメガエルの核移植によるリプログラミングにおいて，供与核が由来した組織の遺伝子が異所的発現[＊3-57]を示すことがある．たとえば，*Sox2*を発現している神経外胚葉の核による移植胚で*Sox2*が内胚葉においても発現するような場合である．供与核は細胞分裂を経ても由来した組織の特異的遺伝子発現のメモリーを維持していたことを示唆する．この系を用いて，Ray K. NgとJohn B. Gurdon（2008）は，細胞メモリーに対するDNAメチル化とヒストン修飾の関与を調べた．5-アザシチジンを用いた実験からDNAメチル化の関与は否定された．しかし，供与核のヒストンH3.3にLys4 → Glu4の点突然変異を入れたところこのメモリーが消えた．したがって，H3.3のK4のメチル化が細胞メモリーに必要だ，と論じている．

Tetsuya Muramotoら（2010）は，細胞性粘菌のアメーバ細胞において，アクチン遺伝子の転写をGFPタンパク質で可視化した．このライブセル・イメージング[＊3-58]を用いて，転写パルス（firingと呼んでいる）の長さと頻度が細胞分裂の前後で維持されることを認めた．細胞メモリーの反映と見る

＊3-57　遺伝子が本来発現される部位以外で発現すること．

＊3-58　生細胞のなかでタンパク質など生体分子を蛍光ラベルなどで可視的に追跡する方法．

ことができる．この系で，H3K4 メチル化酵素 Set1 の変異や H3 の K4 → A4 変異を導入すると，転写は阻害されなかったが転写パルスで見られた細胞メモリーは撹乱された．

Klaus H. Hansen ら（2008）は，PRC2 複合体が H3K27me3 に結合することを根拠として，DNA 複製において保持されるエピジェネティック・マークは H3K27me3 であるというモデルを提案した．つまり，複製前 DNA に結合していた H3K27me3 が DNA から離れた後，ふたたび新生 DNA 鎖に結合する．次いで PRC2 複合体がそれに結合し *de novo* に取り込まれるヒストンをメチル化することによって複製前のエピゲノム状態を再現するというモデルである．彼らの実験はヒト細胞を用いたもので，哺乳動物での PRE＊3-59 が同定されていない現状ではこのモデルはそれなりに合点のいくものである．ただし，複製後いかにして複製前のヒストンコードを再現するかはまったく明らかでない．

3.6.4　細胞メモリーは PcG や trxG によって維持される

DNA メチル化やヒストン修飾が細胞メモリーであると主張する一連の研究に対し，PcG や trxG タンパク質が主役をつとめると主張する研究がある．

Peter Buchenau ら（1998）は，顕微鏡観察によりショウジョウバエ胚において＜2％のポリホメオティックタンパク質が分裂中期から後期にかけて染色体に付着したままであると報告した．いかにも示唆的であるが証明とはほど遠い．

Nicole J. Francis ら（2009）は，SV40 複製開始点を含む *in vitro* DNA 複製系を用いて，ポリコーム複合体が結合したクロマチンを *in vitro* で複製したところ，複合体は複製されたクロマチンに結合していることを示した．さらに，*in vivo* での証明を目指してショウジョウバエの培養細胞を用いた実験

＊3-59　PRE（Polycomb response element）は，ポリコーム遺伝子群タンパク質が特異的に結合する DNA 部位．トリソラックス遺伝子群の場合 TRE（trithorax response element）と呼ぶ．

によりポリコーム複合体がDNA複製を通じてクロマチンに結合していることを示した.

Svetlana Petruk ら（2012）は，ショウジョウバエ胚の *in vivo* 系で，どのエピジェネティック・マークがDNA複製を通じてエピゲノム維持に寄与しているかを調べた．この報告は細胞メモリーの研究のなかでも画期的なものと考えられるので詳しく紹介する．結果は次のようにまとめられる．① 抗体染色の顕微鏡観察により分裂期の核にH3K27me3やH3K4me3などの修飾ヒストンが認められない．したがって，これらが細胞メモリーに関与しているとは考えられない．② PCNA[＊3-60] は複製フォーク近傍に局在しているので，*in situ* PLA（proximity ligation assay）法[＊3-61] を用いて，分裂期の核においてtrx，Pc，E(z) がPCNAのごく近傍に存在するか，あるいは，直接結合していることを示した．しかし，H3K27me3やH3K4me3についてはPCNAとの共存は見られなかった．これらメチル化ヒストンがエピジェネティック・マークのキャリヤーではないことを支持する．③ PCNA抗体による免疫沈降法により複製フォークを含むクロマチン断片を分離した．沈殿物にはリーディング鎖の単鎖DNA部分も複製前の二重鎖DNA部分も含まれないことを確認した．次いで，この沈殿物をtrxGタンパク質抗体でre-ChIP[＊3-62] を行った．沈殿物からDNAを抽出し，bxd，iab-7，iab-9，en な

＊3-60 PCNA（proliferating cell nuclear antigen，増殖細胞核抗原）は，DNAポリメラーゼのコファクターとして複製フォークに局在するタンパク質.

＊3-61 細胞内のタンパク質間の相互作用を視覚化する方法．1分子同士の相互作用でも検出できるほどの感度をもつ.

＊3-62 ChIP（chromatin immunoprecipitation，クロマチン免疫沈降法）は，クロマチン断片をあるタンパク質に対する特異抗体を用いて免疫沈降したのち，回収されたDNA配列を解析することでそのゲノム領域にそのタンパク質が結合していることを知る方法．re-ChIP（sequential ChIP ともいう）はChIPによる沈殿物を別の抗体で免疫沈降することにより，そのゲノム領域に2つのタンパク質が結合しているかを調べる方法．この他，ChIP-qPCR，ChIP-on-ChIP，ChIP-seq など，それぞれ目的に応じたクロマチン免疫沈降法がある.

どのME＊3-63をターゲットにしたPCRを行い，コントロールには見られない増幅産物を確認した．言い換えれば，複製フォークの複製されたDNAにMEとそれに結合したtrxGタンパク質を確認したことになる．MEをもたない複製フォークにtrxGタンパク質が結合している可能性は，ME以外の配列に対するプライマーではPCR産物が得られないことから除去された．同様の結果は，re-ChIP＊3-62においてPcタンパク質あるいはE(z)タンパク質の抗体を用いても得られた．まとめると，「DNA複製において複製フォーク近傍にヒストンメチル化酵素であるtrxGタンパク質やPcGタンパク質が

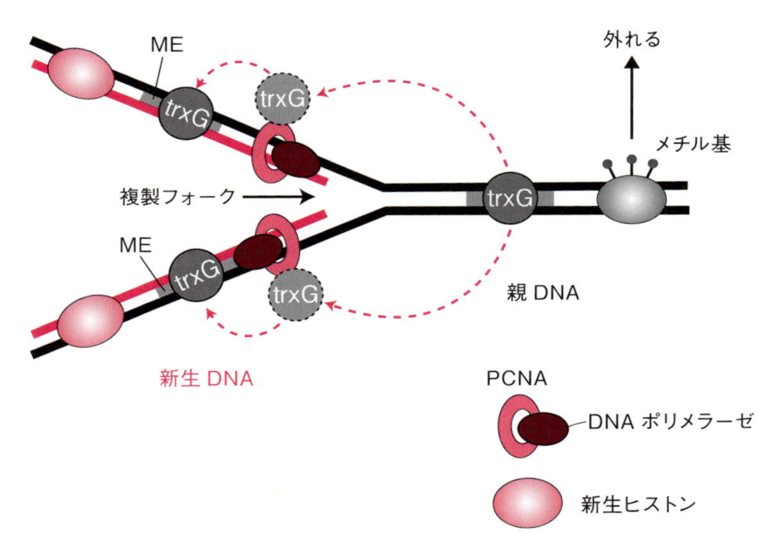

図3.27　細胞メモリーはPcGやtrxGによって維持される
ショウジョウバエの複製フォークの図．PcG，trxGタンパク質は一時的にPCNAと結合する．ついで，PcG，trxGタンパク質は複製のあいだにME＊3-63に移動する．H3K4me3やH3K27me3などにおけるヒストンのメチル化修飾は複製前に取り除かれ，改めて新生DNA上でPcGやtrxGタンパク質により行われる．図ではtrxGタンパク質のみが記されている．

＊3-63　ME (maintenance element)．この論文では，PRE (Polycomb response element) とTRE (trithorax response element) をまとめてMEと呼んでいる．

結合している」ことを示す．この複製フォーククロマチン断片はどのようなヒストンを含んでいるだろうか．これを知るには，PCNA 抗体による一回目の免疫沈降物を各ヒストン抗体で免疫沈降し，沈殿物からの DNA について各 ME を標的とした PCR を行えばよい．結果は，この複製フォーク断片には無修飾の H3 や H2B が認められたが，H3K27me3 や H3K4me3 などのメチル化ヒストンは認められなかった．つまり，複製前のクロマチンに結合していたメチル化ヒストンは無修飾ヒストンに置き換わっていた，ことになる．この結果は，①で述べた細胞遺伝学的実験の結果と一致する．以上の結果をまとめて図示したのが図 3.27 である．

彼らの結果は，細胞メモリーのキャリヤーが H3K4me3 や H3K27me3 などの修飾ヒストンである，という主張と相反する．ショウジョウバエでの結果が果たして他の生物，特に哺乳動物にも当てはまるかどうかはわからない．PcG や trxG が多くの生物において構造的ホモログが同定されているにも拘らず，ショウジョウバエで見つかっている PRE や TRE が他の生物では見つからないのはなぜなのだろう．脊椎動物における細胞メモリーの分子レベルでの解明は今後の問題である．

3.6.5 「M 期越え」問題

細胞分裂において，エピゲノムが娘細胞に無事に引き継がれるために越えねばならないもう 1 つの山は M 期である．これまでの記述には，S 期，M 期を区別せずに細胞分裂前後の細胞メモリーを論じたものもあった．ここでは，「M 期越え」問題を見てみよう．M 期にはクロマチンの大幅な凝縮，核膜の崩壊，転写の停止が起こる．間期のユークロマチンにおいて DNA は約 30 倍凝縮されているが，中期染色体ではさらに約 300 倍の凝縮を受ける．同時に転写因子やクロマチン制御タンパク質がクロマチンから離脱する．これらの過程は Cdc2-cyclinB キナーゼによるヒストン，構造タンパク質，レプレッサー，転写装置の直接的および間接的なリン酸化により開始される．同時に PcG タンパク質や trxG タンパク質もリン酸化される．

イメージ解析，FRAP 解析＊3-64，ChIP 解析などの方法を用いて PcG タンパク質や trxG タンパク質が M 期クロマチンに結合しているという報告は多い．M 期後の遺伝子発現に即座に対応できる体制にあると解釈される．PcG タンパク質は M 期後の転写をサイレンス状態に維持するために，trxG タンパク質は M 期で停止された転写を再活性化するために，準備万端整えた状態と見ることができる．

3.6.6　ノンコーディング RNA と細胞メモリー

今日，エピジェネティクスにおけるプレイヤーとして続々とその証拠が挙がっているノンコーディング RNA（ncRNA）は，細胞メモリーに関与していないだろうか．多くの PcG タンパク質結合部位が長鎖 ncRNA として転写されることがわかっている．そのいくつかは PcG タンパク質や trxG タンパク質をリクルートする働きをしていることが示されている．これらの ncRNA がエピジェネティック・メモリーのキャリヤーである可能性がある．そのためにはこれらの ncRNA が M 期を越える必要があるが，支持する証拠はまだ無い．ncRNA の細胞メモリーへの関与については今後の問題である．

3.7　世代を越えてのエピゲノム遺伝

生物の一生を通じて確立されたエピゲノムは次の世代には何の寄与もしない，つまり，精子および卵のゲノムのみが次の世代の表現型に対するポテンシャルを保持すると考えられてきた．そのため，世代ごとにエピゲノム状態を完全に消去するリプログラミングという精巧なメカニズムが確立されている．リプログラミングは初期胚の自由度，全能性を保証するために必須の方策であると言えよう．

＊3-64　FRAP 解析（fluorescence recovery after photobleaching，光褪色後蛍光回復法）は，細胞の一部をレーザー照射により褪色させた後，蛍光の回復を観察することにより細胞中の分子の動きを見る手法の１つ．分子の動きが速いほど蛍光の回復が早いので，回復するスピードから周りの分子の動きがわかる．

しかし，歴史的にはいくつかのケースでこのメカニズムが機能しないことがわかっていた＊[3-65]．最近の研究により，エピゲノムがリプログラミングをバイパスして次の世代に受け継がれる例が次々と見いだされている．精子形成において，ヒストンはすべてプロタミンにより置換されると考えられてきたが，ある種のヒストン修飾が精子DNAに残存するという証拠もある．ヒストン修飾酵素が受精卵に存在することを根拠に，エピゲノムが次世代に伝達される可能性をテストする価値があると主張する研究者もいる．

エピゲノムは化学物質，栄養条件，ストレス，さらに温度などの環境要因によって可塑的に影響を受け，エピミューテイション＊[3-66]として生涯を通じて維持される．エピミューテイションは時としてそれが次世代以降へと伝達されるケースが続々と報告されている．このような現象が一般的であるならば，生涯において遭遇するいろいろな環境要因の痕跡が子や孫に遺伝することになるし，また，現在のわれわれのエピゲノムはご先祖様のエピミューテイションの蓄積であることを意味する．もしそうならば，エピジェネティック・マークの本性に関する現在のモデルを大幅に修正する必要がある．

3.7.1　ショウジョウバエの細胞メモリーモジュール（CMM）

Giacomo Cavalli と Renato Paro (1998) は，ショウジョウバエのポリコーム・レスポンス・エレメント（PRE）である *Fab7* を *UAS-lacZ-miniwhite* の上流に挿入したレポーター・コンストラクトを *hsp70-GAL4* をもつショウジョウバエに導入してトランスジェニック・ショウジョウバエを作製した．このレポーターでは，*Fab7* に結合したポリコームタンパク質のため *lacZ* や *white* トランスジーンの発現が抑制されている．そこで，このショウジョウバエに

＊3-65　「生態進化発生学」（原著：“Ecological Developmental Biology” by Scott F. Gilbert and David Epel）（正木進三，竹田真木生，田中誠二訳，東海大学出版会）の372-373頁には，「動植物界において世代を越えてエピジェネティックに伝達される表現型の例」が列挙されている．本稿では，そのいくつかについて詳述する．

＊3-66　エピゲノムのエピジェネティック修飾が変化することをエピミューテイションと呼ぶ．

ヒートショックをかけると，産生するGAL4により*UAS*が刺激されポリコームタンパク質によるトランスジーンの抑制が解除され*lacZ*や*white*の発現が活性化された．活性化状態は細胞分裂を何回経ても安定に維持された．これはごく普通のエピジェネティクス現象である．驚いたことには，この活性化状態はGAL4の誘導が無い状態で減数分裂を経て4世代以上にわたって維持された．この現象は*Fab7*が存在しないと見られず，*Fab7*はエピジェネティックに決定された状態をメモリーする染色体エレメントと考えられる．彼らは*Fab7*をcellular memory module（CMM）と名づけた．

3.7.2　マウスの*agouti*遺伝子

3.3.3項で述べたマウスA^{vy}系統にここで再登場してもらう．A^{vy}/aヘテロマウスの毛色は，A^{vy}がaに対して優性であるにも拘らず，黄色，まだら（偽agoutiと黄色の混ざったもの），偽agoutiと連続的にばらついた．その理由は，IAPトランスポゾンのメチル化の有無によるものであった．

Emma Whitelawらは，$A^{vy}/a \times a/a$の掛け合わせをいろいろと試みた．すると不思議なことが観察された．A^{vy}/aとして，黄色，まだら，偽agoutiのメスを用いた場合の仔マウスの分布が図3.28である．図から明らかなように，母親の毛色が仔マウスの毛色に影響を与えることが読み取れる（図3.28(a)）．母親とその母親も偽agoutiの場合，偽agoutiの割合は，母親のみが偽agoutiの場合より有意に高い．母性効果に対して祖母性効果とも言えよう（図3.28(c)）．この傾向はA^{vy}/aとしてオスを用いた場合は見られない（図3.28(b)）．この結果は，その当時までG. L. Wolff（1978）により子宮内環境による母性効果と考えられていた．Whitelawらは，これをテストするため，黄色のメスからの受精卵を偽妊娠したa/aのメスの子宮に移植した．生まれた仔マウスの分布が図3.28(d)である．黄色，まだら，偽agoutiの分布が，a/aの子宮環境に影響されず図3.28(a)の分布とほとんど同じであることがわかる．この結果を解釈する1つの可能性は，母親のA^{vy}アレルに書かれたエピジェネティック・マークの除去が十分になされず仔マウスの一部に伝わった，というものである．「世代を越えてのエピゲノム遺伝」の例となる．

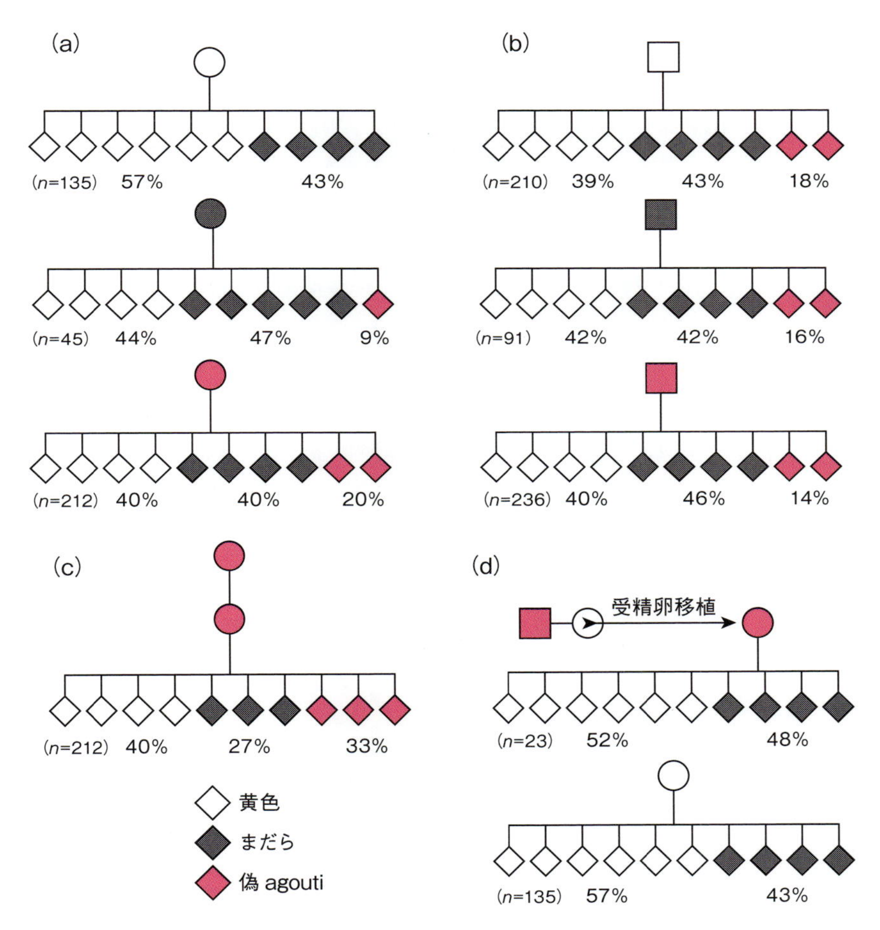

図 3.28　A^{vy}/a × a/a 掛け合わせにより得られた仔マウスの表現型（毛色）

A^{vy}/a 仔マウスの数のみを示し，a/a 仔マウスの数は除外した．丸は母親，四角は父親を表わす．

(a) A^{vy}/a × a/a 掛け合わせにおいて A^{vy}/a が母親の場合，その毛色パターンが仔マウスの毛色パターンに影響を及ぼしている．(b) A^{vy}/a × a/a 掛け合わせにおいて A^{vy}/a が父親の場合，毛色パターンの片よりは見られない．(c) 母親とその母親も偽 agouti の場合，偽 agouti の仔マウスの割合は母親のみが偽 agouti の場合より有意に高い．(d) 黄色の A^{vy}/a 母親からの受精卵を偽妊娠状態の a/a メスマウスの子宮に移植した．このような実験により生まれたマウスの毛色パターン分布は，図 (a) の分布とほぼ同じであった．比較のため，図の下方には図 (a) の一部を再度示す．［Morgan, H. D. *et al.* (1999) Nat. Genet., **23**: 314-318 より改変して引用］

もう1つの例として$Axin^{Fu}$（Axin fused）遺伝子の場合，A^{vy}/aと同様にIAPレトロトランスポゾンのメチル化により転写が左右され尾が曲がる表現型を示す．この場合には，$Axin^{Fu}/a$がオス，メスの由来にかかわらず$Axin^{Fu}/a \times a/a$による仔マウスの表現型が親の表現型の影響を受ける．

3.7.3　パラミューテイション

メンデルの遺伝法則によると，一方のアレルが他方のアレルに影響を与えることはない．しかし，この一般則に反するパラミューテイション（paramutation）と呼ばれる現象が知られている．これは特定の遺伝子において相同なアレル（エピアレル[*3-67]）がクロストークし，一方のアレルが他方のアレルの塩基配列を変えることなく発現状態を変化させ，かつその状態が「世代を越えて」伝わる現象である．

3.7.3a　トウモロコシ

パラミューテイションは，古くは1915年，エンドウにおいて，また，1956年，トウモロコシの*R*遺伝子座の特定のアレルの遺伝様式において見いだされた．ここではトウモロコシのアントシアニン生合成に関わる*b1*遺伝子座について説明する（図3.29）．パラミューテイションを示すのは，*b1*遺伝子座の特定のアレル*B-I*と*B'*で両者は同一の塩基配列をもつ．*B-I*では*b1*遺伝子の発現により濃いムラサキ色となり，*B'*では*b1*遺伝子の発現が弱く色素の少ない緑色となる．*B-I*と*B'*のヘテロ接合体では，*B-I*アレルの転写が抑制され，表現型は*B'*の色素の少ない緑色となる．*B-I*から*B'*へ変化したアレルは*B'**と記す．これは上流のタンデム・リピート部位でのアレル間のクロストークにより起こると考えられる．クロストークと言うものの，仕掛ける側と受ける側が逆転することはなくトークは一方的である．重要なことは，新しい*B'*エピアレル，つまり*B'**アレルの抑制状態は細胞分裂や，さらに減数分裂を経ても安定で，ふたたび*B-I*アレルをもつトウモロコシと掛け合わせると，*B-I*を*B'**に変化させる能力を維持することである（図3.29(b)）．「世

＊3-67　エピゲノム状態にあるアレルをエピアレルと呼ぶ．

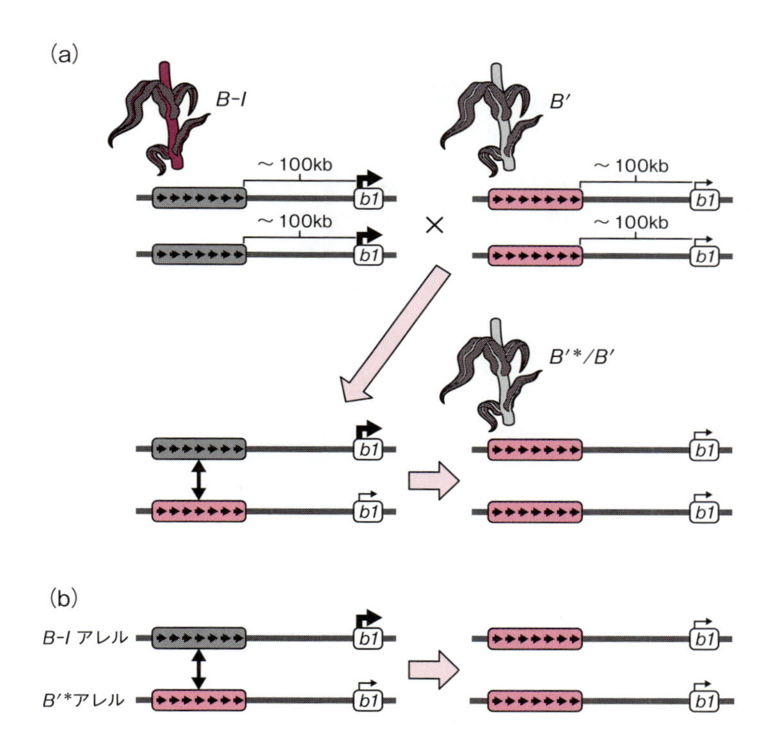

図 3.29　トウモロコシにおけるパラミューテイション

(a) *b1* アレルはムラサキ色アントシアニンを合成するので *B-I* 表現型は *b1* の発現により濃いムラサキ色を呈し，*B′* 表現型は *b1* の発現が弱く色素の少ない緑色となる．本図では 2 色印刷のため「濃いムラサキ色」を「濃い赤」で，「色素の少ない緑色」を「薄い灰色」で表している．この両植物体を掛け合わせると，*B-I* アレルは *B′* アレルからの働きかけにより *B′* の表現型に変化し *b1* の発現が抑制される．変化した *B′* アレルは *B′* * と記述する．(b) *B′* * は有糸分裂，減数分裂を経ても，*B-I* アレルを *B′* * に変換する能力を維持している．

代を越えてのエピゲノム遺伝」の例である．

そのメカニズムは？　全貌はわかっていないが，断片的な知見を記述する．*b1* 転写開始点の約 100 kb 上流のタンデム・リピートの回数が関与しているらしい．なぜなら，これが 7 個だとパラミューテイションは強く，3 個だと中程度，1 個ではまったく起こらない．コード領域やプロモーター領域での DNA メチル化の差は認められないが，タンデム・リピート領域では *B'* アレルの方がメチル化の度合いが高く，*B-I* から *B'** への変化において *de novo* のメチル化が起こることがわかっている．タンデム・リピート領域では，クロマチン構造に DNase 感受性による違いが認められ，ChIP 解析からは H3 のアセチル化やメチル化に違いが認められる．たとえば，*B'* のコード領域には遺伝子抑制状態を反映して H3K27me2 が認められる．リピート配列からの siRNA（small interfering RNA）の転写も示された．siRNA が重要な役割をもつことは，その合成に関わる RNA ポリメラーゼの突然変異ではパラミューテイションを示さないことからも推察される．RNA 依存ヒストン修飾や RNA 依存 DNA メチル化の関与も示唆されている．

3.7.3b　マウス

マウスにおいては，トランスジーンと野生型アレルがクロストークを行いトウモロコシに似たような現象が起こる．チロシン・キナーゼ・レセプター遺伝子 *Kit* の ATG の下流に *lacZ-neo* カセットを挿入したコンストラクトを用いてトランスジェニック・マウスを作製した．このマウスでは，チロシン・キナーゼ・レセプターの合成阻害が見られ，ホモマウスは致死，ヘテロマウスは尾の先端と四肢が白くなる変異表現型を示す．ヘテロマウスどうしの掛け合わせにより生まれた 57 匹の表現型は，変異型が 54 匹，野生型が 3 匹であった．変異型 54 匹のうち 24 匹は *lacZ-neo* をもたない野生型の遺伝子型を示した．このように遺伝子型は野生型で変異表現型を示すマウスをパラ変異体と呼び *Kit** で表す．この結果は配偶子形成過程で変異型アレルが野生型アレルに働きかけて変異表現型を示すように変化させたことを示す（図 3.30(a)）．*Kit** の出現はヘテロマウスと野生型の掛け合わせでも，また，変異アレルのない *Kit** × $Kit^{+/+}$ あるいは *Kit** × *Kit** の掛け合わせにおいて

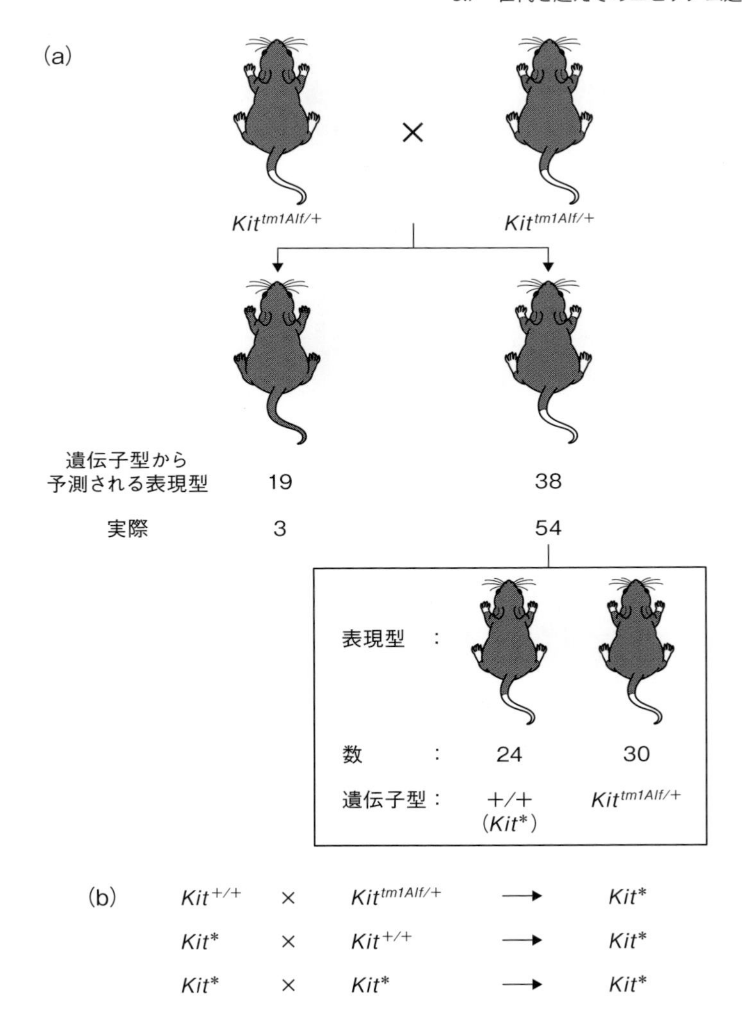

図 3.30　マウスに見られるパラミューテイション

(a) ヘテロマウスどうしの掛け合わせ（$Kit^{tm1Alf/+}$ × $Kit^{tm1Alf/+}$）により 57 匹のマウスが得られた．ホモマウス（$Kit^{tm1Alf/tm1Alf}$）は致死であることから，メンデルの法則により予測される表現型は，変異型が 38 匹，野生型が 19 匹である．しかし実際の結果は，変異型が 54 匹，野生型が 3 匹であった．そして，変異型 54 匹のうち 24 匹は *lacZ-neo* をもたない野生型遺伝子型を示した．遺伝子型が野生型で表現型が変異型を示すマウスを Kit^* と呼ぶ．(b) Kit^* の出現はヘテロマウスと野生型の掛け合わせでも，また，変異アレルのない Kit^* × $Kit^{+/+}$ あるいは Kit^* × Kit^* の掛け合わせにおいても観察された．

も観察された（図 3.30(b)）．しかし，掛け合わせを続けると次第にその効果は消失した．「世代を越えてのエピゲノム遺伝」の例である．

メカニズムは？　*Kit* プロモーター領域の DNA メチル化やヒストンメチル化を調べたが，野生型，ヘテロマウス，*Kit**マウス間で差は認められなかった．*Kit**マウスでの *Kit* メッセンジャー RNA のレベルは，野生型のアレルをもつのにもかかわらず野生型の半分であった．また，異常なサイズの *Kit* メッセンジャー RNA の蓄積が認められ，この現象に RNA の関与が考えられた．ヘテロマウスや *Kit** マウスでは，精子に RNA が存在することから RNA の受精卵への移行がパラミューテイションを引き起こすシグナルではないかと考えた．そこで，*Kit**マウスからの RNA を受精卵に導入したところ，50％近くが変異表現型を示した．この結果と，ヘテロマウスには異常サイズの RNA が存在することから，パラミューテイションは *Kit* RNA の部分分解産物により誘導されると考えられた．この過程には，マイクロ RNA の miR221 や miR222 が関与していることも示された．これらの RNA 種がいかにしてパラミューテイションを引き起こすかはまったく不明である．精子はオスのハプロイドゲノムの単なる運搬者ではなく，RNA の形でより多くの情報を運んでいることを示唆する．いずれにしてもパラミューテイションの現象は未解決問題にあふれている．

3.7.4　環境とエピゲノム

生物は常に環境の影響にさらされている．栄養条件，内分泌撹乱物質など化学物質，社会でのストレス，腸内微生物叢などのマイクロバイオームやバイローム[*3-68]，さらには酷暑など種々雑多である．これらの要因による影響はエピミューテイションとして固定化され，一生を通じて維持され，あるものは世代を越えて受け継がれる．21 世紀に入りスピードアップされたエピジェネティクス研究により，環境因子の影響が「世代を越えてのエピゲノム遺伝」として伝達される証拠が次々と明らかになっている．このことは，親

＊3-68　英語では virome．ウイルス全体を指す語．

のエピゲノムが「世代を越えて子や孫へと伝わる」という科学的事実を示すばかりでなく，次世代における疾患の発症リスクにも関連することが懸念されている．

環境因子とエピゲノムを考えるにあたり注意するべき点がある．それは，環境因子に曝された個体（F_0）がメスの場合，「世代を越えてのエピゲノム遺伝による表現型は F_3 世代においてはじめて検出される」ことである．F_0 個体が妊娠中の場合，胎児は F_1 世代に相当し，胎児の生殖器官では F_2 世代の生殖細胞形成が進行しており，F_1，F_2 世代がともに環境因子に曝される．F_3 世代になってはじめて F_0 に生じたエピミューテイションが「世代を越えて」伝達されたかを判断できる．F_0 がオスの場合は，精子が F_1 世代に相当する．したがって，F_0 のエピミューテイションが「世代を越えて」伝達されたかは F_2 世代において判断できる（図 3.31）．しかし，「世代を越えての

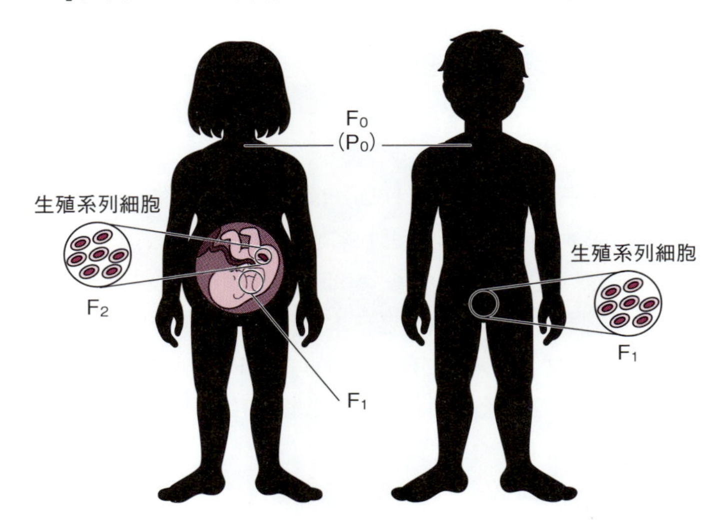

図 3.31　環境因子による「世代を越えたエピゲノム遺伝」の判断規準
妊娠した女性の場合，自身は F_0 世代，胎児は F_1 であり，胎児の生殖系列細胞は F_2 となる．これらの細胞は F_0 世代が受ける環境の影響を同時に受ける．したがって，環境因子によるエピジェネティック変化が「世代を越えたエピゲノム遺伝」によると判断されるには，少なくともその変化が F_3 世代まで維持されることが必要である．男性の場合には F_0 への影響はその生殖系列細胞（F_1）に影響を与えるが，F_2 世代は曝露されないので F_2 において判断可能である．

エピゲノム遺伝」に関する論文のなかには，必ずしもこの基準に照らした考察がなされていないものも見られる．

3.7.4a　栄養条件

「3.5節 エピジェネティクスと栄養」のところで述べたオランダ冬飢餓事件は1つの例と言えよう．妊娠初期に低栄養状態に曝されると子供の成長後の体重，肥満率，精神的な疾病へのリスクに影響することが認められた．さらに驚くべきことは，これらの低栄養効果のいくつかは子供の子供，つまり孫にまで及んでいるように見えたことである．

3.7.4b　環境化学物質

Friedrich Wöhler（1828）の尿素合成以来，実に多くの化学物質が合成されわれわれの生活を豊かにしてくれた．しかし，その一方で，その登場時には存分にもてはやされた化学物質が，実はヒトのからだに望ましくない影響を与えていたことも明らかになってきた．化学汚染とか内分泌撹乱物質などの言葉が登場した所以である．エピジェネティクス研究の進展により，環境化学物質のエピゲノムへの影響の実像と，その影響が世代を越えて伝達するという深刻な事態が明らかにされつつある．

ジエチルスチルベストロール（DES）は，1941年以降，切迫流産防止剤や更年期におけるホルモン調整剤として広く用いられた．1970年以降，胎児期にDESに曝露された女性（F_1）の95%に膣腺がんなどの特殊な腫瘍が発症する報告が続き，1971年米国と日本ではその使用を中止する勧告がなされた[＊3-69]．さらにマウス実験では，この影響がF_2世代まで及ぶことが示された．この一見「世代を越えてのエピゲノム遺伝」には，DNAメチル化パターンの変化が関与すると報告されている．

ビスフェノールA（BPA）への暴露の影響は，げっ歯類において行動と精子形成において「世代を越えてのエピゲノム遺伝」を示す．妊娠中マウスにBPAを含む食餌を与え，出生した仔マウスを別の母マウスに移した．こ

＊3-69　ヨーロッパ諸国では1978年まで使用され続けた．1994年まで使用された国もある．

の処置は真の母親からの出生後の影響を避け，BPA への曝露が出生で終わったことを確実にするためである．その結果，妊娠中の BPA への曝露は「世代を越えて」社会的行動に影響を及ぼすことが判明した．BPA は DNA メチル化に影響を及ぼし，不死化した胎盤細胞において miRNA の発現を促進する．また，BPA はヒトがん細胞やマウス乳腺において PRC2 複合体のヒストンメチル化酵素 Ezh2 の発現を促進しヒストン H3K27me3 を増加させる．これらの独立した観察は，BPA が「世代を越えてのエピゲノム遺伝」において複数のエピジェネティック・メカニズムに関与していることを示唆する．

F_0 世代におけるエピミューテイションの F_4 世代までの「世代を越えてのエピゲノム遺伝」を最初に示した環境化学物質は，1984 年以来，ブドウ園で殺菌剤として用いられてきたビンクロゾリン（vinclozolin）である．妊娠中の母親ラット（F_0）を高レベルのビンクロゾリンに曝すと，F_1 世代は精子形成能の低下，乳がん，免疫系の異常などを示し，異常は少なくとも F_4 世代まで続いた．マウスにおいても F_3 世代において，精子形成異常，腎臓異常，多嚢胞卵巣などが認められた．F_3 世代の精子のエピジェネティック・マークを調べたところ，特徴的な DNA メチル化可変領域（DMR）が同定された．メチル化の変化は，精子形成に関わる遺伝子など既知遺伝子に見られ，ある遺伝子のプロモーターにはコピー数変異＊3-70 も認められた．この知見は，環境因子によるエピミューテイションが遺伝子レベルの変化を引き起こすこと，つまり「世代を越えたエピゲノム遺伝」にはエピジェネティック変化に誘導されたジェネティック変化が協働して関与する，という仮説＊3-71 を支持する知見である．環境化学物質が生殖系列に働きかけ，「世代を越えてのエピゲノム遺伝」を促進することは，進化の観点と病気の発症機構の観点から重要な意義をもつ．

＊3-70　英語では copy number variation（CNV）と呼ばれ，あるゲノム領域（通常 1 kb 以上）のコピー数が個人間で異なること．

＊3-71　「世代を越えてのエピゲノム遺伝」におけるエピジェネティクスとジェネティクスの関連を明らかにするため，CNV や SNP（一ヌクレオチド多型）についての検討が必要であろう．

種々の環境化学物質による影響の「世代を越えてのエピゲノム遺伝」について，体系的に行われた実験を紹介しよう．ラットを4つのグループに分け，第1グループにはビスフェノールA，フタレートなどの「プラスチックス」群，第2グループには，農薬ペルメトリン，昆虫よけのディート（DEET）などの「殺虫剤」群，第3グループには，ダイオキシン，第4グループにはJP8などジェット燃料の「炭水化物」群を投与した．実験の目的は，化合物への曝露が「世代を越えてのエピゲノム遺伝」を示すかを調べることであり，曝露のリスク評価をするものではなかった．したがって，各化合物のLD50量[*3-72]の約1％を妊娠中のF_0メスに腹腔内投与し，F_1，F_2，F_3を作製した．前述のように，F_0，F_1，F_2世代の表現型は化合物の直接の影響によるもので，「世代を越えてのエピゲノム遺伝」と見なせるのはF_3以後の表現型である．

この実験では，これら化合物の思春期開始時期と生殖巣機能への影響を見ること，および精子エピゲノムの変化をDNAメチル化に関して化合物群での比較を行った．いくつかの化合物は「世代を越えて」F_3において思春期の開始を早めた．このことは，精神的および生理的影響を通じて成人における疾病リスクを高める可能性がある．生殖巣の機能に関しては，ジェット燃料により精子形成細胞のアポトーシスが促進された．ビンクロゾリンでの先行研究でも，「世代を越えた」精子形成細胞のアポトーシスが観察されている．世界の多くの地域で精子数の減少による雄性不妊が増加しているが，環境因子による「世代を越えてのエピゲノム遺伝」に起因している可能性は検討に値する．卵巣機能に関しては，すべての化合物で濾胞細胞の数，さらに原始卵胞プール[*3-73]の縮小を示した．原始卵胞プールは胎生期から発生初期に形成され，その後加齢とともに減少し，プールが枯渇すると閉経期に入る．

＊3-72　LD50（lethal dose 50：50％致死量）．動物に試験物質を投与した場合に，動物の半数を死亡させる試験物質の量．

＊3-73　原始卵胞とは卵形成の一過程にある卵母細胞で，将来排卵される卵子プールを形成している．生まれつき女性の卵巣はおよそ700万の卵胞を含んでいるが，出生後200万に減り，思春期には30万に減り，最終的にはたった400の卵胞だけが排卵前段階へ到達する．

原始卵胞細胞の早期における喪失は早期閉経（premature ovarian failure, POF）を誘発し，世界レベルでの不妊の原因となっている．従来，女性の不妊と早期閉経は遺伝的なものと考えられていたが，この研究により環境因子の影響の「世代を越えてのエピゲノム遺伝」がその主因の１つであることが判明した．環境エピジェネティクスと「世代を越えてのエピゲノム遺伝」は，生殖系疾患や他の疾患の病因を考察する上で重要な観点となることが示されたといえよう．

この実験では，さらに各物質群への曝露による F_3 精子のエピゲノムの変化をゲノムワイドの DMR パターンで記述した．興味深いことに，各物質群はオーバーラップはあるものの，指紋のように識別可能な特徴的 DMR パターンを示した（図 3.32(b)）．DMR パターンは F_0 での曝露の影響を F_3 世代において検出したもので，先立つ世代での環境因子への曝露のエピジェネティック・バイオマーカーとして見ることができよう．少なくとも，環境因子曝露に対するエピジェネティック・バイオマーカーが存在するというコンセプトを提案したと言えよう．さらに注目すべきは，精子 DMR はいわゆる CpG アイランドではなく，CpG のない領域（CpG 砂漠）内の小さな CpG のクラスターに存在していた．CpG 砂漠が CpG の高頻度の突然変異により形成されたことを考慮すると，砂漠に残された小さな CpG クラスターに DMR が存在することは，エピジェネティック制御部位が保存されることを反映しているのかも知れない．「世代を越えてのエピゲノム遺伝」の１つの鍵が DNA 配列に組み込まれているというのだろうか．

初期のビンクロゾリンやメトキシクロルでの研究では，「世代を越えてのエピゲノム遺伝は特定の化学物質に限られるのか」という議論がなされた．しかし，上述の包括的な研究では，多様な環境化合物が異なる効果をもたらしたものの，すべて「世代を越えてのエピゲノム遺伝」を示した．したがって，化学物質の種類にかかわらず，始原生殖細胞の発生や分化に影響を及ぼすならどんな化学物質でもエピジェネティック・プログラミングに影響をあたえ，「世代を越えてのエピゲノム遺伝」を示すと考えられる．

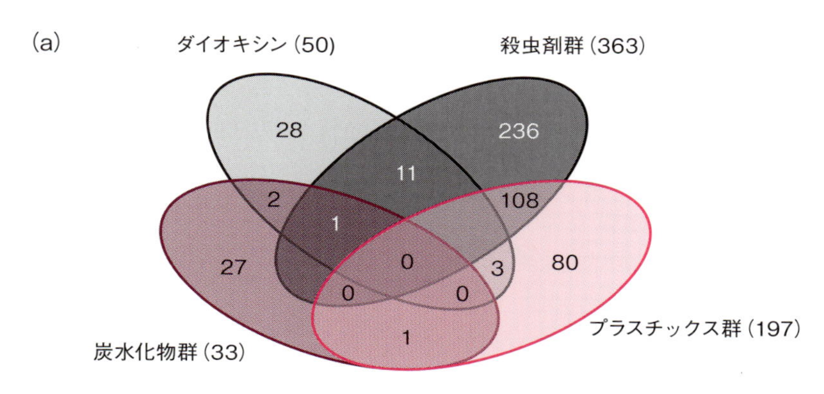

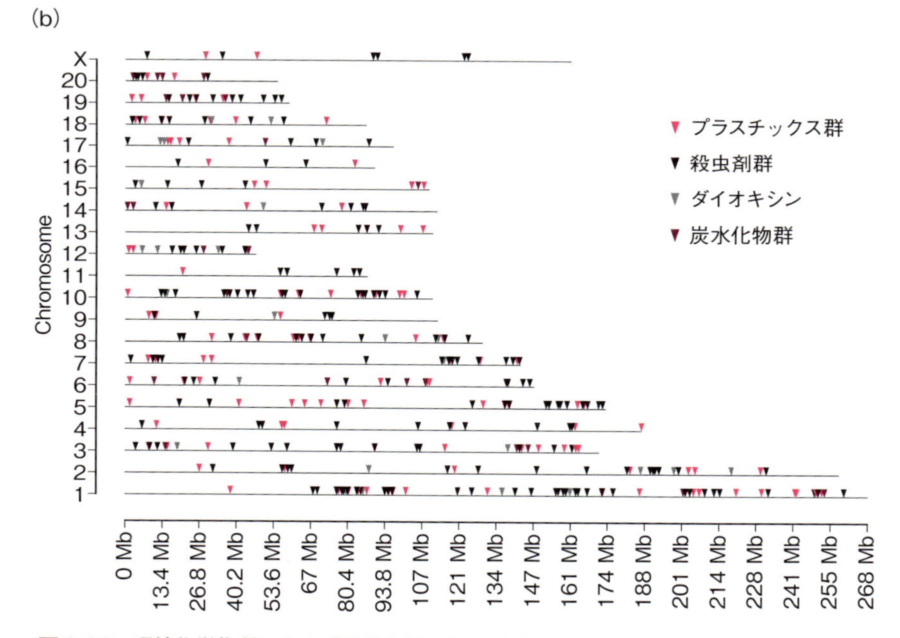

図 3.32　環境化学物質による「世代を越えたエピゲノム遺伝」

(a) 妊娠中のラット（F_0 世代）において各種環境化学物質を投与し，F_3 世代における DMR の共通性と特異性を示す Venn ダイヤグラム．Venn ダイヤグラムとは，各集合の要素の数と集合間で共通の要素を重なり合う部分で表した図．

(b) (a) における各 DMR の染色体上の位置を表したもの．このようなマップは，化学物質によるエピゲノム変化のバイオマーカーとして有効性をもつと考えられる．
[Manikkam, M. *et al.* (2012) PLoS One, **7**: 1-12 より改変して引用]

3.7.4c　熱ショックや高浸透圧

Ki-Hyeon Seong ら（2011）は，ショウジョウバエの初期胚に熱ショックや高浸透圧などのストレスを与えると，ヘテロクロマチン形成に必要なATF ファミリー転写因子 dATF-2 がリン酸化を受け，ヘテロクロマチンが壊れること，さらに，その状態が次世代にまで遺伝することを見いだした．しかし，ストレスの影響は子供には遺伝したが孫には遺伝することはなく，世代を越える途中で修復される．親へのストレスは子供の約 180 個の遺伝子発現に影響を及ぼし，そのうち 80％の遺伝子に H3K9me3 転写抑制シグナルや H3K4me3 転写活性化シグナルの両方が認められた．さて，特定のエピジェネティック変化がどのようにして生殖系列を通じて維持されるのだろうか．また，何によって「世代を越えてのエピゲノム遺伝」の継続が決まるのだろうか．

3.7.4d　ストレス，行動学習，恐怖条件付けなど

ストレスを受けた母親のもとに置かれたラット新生児（F_0）は，母親から虐待を受け，同時に脳由来神経栄養因子（BDNF）遺伝子のエピジェネティック・プロファイルが変化する．変化したプロファイルは F_0 から生まれた新生児（F_1）に伝達することが示された．この新生児を面倒見のよい母親に移しても元には戻らなかった．別の実験では，新生児マウスを出生から 2 週間母親から離しておくと，成長して鬱的症状を示し，かつ，その徴候は次世代まで続いた．妊娠マウスのえさにチェリーやミントを混ぜておくと，その子孫マウスはこれらの匂いを好み，かつ，匂いを感知する糸球体の嗅球の体積が増したという報告がある．ラット（F_0）にコカインを投与したところ，F_1 はコカインに拒否反応を示した．さらに，マウスで恐怖条件付けの結果が世代を越えて伝達されたケースも報告されている．

コラム 3 章⑥

家族問題となるエピゲノム遺伝！

本稿を書き終える寸前, Science 誌（2015 年 11 月 6 日号）に,「The Epigenome-a family affairs」と題する紹介記事とともに 1 つの論文が掲載された．エピゲノムがどうやら家族や家系に関わるらしい．それは，精子のヒストンメチル化を異常にすると，生まれた子供の健康や発達にその影響が及び，かつその影響は生殖系列におけるリプログラミングを免れて「世代を越えて遺伝する」ことを報じたものである．要約すると，ヒトのヒストン脱メチル化酵素 KDM1A を精子系列細胞で特異的に過剰発現するトランスジェニックマウス（Tg マウス）を作製した．その結果，精子の 2300 以上の発生関連遺伝子における H3K4me2 が消失し，かつ生まれた仔マウスの健康状態に著しい影響が見られた．さらに，掛け合わせで得たトランスジーンをもたないマウスでも同様の結果が得られた．継代によりこの影響はそれに続く幾世代にも亘って，しかもトランスジーンを欠く子孫においても持続することが判明した．本文において，化学物質，栄養条件，ストレスなど環境要因がエピミューテイションを引き起こし，それが DNA メチル化パターンの変化を伴って「世代を越えて」遺伝する例を記したが，今回の実験では DNA メチル化パターンにはなんら変化は見られていない．注目すべきは，このエピミューテイションがまず父親経由で伝達されことである．精子ではほとんどのヒストンがプロタミンに置き換わる．したがって，ごく小さなヌクレオソーム領域（ヒストン含量で見てマウスの場合，～ 1-3%）でのヒストン修飾異常の影響が「世代を越えて」遺伝したことを示している．残存ヒストンのカバーする領域が発生や遺伝に特に重要であることを示唆しているのだろうか．また，これまで出生異常の原因が多くの場合母親側にあると言われてきたが，父親ゲノムへのエピミューテイションが出生異常や後世代の健康や生存能へのインパクトをもつことになる．

「世代を越えてのエピゲノム遺伝」の研究は，ラット，マウス，ハエ，線虫などで行われ，データは多様なメカニズムを示している．これらの結果から共通のメカニズムをあぶり出して行くことは，ヒトの健康や疾病リスクの観点から重要であろう．今日までの研究成果から学ぶべきレッスンは，「われわれは，ある場合においては前世代のエピゲノムを受け取り，それに良きにつけ悪しきにつけ変化を加え，次世代に渡す立場にある」という認識であろう．それにしても，一体どの程度のエピゲノムが「世代を越えてのエピゲノム遺伝」を示すのだろうか．また，「世代を越えてのエピゲノム遺伝」は永遠に累積するのだろうか．あるエピジェネティクス研究者は，「3 世代先までぐらいだろう」と予言している．果たしてどうだろう．いずれにしても「世代を越えてのエピゲノム遺伝」は，まさに家族問題にもなってきたようで，現在もっともホットなエピジェネティクスの分野であると言ってよい．

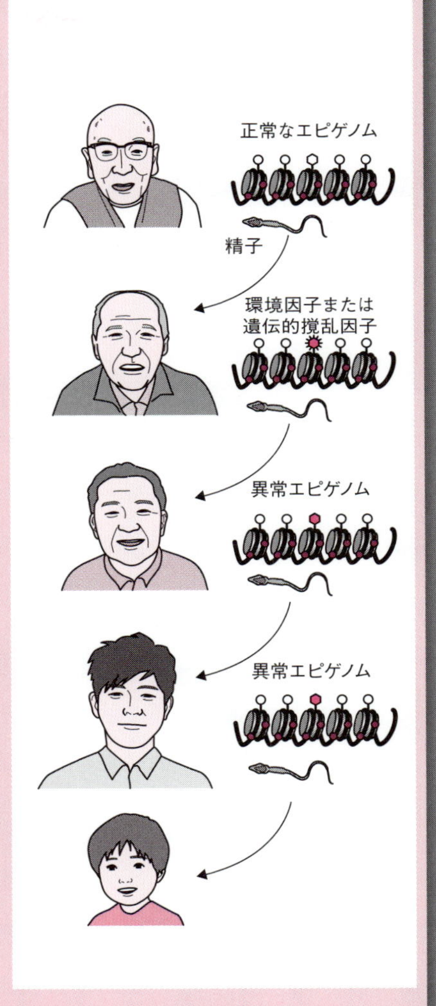

4章　エピジェネティクスと病気

東中川　徹

エピジェネティック制御は，生物の正常な細胞機能にとって本質的に重要である．したがって，ヒトの病気の発症の一因はエピジェネティック・メカニズムの異常によると考えられる．がんや神経・精神疾患などの発症や進行に，エピジェネティック制御の乱れが関与していることがわかってきた．エピジェネティック・プロファイルが発症を予想するバイオマーカーとして役立つこともある．環境からのストレスも疾患リスクを高めたり疾患の直接の原因ともなる．エピジェネティクスが臨床研究や創薬においても重要となっている．

4.1　エピジェネティック制御因子異常による疾患

エピジェネティック制御とは，クロマチンにエピジェネティック・マークを「書き込む」（DNA メチル化，ヒストンアセチル化，ヒストンメチル化，ヒストンリン酸化，ユビキチン化など），マークを「読み取る」（メチル化 DNA 結合タンパク質など），マークを「除去する」（DNA 脱メチル化，ヒストン脱アセチル化，脱メチル化，脱リン酸化など）などの反応であり，さらに，ヌクレオソームの「リモデリング」による制御がある．これらの反応の異常は単独でも疾患につながるが，複合的に働いて多因子性疾患を引き起こすことがある．次世代シークエンス法[*4-1]により次々と明らかにされる異常による疾患に共通しているのは認知障害や知的障害であり，脳の発達と機能

＊4-1　サンガーシークエンシング法を「第一世代シークエンシング法」と呼び，それと対比して作られた用語．次世代シークエンシング法はサンガー法とはまったく異なる新しい原理に基づく手法である．これによりゲノムの解析能力はケタ違いにアップし，疾患の原因遺伝子が次々と明らかにされつつある．さらに次々世代シークエンシング法の開発も試みられている．

にエピジェネティック制御がきわめて重要であることが示唆されている.

4.1.1　DNA メチル化異常症

DNA メチル化の異常は先天性および後天性疾患の原因となる. 先天性疾患の例として, 1 型 ICF 症候群＊4-2 がある. 免疫不全, セントロメア不安定性, 顔貌異常などを主徴とする常染色体劣性疾患で, 患者の 60％に *de novo* DNA メチル化酵素遺伝子 *DNMT3B* の変異が見られる. リンパ球の恒常的ヘテロクロマチンのサテライト 2・3 配列の低メチル化により診断される. 2 型 ICF 症候群の半数では DNA メチル化に関与すると考えられている *ZBTB24* の変異が報告されている. 最近, ICF 症候群に 3 型と 4 型が見つかり原因遺伝子も同定された. 1 型遺伝性感覚自律神経性ニューロパチーにおいては *DNMT1* の異常が報告されている. 主徴は進行性の四肢遠位部の痛覚喪失, 感染症などである. 変異の詳細は調べられているが発症のメカニズムは不明である. DNA メチル化異常による後天性疾患としては, 急性骨髄性白血病（AML）, 骨髄異形成症候群（MDS）および T 細胞リンパ腫がある. AML において *DNMT3A* の変異が見つかっているが, 予想に反してゲノムの大部分でのメチル化レベルの低下は認められず, *DNMT3A* の変異と AML 発症との関係は不明である. *DNMT3A* の変異は T 細胞リンパ腫でも報告されている. その多くで, 5- メチルシトシンを 5- ヒドロキシメチルシトシンに変換する水酸化酵素 *TET2* 遺伝子の変異も同時に見つかっている. このため, *DNMT3A* 遺伝子と *TET2* 遺伝子の両方に変異を有する T リンパ腫では, DNA メチル化 / 脱メチル化が異常になっていると考えられる. DNA 上の 5mC は TET ファミリータンパク質により酸化され, 5hmC, 5fC, 5caC に変換されるが＊4-3, これらの中間体のうち 5hmC については病気との関連が報告されている.

＊4-2　ICF1：immunodeficiency, centromere instability, facial anomalies syndrome 1

＊4-3　5mC（5- メチルシトシン）, 5hmC（5- ヒドロキシメチルシトシン）, 5fC（5- フォルミルシトシン）, 5caC（5- カルボキシシトシン）など DNA メチル化のバリアントである.

4.1.2　メチル化 DNA 結合タンパク質異常症

メチル化DNA結合タンパク質をコードする*MECP2*の変異は，重篤な神経発達障害であるレット症候群（RTT）をはじめ，自閉症，双極性障害，統合失調症などを引き起こす．RTTは1966年，ウイーンの小児科医Andreas Rettにより初めて報告された．1999年，RTT患者の多くに*MECP2*遺伝子の変異が見いだされ，それ以来，MECP2はDNAメチル化と脳機能を結ぶ分子として多くの研究がなされた．RTTはおもに女児に見られる進行性神経発達障害である．300以上の塩基置換が報告されている．RTTモデルとして全身的*MeCP2*ノックアウトマウス，中枢神経特異的*MeCP2*ノックアウトマウス，およびRTT患者で見られるC末端欠失を擬したモデルマウスによる研究が進められている．

4.1.3　ヒストン修飾異常症

ヒストン修飾の「書き手」はヒストン・メチル基転移酵素（HMT），ヒストンアセチル基転移酵素（HAT），キナーゼ類で，「消し手」はリシン脱メチル化酵素（KDMs），ヒストン脱アセチル化酵素（HDAC），フォスファターゼなどである．

Rubinstein-Taybi症候群（RSTS）は，1963年，Jack RubinsteinとHooshang Taybiにより報告された先天的疾患である．主徴は特徴的顔貌，幅広の母指，幅広い手足指，精神発達遅滞などである．原因遺伝子はCREB結合タンパク質遺伝子（*CBPBP*または*CBP*）（～50％）と*EP300*（～3％）である．CBPとEP300はともにヒストンアセチル基転移酵素である．この症候群は，Floating-Harbor症候群と一部オーバーラップした症状を呈する．Floating-Harbor症候群はCBPのコアクチベーターである*SRCAP*遺伝子の変異で生ずる．似たような標的遺伝子の変異が異なる疾患を引き起こす例である．Kabuki（歌舞伎）症候群は，1981年，Akio NiikawaらとYoshikazu Kurokiらによって独立に報告されNiikawa-Kuroki症候群とも呼ばれる．患者に見られる切れ長の目が歌舞伎役者の化粧を思わせることからこの名がつけられた．特徴的顔貌，骨格異常，精神遅滞など合併症を主徴とする奇形症候群である．Kabuki-1 と Kabuki-2 がある．Kabuki-1 は H3K4me2/3 修飾に関わる *MLL2* の変異により，Kabuki-2 は H3K27me2/3 の脱メチル化に関与する *KDM6A* の変異で生ずる．いろいろな細胞タイプで H3K4 と H3K27 のメチル化は同じ遺伝子に存在することが示されており，MLL2 と KDM6A は同じ遺伝子セットを標的にしていると考えられる．Say-Barber-Biesecker-Young-Simpson 症候群 /Genitopatellar 症候群は，特異顔貌，甲状腺機能低下症，重度精神遅滞を主徴とする奇形症候群である．原因遺伝子が不明のまま複数の症例報告がなされたため長い病名となった．同定された原因遺伝子は *KAT6B* でヒストンアセチル基転移酵素をコードする．Kleefstra 症候群は，知能障害，小児期筋緊張低下先天性心疾患，特異顔貌などを主徴とする先天奇形症候群である．euchromatin histone methyltransferase 1 遺伝子（*EHMT1*）が原因遺伝子である．EHMT1 は G9a に似た H3K9 メチル基転移酵素の 1 つで，E2F-6 やポリコーム遺伝子群タンパク質と複合体を形成する．

ヒストン修飾の「消し手」異常も疾患を引き起こす．Kabuki-2 についてはすでに述べた．MRXSCJ ＊4-4 は，精神遅滞，低身長，けいれんなどを主徴とし，原因遺伝子は H3K4 のメチル基を脱メチル化する *KDM5C* である．BDMR症候群＊4-5 は *HDAC4* の欠失あるいはその変異を原因とする．知的障害，発育遅延，顔貌異常，骨格異常，自閉症スペクトラム障害などを示す．

4.1.4　クロマチン・リモデリング異常症

2014 年までに 12 の疾患が報告されている．いくつか見てみよう．CHARGE 症候群は，C-coloboma of iris（網膜の部分欠損），H-heart malformations（心奇形），A-atresia choanae（後鼻孔閉鎖），R-retarded growth and mental development（成長障害・発達遅滞），G-genital hypoplasia（外陰部低形

＊ 4-4　MRXSCJ（mental retardation, X-linked, syndromic, Claes-Jensen type）．精神遅滞，X 連鎖性，症候群性，Claes-Jensen 型．

＊ 4-5　BDMR（brachydactyly mental retardation）症候群．短指症精神遅滞症候群．

成），E-ear anomalies and deafness（耳奇形・難聴）を主徴とし，これらの頭文字をとり命名された．原因遺伝子は，2004年，chromodomain helicase DNA binding protein-7遺伝子（*CHD-7*）であると報告されたが，すべての患者に変異が見られるわけではない．Floating-Harbor症候群の原因遺伝子は*SRCAP*（SNF2-related CBP activator protein）で，H2AバリアントH2A.ZとH2BダイマーとヌクレオソームH2A/H2BとのATP依存性交換を触媒するSCRAP複合体の触媒成分をコードする．Glass症候群は，クロマチン・リモデリングに関与する*SATB2*遺伝子のヘテロ欠損体に見られる．

4.1.5　1つのエピジェネティック修飾の変化が複数の疾患に関与する

1つのクロマチン制御遺伝子における変異によって生じるエピジェネティック修飾の変化が複数の疾患に関与していることが知られている．表4.1に例をいくつか示した．その修飾のタイミングや部位，あるいはその修飾が機能獲得型か機能喪失型かにより影響が異なると考えられる．たとえば，H3K27メチル化酵素EZH2の体細胞変異ではがんを誘発するが，生殖細胞系列を介した遺伝的変異ではWeaver症候群[*4-6]を起こす．実際，Weaver症

表4.1　1つのエピジェネティック修飾の変化が複数の疾患に関与する

修飾反応	制御因子	疾患		
		生殖系列変異	体細胞変異	環境因子による変異
DNAメチル化	DNMT1	HSN1E	がん	がん，統合失調症
H3K27メチル化	EZH2	Weaver症候群	がん	がん
H3K4メチル化	MLL2	Kabuki症候群	がん，CHD	がん
ヒストンアセチル化	CBP, P300	Rubinstein-Taybi症候群	がん	がん，加齢，神経変異
クロマチンリモデリング	CHD7	CHARGE症候群	ASD，CHD，がん	未知

HSN1E：hereditary sensory neuropathy, type 1E（遺伝性感覚ニューロパチー，タイプ1E），他の略号は本文を参照．Brookes, E., Shi, Y. (2014) Annu. Rev. Genet., **48**, 237-268より改変して引用．

＊4-6　出生前からの過成長，特徴的顔貌，骨年齢促進，軽度～中度の発達障害など多彩な症状を呈する．

候群で見つかった生殖系列での変異のいくつかはがんで見つかった体細胞変異と同一であることが示されている.

4.1.6　複数のエピジェネティック制御因子が関わる疾患

疾患には1つの変異で発症するものばかりではなく，他の変異や環境因子など付加的な要因と一緒になって発症する場合がある．それらは多因子性疾患と呼ばれる．高性能シークエンシング法により，がん，自閉症，統合失調症，先天性心疾患（CHD）[＊4-7]など多因子性疾患の遺伝子解析が進められ，その病因としてエピジェネティック制御因子の遺伝子異常が報告されている．多く見られるのが *de novo* 変異[＊4-8]で，生殖系列，胚発生，または特定の体細胞でDNA複製エラーやUV照射などで誘起される．特に父親の生殖系列での変異が *de novo* 変異の主な原因であることは注目に値する．男性が長期にわたり精子形成をすることと関連して，父親の年齢と子供の *de novo* 変異との間に強い正の相関のあることが示されている．たとえば，父親の年齢と子供のASD（autism spectrum disorder，自閉症スペクトラム障害）[＊4-9]や統合失調症などの発症との相関が示されている.

先天性心疾患CHDはよく見られる出生障害であり，多くの変異と環境の影響が報告されている多因子性疾患である．最近，全エクソーム・シークエンシング法[＊4-10]により，エピジェネティック制御因子遺伝子に多くの *de novo* CHD変異が同定された．変異遺伝子として，H3K4メチル化を制御する *MLL2*，*KDM6A* などが，またH3K4メチル化に必要なH2BK120のユビ

＊4-7　congenital heart disease.

＊4-8　*de novo* とはラテン語で「新たに」を意味する．*de novo* 変異とは親から受け継いだ変異ではなく，ある個体において新しく発生した変異.

＊4-9　ASDとは，自閉症，アスペルガー症候群などの広汎性発達障害を含む障害単位．自閉症とは，コミュニケーションの障害と精神遅滞を伴う神経発達障害の1つである．アスペルガー症候群も自閉症の一種である.

＊4-10　タンパク質をコードするDNA部分全体（全エクソーム）の塩基配列を決定すること.

キチン化に関わる遺伝子などがある．クロマチン制御がCHDの原因となっていることは明らかであるが，標的遺伝子やメカニズムはわかっていない．ASDは，社会性，行動，コミュニケーションなど神経発生上の異常を示す多因子性疾患である．ASDではATP依存性クロモドメイン・ヘリカーゼをコードする*CHD8*に変異が見られる．CHD8はH3K4メチル基転移酵素と複合体を作り，クロマチンへこの複合体をリクルートする．また，CHD8はCHD7と結合し，*CHD7*における変異はCHARGE症候群の原因となり，CHARGE症候群の患者の3分の2がASDを伴っている．さらに，他のクロマチン制御因子遺伝子での*de novo*変異がASDやID[*4-11]などの神経発生上の疾患において報告されている．

腫瘍組織と対応する正常組織のDNA配列の比較から，がんに関連するクロマチン制御因子遺伝子の変異が同定されている．がんでは多くのエピジェネティック経路が相互に作用してクロマチン構造の変化を通じて遺伝子発現の制御異常をもたらすという図式が明らかになってきた．変異は，*DNMT3A*などのDNA修飾因子，5mCを5hmCに変換する*TET2*遺伝子，脱メチル化に関与する*LSD1*などヒストン修飾因子遺伝子，コアヒストンをコードする遺伝子などで見つかっている．

4.2 X染色体不活性化異常による疾患

X染色体不活性化のメインプレイヤーである*XIST*は，発生初期におけるX染色体不活性化の成立以後においても重要である．X染色体不活性化は数百の遺伝子をサイレンスするので，その中にはがん遺伝子がいくつか含まれており，不活性化の異常は潜在的にがんを誘発する可能性がある．ある種の乳がんや卵巣がんにおいては，*XIST*発現の減少によるX染色体上の遺伝子の過剰発現が見られる．

＊4-11　intellectual disability，知的障害．

4.3　ゲノムインプリンティング異常症

ゲノムインプリンティングでは，変異形質の発現は変異遺伝子が母親由来か父親由来かにより左右される．ヒトでは以前から一群の遺伝的疾患がメンデルの法則に従わないことが知られていた．今日では，その遺伝様式の多くがゲノムインプリンティングにより説明される．

インプリンティング異常疾患の代表的なものにPrader-Willi症候群（PWS）とAngelman症候群（AS）がある．PWSとASをペアで論ずるには訳がある．PWSは1956年に報告された．新生児期には栄養補給が困難であるが，3歳過ぎから大食のため危険なほど太る．他の特徴として，小さい手足，言語発達の遅れ，不妊などが見られ，行動障害としてかんしゃくを起こす．一方，ASは1965年に報告された．重度の精神遅滞，精神薄弱を伴う．突然，理由なく笑うので昔は“Happy Puppet（幸福なあやつり人形）症候群”と呼ばれたが，蔑視のニュアンスのため現在では使われない．1980年の中頃，研究者たちはPWSとASについてゲノムにおける異常を探していた．その結果，PWSとASにおいて染色体の同じ部分，15q11-q13に約4Mbの欠失が判明した．臨床的には明確に異なる2つの疾患が同じ染色体部位の欠失によって起こることは不思議であった．やがて，この不思議は解決された．重要なことは欠失そのものではなく，PWSでは欠失染色体が父親由来で，ASでは欠失染色体が母親由来であることが判明した．この領域には父親由来，または母親由来のみで発現する遺伝子がある．その1つは脳の機能に必要で，かつ母親由来の時だけ発現する*UBE3A*遺伝子である．*UBE3A*を欠く15番染色体を母親から受け継ぐと*UBE3A*を脳で発現できずASを発症する．逆に，15q11-q13には父親由来のときだけ発現する*SNORD116*がある．*UBE3A*のときと同じシナリオで，*SNORD116*を欠く染色体を父親から受け継ぐとPWSを発症する．PWSとASを発症するもう1つの方式がある．この場合，15番染色体には欠失も突然変異もなくまったく正常である．PWSの場合，15番染色体を2本とも母親から引き継ぎ，父親からは何も引き継がない．この現象は母性片親性ダイソミーという．また，ASのいくつかのケースでは, PWSとは反対の父性片親性ダイソミーであることが判明した．この場合，15番染色体には欠失も突然変異もなくまったく正常である．

Beckwith-Wiedermann症候群（BWS）は1964年, Hans-Rudolf Wiedermannにより，また1969年，John B. Beckwithにより報告された．主徴は新生児の過成長，巨舌，臍ヘルニアなどで小児腫瘍を合併しやすい．BWS発症原因の多くは，11p15.5領域のDNAメチル化異常と父性片親性ダイソミーである．11p15.5領域には*IGF2/H19*ドメインと*KCNQ1*ドメインが存在する．発症原因の約50％を占めるのが*KCNQ1*ドメインのインプリント制御領域（ICR）のDMRの低メチル化である．*KCNQ1*ドメインは母性インプリント領域であり，母親由来のDMRが低メチル化になると母由来アレルが父型の制御を受ける．このドメインでBWS発症の原因となる遺伝子は*CDKNIC*である．この遺伝子は細胞増殖を負に制御するCDKインヒビターをコードし，細胞の増殖や分化を制御する．発症の約20％は父性片親性ダイソミーによる．BWSに対応する疾患は，Silver-Russel症候群（SRS）である．出生前後での成長遅滞のほか後期発生時における特徴的顔貌などの症状を示す．発症原因の44％が11p15.5インプリント領域のH19-DMRの低メチル化による．

4.4　環境によるエピゲノム変化による疾患

エピゲノムの異常をもたらす遺伝子変異以外に，DNAの変異を伴わずエピジェネティック・ランドスケープに影響を与え，ひいては疾患を誘発する因子もある．その1つが3.7節「世代を越えてのエピゲノム遺伝」でも述べた環境因子である．エピジェネティクスは環境とゲノムとのクロストークの場と見なすことができる．病気における環境の重要性をよく表しているのは一卵性双生児である．ゲノムは同じであるがエピゲノムは異なることが明らかになっており，アルツハイマー病，自閉症，統合失調症などの発症率において不一致を示す．

神経変性のような加齢による疾患においてクロマチンの変化が記載されている．また，幼児期のストレスがエピゲノムに変化をもたらし，その後の人生において統合失調症，双極性障害などの精神病へのリスクを高めることが分かっている．げっ歯類でも，面倒見の悪い母親に育てられた仔は成長すると鬱病や不安障害のような表現型を示す．面倒見の悪い母親に生まれた赤ん坊をその親から離し，面倒見のよい母親のもとに置くと表現型が改善されるので，メカニズムが遺伝的ではないことがわかる．ストレスによって遺伝子発現やメチル化状態が変化する多くの例が知られている．視床下部・下垂体・副腎軸（HPA 軸）[*4-12]は，逆境にうまく対応するホメオスタシスを制御している．初期にストレスを受けた動物やヒトでは HPA 軸を制御する遺伝子にエピジェネティックな変化が起きている．しかも，初期ストレスによるクロマチン変化は成長するまで持続する．

子宮内環境と成人の健康が関連するという疫学的研究がある．オランダ冬飢餓事件の例，そして DOHaD 説の主張がそれである．妊娠初期の飢餓ストレスは，DNA のメチル化状態を介して子供の精神的健康に悪影響を及ぼし，自閉症スペクトラム障害，統合失調症などへのリスクファクターとなる．「世代を越えてのエピゲノム遺伝」でも述べたが，環境から受けたエピジェネティックな変化が世代を越えて引き継がれる．父方の祖父が被った飢餓の影響が 2 世代後に肥満と心臓血管疾患として現れたという疫学的研究がある．

4.5　がんとエピジェネティクス

がん遺伝子およびがん抑制遺伝子の発見以来，がんは遺伝子の異常により発症すると考えられて来た．しかし，1990 年代半ば以降，エピジェネティックな異常の重要性が認識され，今日では，ゲノムおよびエピゲノム情報の異常の蓄積ががんを誘発することが明らかになっている．

＊4-12　視床下部・下垂体・副腎軸（hypothalamic-pituitary-adrenal axis，HPA 軸）は，ストレス応答や免疫，摂食，睡眠，情動，繁殖性行動，エネルギー代謝，サーカディアンリズムなどの体内活動を，視床下部，下垂体，副腎の間での相互作用により制御している神経内分泌系．

4.5.1　がんにおけるエピジェネティック制御因子遺伝子の変化

腫瘍組織と正常組織のDNA配列の比較から，がんに関連するクロマチン制御因子遺伝子の変異が同定されている．2014年，21種類のがん4,742例について，がん―正常ペアの全エクソーム配列の比較解析が報告された．この包括的研究により33個の新しい遺伝子が見つかった．その中には，クロマチン制御に関わる遺伝子も5個含まれている．たとえば，H3K9をメチル化する*SETDB1*や，メチル化CpG結合タンパク質をコードする*MBD1*などである．がんでは多くのエピジェネティック経路が相互に作用してクロマチン構造の変化をもたらし，遺伝子発現の制御異常をもたらすという図式が明らかになって来た．

4.5.2　がんにおけるDNAメチル化パターンの異常

がんとDNAメチル化異常との関連は早くから指摘されていた．がん細胞では，ゲノムワイドでは低メチル化を示す一方，特定のプロモーターCpGアイランドでは高メチル化を示すという二面性が認められる．低メチル化は，インプリント遺伝子やゲノムに散在するレトロトランスポゾンなど，正常状態ではメチル化により抑制されている遺伝子群を活性化し，結果としてがん関連遺伝子の活性化を引き起こすと考えられる．一方，特定プロモーターCpGに見られる高メチル化については，1989年，がん抑制遺伝子*RB*プロモーターの網膜芽細胞腫における最初の例に引き続き，種々のがん抑制遺伝子プロモーターでの高メチル化が報告された．その後，網羅的解析により，プロモーターCpGアイランドの高メチル化により細胞周期調節遺伝子，アポトーシス関連遺伝子，DNA修復酵素遺伝子などが不活性化されることが明らかとなった．ある種のがんでは，多数の遺伝子のCpGアイランドが同時に高メチル化されており，CIMP（CpG island methylator phenotypte）と呼ばれている．CIMPではがん抑制遺伝子も含めた多くの遺伝子の発現抑制が起こる．

4.5.3　がんにおけるヒストン修飾パターンの異常

ヒストンの修飾パターンが情報である，というヒストン・コード仮説の提唱以来，がんとヒストン・コード異常との関係が注目されている．ヒストンのN末修飾の多様性とその組み合わせは膨大なものであり，その複雑性のためにがん細胞でのヒストン修飾の研究のほとんどは記述的なものに留まっている．実際，1個のヌクレオソームにおいてH3のN末に2か所，H4のN末に4か所の修飾可能部位があるとすると，最大 $(2)^2 \times (2)^2 \times (4)^2 \times (4)^2 = 4{,}096$ の情報量を1ヌクレオソームがもつ計算になる．古い例では，大腸がんや白血病でのH4K16AcおよびH4K20me3の低下の報告がある．前立腺がんでは，H3K4me1，H3K9me2/3，H3Ac，H4Acの著しい低下が認められた．一方，ヒストン修飾の増加を示す場合もある．前立腺がんや胃がんではH3K27me3の増加が見られ，がん抑制遺伝子の不活性化を通じて発がんの原因となると考えられる．

4.5.4　がんとノンコーディングRNA

ノンコーディングRNA（ncRNA）が生理的および病理的に重要であることが明らかにされ，特にmicroRNA（miRNA）についての研究が進んでいる．がん細胞ではmiRNAの発現プロファイルの大幅な変化が見られ，がん遺伝子あるいはがん抑制遺伝子のように振る舞うmiRNAも多数見いだされている．がん遺伝子として機能するmiRNAはoncomirと呼ばれ，がん抑制遺伝子や細胞分化あるいはアポトーシスに関する遺伝子を抑制することでがんの成長を促進する．ある種のmiRNAはがん細胞で減少を示し，がん抑制遺伝子と同等と見なされる．たとえば，非小細胞肺がんにおいて，miR-29a，miR-29b，miR-29cの発現が抑えられている．肺がん細胞株にmiR-29を強制発現させると正常なDNAメチル化パターンの回復と，併せてがん抑制遺伝子の発現も回復した．最近では，長鎖ノンコーディングRNA（lncRNA）の研究が進み，クロマチン制御因子や転写因子との相互作用を通じてエピジェネティック制御に関わるケースも見いだされている．lncRNAは多くのがん種で過剰発現が認められ，乳がんでは発現度と悪性度の相関が認められている．miRNA 発現プロファイルはがんの分化状態についての情報も与える．

4.6　エピジェネティック創薬

エピジェネティック制御の異常は疾患を引き起こす．したがって，制御反応に影響を及ぼす化学物質は疾患の治療薬になることが期待される．すでに DNA メチル化酵素の阻害剤アザシチジンとデシタビンが骨髄異形成症候群の治療薬として使用されている．また，ヒストン脱アセチル化酵素阻害剤のボリノスタット（SAHA）とロミデプシン（FK228）は，皮膚 T 細胞性リンパ腫治療薬として臨床応用されている．

現在，次世代エピジェネティック・ドラッグ[＊4-13]の開発が試みられている．例として，H3K79 メチル化酵素 DOT1L や PRC2 複合体のメンバーで H3K27 メチル化酵素 EZH2 などが創薬の標的とされ，選択的阻害剤が開発されている．ヒストン脱メチル化反応には，リシン特異的脱メチル化酵素（LSD1）や Jumonji ドメインをもつヒストン脱メチル化酵素（JHDM）が関与するが，それぞれに対する特異的阻害剤が開発されている．これらエピジェネティック・シグナルの「書き手」と「消し手」に関するものに加えて，「読み手」としての修飾基認識タンパク質のブロモドメインを標的にした化合物も開発されている．

lnc RNA の転写阻害がホメオスタシスを乱し，かつ，がんなどの疾病を誘発することから，アンチセンス・オリゴヌクレオチド，siRNA，miRNA など RNA 治療薬の可能性が示唆されている．1998 年，最初の RNA 薬剤としてフォミビルセンがサイトメガロウイルスによる眼の感染症治療薬として報告された．また，*XIST* の発現異常が種々のがんを引き起こすことから，女性のがんにおいて *XIST* RNA が治療薬となる可能性が示唆されている．

＊4-13　DNMT 阻害剤や HDAC 阻害剤などの第一代エピジェネティック・ドラッグにつづくアイソザイム選択的 HDAC 阻害剤，ヒストン脱メチル化酵素阻害剤 KDM，ヒストンメチル化酵素阻害剤 EZH2，DOT1L 阻害剤などを次世代エピジェネティック・ドラッグと呼ぶ．

参考文献・引用文献

全般的に参考になる文献

Allis, C.D. *et al*. eds. (2007) “Epigenetics” Cold Spring Harbor Laboratory Press.
Allis, C.D. *et al*. eds. (2015) “Epigenetics 2nd Ed.” Cold Spring Harbor Laboratory Press.
Armstrong, L. (2014) “Epigenetics” Garland Science.
David, S. L . 著（五十嵐和彦 他 監訳）(2012)『遺伝情報の発現制御』メディカル・サイエンス・インターナショナル.
河合剛太・清澤秀孔 編（2010）『機能性 RNA の分子生物学』クバプロ.
仲野 徹（2014）『エピジェネティクス』岩波新書.
中尾光善（2014）『驚異のエピジェネティクス』羊土社.
太田邦史（2013）『エピゲノムと生命』講談社.
佐々木裕之 編（2004）『エピジェネティクス』シュプリンガー・ジャパン.
島本 功 他 監修（2008）『植物のエピジェネティクス』秀潤社.
田嶋正二 編（2013）『エピジェネティクス』化学同人.
Tollefsbol, T. ed. (2011) “Handbook of Epigenetics” Academic Press.
牛島俊和・眞貝洋一 編（2013）『エピジェネティクスキーワード事典』羊土社.

各章の参考文献・引用文献

1章　エピジェネティクスとはどのような学問か

Berger, S. L. *et al*. (2009) Genes Dev., **23**: 781-783.
Goldberg, A. D. *et al*. (2007) Cell, **128**: 635-638.
Holliday, R. (2006) Epigenetics, **1**: 76-80.
Shin, T. *et al*. (2002) Nature, **415**: 859.
Waddington, C. H. (2012) Int. J. Epidemiol., **41**: 10-13.
Wu, C.-t., Morris, J. R. (2001) Science, **293**: 1103-1105.

2章　エピジェネティクスの分子基盤

2.1　細胞核内での真核生物ゲノムの態様

Andersen, J. S. *et al*. (2005) Nature, **433**: 77-83.
Bannister, A. J. *et al*. (2001) Nature, **410**: 120-124.
Boyarchuk, E. *et al*. (2011) Curr. Opin. Cell Biol., **23**: 266-276.
Eissenberg, J. C. *et al*. (1990) Proc. Nat. Acad. Sci. USA, **87**: 9923-9927.
Eltsov, M. *et al*. (2008) Proc. Natl. Acad. Sci. USA, **105**: 19732-19737.
Finch, J. T., Klug, A. (1976) Proc. Natl. Acad. Sci. USA, **73**: 1897-1901.
Govin, J. *et al*. (2005) Trends Biochem. Sci., **30**: 357-359.
Greil, F. *et al*. (2003) Genes Dev., **17**: 2825-2838.
Hall, I. M. *et al*. (2002) Science, **297**: 2232-2237.
Jin, C. *et al*. (2009) Nat. Genet., **41**: 941-945.
Jin, C., Felsenfeld, G. (2007) Genes Dev., **21**: 1519-1529.
Jones, D. O. *et al*. (2000) BioEssays, **22**: 124-137.

Kobayashi, J. (2004) J. Radiat. Res., **45**: 473-478.
Kuo, L. J., Yang, L.-X. (2008) in vivo, **22**: 305-310.
Lachner, M. *et al.* (2001) Nature, **410**: 116-120.
Luger, K. *et al.* (1997) Nature, **389**: 251-260.
Luger, K. *et al.* (2012) Nat. Rev. Mol. Cell Biol., **13**: 436-447.
Maeshima, K. *et al.* (2016) Curr. Opin. Genet. Dev., **37**: 36-45.
McDowall, A. W. *et al.* (1986) EMBO J., **5**: 1395-1402.
Nakayama, J. *et al.* (2001) Science, **292**: 110-113.
Nishikawa, J., Ohyama, T. (2013) Nucleic Acids Res., **41**:1544-1554.
Noma, K. *et al.* (2001) Science, **293**: 1150-1155.
Olins, A. L., Olins, D. E. (1974) Science, **183**: 330-332.
Pilch, D. R. *et al.* (2003) Biochem. Cell Biol., **81**: 123-129.
Rogakou, E. P. *et al.* (1998) J. Biol. Chem., **273**: 5858-5868.
Schenk, R. *et al.* (2011) Chromosoma, **120**: 275-285.
Sinclair, D. A. R. *et al.* (1983) Mol. Gen. Genet., **191**: 326-333.
Talbert, P. B., Henikoff, S. (2010) Nat. Rev. Mol. Cell Biol., **11**: 264-275.
Volpe, T. A. *et al.* (2002) Science, **297**: 1833-1837.
Wallrath, L. L. (1998) Curr. Opin. Genet. Dev., **8**: 147-153.
Wiedemann, S. M. *et al.* (2010) J. Cell Biol., **190**: 777-791.

2.2　クロマチンリモデリング

Armstrong, J. A. *et al.* (2002) EMBO J., **21**: 5245-5254.
Armstrong, J. A. *et al.* (2005) Genetics, **170**: 1761-1774.
Badenhorst, P. *et al.* (2002) Genes Dev., **16**: 3186-3198.
Bao, Y., Shen, X. (2010) Cell, **144**: 158-158. e2.
Bartholomew, B. (2014) Annu. Rev. Biochem., **83**: 671-696.
Bochar, D. A. *et al.* (2000) Proc. Natl. Acad. Sci. USA, **97**: 1038-1043.
Bork, P., Kooninl, E. V. (1993) Nucleic Acids Res., **21**: 751- 752.
Cai, Y. *et al.* (2007) Nat. Struct. Mol. Biol., **14**: 872-874.
Côté, J. *et al.* (1994) Science, **265**: 53-60.
Chai, B. *et al.* (2005) Genes Dev., **19**: 1656-1661.
Collins, N. *et al.* (2002) Nat. Genet., **32**: 627-632.
Daubresse, G. *et al.* (1999) Development, **126**: 1175-1187.
Deindl, S. *et al.* (2013) Cell, **152**: 442-452.
Delmas, V. *et al.* (1993) Proc. Natl. Acad. Sci. USA, **90**: 2414-2418.
Deuring, R. *et al.* (2000) Mol. Cell, **5**: 355-365.
Dirscherl, S. S., Krebs, J. E. (2004) Biochem. Cell Biol., **82**: 482-489.
Eberharter, A. *et al.* (2001) EMBO J., **20**: 3781-3788.
Eisen, J. A. *et al.* (1995) Nucleic Acids Res., **23**: 2715- 2723.
Elfring, L. K. *et al.* (1994) Mol. Cell. Biol., **14**: 2225-2234.
Erdel, F., Rippe, K. (2011) FEBS J., **278**: 3608-3618.
Flanagan, J. F. *et al.* (2005) Nature, **438**: 1181-1185.
Flanagan, J. F., Peterson, C. L. (1999) Nucleic Acids Res., **27**: 2022-2028.
Flaus, A. *et al.* (2006) Nucleic Acids Res., **34**: 2887- 2905.
Fyodorov, D. V., Kadonaga, J. T. (2001) Cell, **106**: 523-525.

Fyodorov, D. V., Kadonaga, J. T. (2002) Nature, **418**: 897-900.
Gangaraju, V. K., Bartholomew, B. (2007) Mutation Res., **618**: 3-17.
Hanai, K. *et al.* (2008) PLoS Genet., **4**: e1000011.
Hassan, A. H. *et al.* (2002) Cell, **111**: 369-379.
Henikoff, S. (1993) Trends Biochem. Sci., **18**: 291-292.
Ho, L., Crabtree, G. R. (2010) Nature, **463**: 474-484.
Ito, T. *et al.* (1997) Cell, **90**: 145-155.
Ito, T. *et al.* (1999) Genes Dev., **13**: 1529-1539.
Jeddeloh, J. A. *et al.* (1999) Nat. Genet., **22**: 94-97.
Kasten, M. M. *et al.* (2011) Cell, **144**: 310-310.e1.
Krebs, J. E. *et al.* (2000) Cell, **102**: 587-598.
Kukimoto, I. *et al.* (2004) Mol. Cell, **13**: 265-277.
Längst, G., Becker, P. B. (2001) J. Cell Sci., **114**: 2561-2568.
Laurent, B. C. *et al.* (1992) Mol. Cell. Biol., **12**: 1893-1902.
LeRoy, G. *et al.* (1998) Science, **282**: 1900-1904.
Linder, P. (2006) Nucleic Acids Res., **34**: 4168-4180.
Lusser, A. *et al.* (2005) Nat. Struct. Mol. Biol., **12**: 160-166.
Martens, J. A., Winston, F. (2002) Genes Dev., **16**: 2231-2236.
Mohrmann, L., Verrijzer, C. P. (2005) Biochim. Biophys. Acta., **1681**: 59-73.
Moreira, J. M. A., Holmberg, S. (1999) EMBO J., **18**: 2836-2844.
Neef, D. W., Kladde, M. P. (2003) Mol. Cell. Biol., **23**: 3788-3797.
Neigeborn, L., Carlson, M. (1984) Genetics, **108**: 845-858.
Okabe, I. *et al.* (1992) Nucleic Acids Res., **20**: 4649-4655.
Papamichos-Chronakis, M., Peterson, C. L. (2008) Nat. Struct. Mol. Biol., **15**: 338-345.
Reisman, D. *et al.* (2009) Oncogene, **28**: 1653-1668.
Reyes , J. C. *et al.* (1998) EMBO J., **17**: 6979-6991.
Sen, P. *et al.* (2011) Nucleic Acids Res., **39**: 9155- 9166.
Shimada, K. *et al.* (2008) Curr. Biol., **18**: 566-575.
Sif, S. *et al.* (1998) Genes Dev., **12**: 2842-2851.
Sif, S. *et al.* (2001) Genes Dev., **15**: 603-618.
Sims, J. K., Wade, P. A. (2011) Cell, **144**: 626-626.e1.
Stern, M. *et al.* (1984) J. Mol. Biol., **178**: 853-868.
Sudarsanam, P., Winston, F. (2000) Trends Genet., **16**: 345-351.
Swaminathan, J. *et al.* (2005) Genes Dev., **19**: 65-76.
Tamkun, J. W. (1995) Curr. Opin. Genet. Dev., **5**: 473-477.
Tamkun, J. W. *et al.* (1992) Cell, **68**: 561-572.
Terriente-Félix, A., de Celis, J. F. (2009) Dev. Biol., **329**: 350-361.
Thomä, N. H. *et al.* (2005) Nat. Struct. Mol. Biol., **12**: 350-356.
Tsukiyama, T. *et al.* (1995) Cell, **83**: 1021-1026.
Tsukiyama, T., Wu, C. (1995) Cell, **83**: 1011-1020.
van Attikum, H. *et al.* (2004) Cell, **119**: 777-788.
van Attikum, H. *et al.* (2007) EMBO J., **26**: 4113-4125.
Varga-Weisz, P. D. *et al.* (1997) Nature, **388**: 598-602.
Vignali, M. *et al.* (2000) Mol. Cell. Biol., **20**: 1899-1910.

Wang, W. *et al.* (1996) Genes Dev., **10**: 2117-2130.
Yadon, A. N., Tsukiyama, T. (2011) Cell, **144**: 454-454.e1.
Yadon, A. N., Tsukiyama, T. (2011) Cell, **144**: 454-454.e2.
Yamada, K. *et al.* (2011) Nature, **472**: 448-453.
Yan, Z. *et al.* (2005) Genes Dev., **19**: 1662-1667.
Zhang, H. *et al.* (2005) Cell, **123**: 219-231.

2.3 DNAのメチル化

Aguirre-Arteta, A. M. *et al.* (2000) Cell Growth Differ., **11**: 551-559.
Aufsatz, W. *et al.* (2002) EMBO J., **21**: 6832-6841.
Bartee, L. *et al.* (2001) Genes Dev., **15**: 1753-1758.
Biondi, A. *et al.* (2000) Blood, **96**: 24-33.
Bonfils, C. *et al.* (2000) J. Biol. Chem., **275**: 10754-10760.
Bourc'his, D. *et al.* (2001) Science, **294**: 2536-2539.
Bourc'his, D., Bestor, T. H. (2004) Nature, **431**: 96-99.
Cao, X. *et al.* (2000) Proc. Natl. Acad. Sci. USA, **97**: 4979-4984.
Cao, X. *et al.* (2003) Curr. Biol., **13**: 2212-2217.
Cao, X., Jacobsen, S. E. (2002) Curr. Biol., **12**: 1138-1144.
Cao, X., Jacobsen, S. E. (2002) Proc. Natl. Acad. Sci. USA, **99**: 16491-16498.
Capuano, F. *et al.* (2014) Anal. Chem., **86**: 3697-3702.
Chan, S. W.-L. *et al.* (2005) Nat. Rev. Genet., **6**: 351-360.
Chan, S. W.-L. *et al.* (2006) PLoS Genet., **2**: e83.
Chen, T. *et al.* (2002) J. Biol. Chem., **277**: 38746-38754.
Chen, T. *et al.* (2004) Mol. Cell. Biol., **24**: 9048-9058.
Choi, Y. *et al.* (2002) Cell, **110**: 33-42.
Cokus, S. J. *et al.* (2008) Nature, **452**: 215-219.
Day, R. C. *et al.* (2008) Plant Physiol., **148**: 1964-1984.
Dhe-Paganon, S. *et al.* (2011) Int. J. Biochem. Mol. Biol., **2**: 58-66.
Doherty, A. S. *et al.* (2002) Dev. Biol., **242**: 255-266.
Dricu, A. ed. (2013) "Methylation - From DNA, RNA and Histones to Diseases and Treatment", InTech.
Ehrlich, M. *et al.* (1982) Nucleic Acids Res., **10**: 2709-2721.
Elango, N. *et al.* (2009) Proc. Natl. Acad. Sci. USA, **106**: 11206-11211.
Fenouil, R. *et al.* (2012) Genome Res., **22**: 2399-2408.
Finnegan, E. J. *et al.* (1996) Proc. Natl. Acad. Sci. USA, **93**: 8449-8454.
Fransz, P. *et al.* (2002) Proc. Natl. Acad. Sci. USA, **99**: 14584-14589.
Ge, Y.- Z. *et al.* (2004) J. Biol. Chem., **279**: 25447-25454.
Gehring, M. *et al.* (2006) Cell, **124**: 495-506.
Gehring, M. *et al.* (2009) Science, **324**: 1447-1451.
Gong, Z. *et al.* (2002) Cell, **111**: 803-814.
Gowher, H. *et al.* (2000) EMBO J., **19**: 6918-6923.
Grohmann, M. *et al.* (2005) BMC Dev. Biol., **5**: 18.
Guo, H. *et al.* (2014) Nature, **511**: 606-610.
Henderson, I. R., Jacobsen, S. E. (2008) Genes Dev., **22**: 1597-1606.
Herr, A. J. *et al.* (2005) Science, **308**: 118-120.

Howell, C. Y. *et al.* (2001) Cell, **104**: 829-838.
Hsieh, T.-F. *et al.* (2009) Science, **324**: 1451-1454.
Hsu, D. W. *et al.* (1999) Proc. Natl. Acad. Sci. USA, **96**: 9751-9756.
Illingworth, R. S., Bird, A. P. (2009) FEBS Lett., **583**: 1713-1720.
Inano, K. *et al.* (2000) J. Biochem., **128**: 315-321.
Inoue, A., Zhang, Y. (2011) Science, **334**: 194.
Ito, S. *et al.* (2010) Nature, **466**: 1129-1133.
Jackson, J. P. *et al.* (2002) Nature, **416**: 556-560.
Jackson, M. *et al.* (2004) Mol. Cell. Biol., **24**: 8862-8871.
Jeddeloh, J. A. *et al.* (1999) Nat. Genet., **22**: 94-97.
Jeong, Y. S. *et al.* (2009) Dev. Dyn., **238**: 1666-1673.
Jia, D. *et al.* (2007) Nature, **449**: 248-251.
Johnson, L. M. *et al.* (2007) Curr. Biol., **17**: 379-384.
Johnson, L. M. *et al.* (2008) PLoS Genet., **4**: e1000280.
Jullien, P. E. *et al.* (2006) Plant Cell, **18**: 1360-1372.
Kaneda, M. *et al.* (2004) Nature, **429**: 900-903.
Kanno, T. *et al.* (2005) Nat. Genet., **37**: 761-765.
Kareta, M. S. *et al.* (2006) J. Biol. Chem., **281**: 25893-25902.
Katoh, M. *et al.* (2006) Eukaryotic Cell, **5**: 18-25.
Kawashima, T., Berger, F. (2014) Nat. Rev. Genet., **15**: 613-624.
Kim, J. *et al.* (2014) Mol. Plant, **7**: 1470-1485.
Kraft, E. *et al.* (2008) Plant J., **56**: 704-715.
Law, J. A., Jacobsen, S. E. (2010) Nat. Rev. Genet., **11**: 204-220.
Lei, H. *et al.* (1996) Development, **122**: 3195-3205.
Lindroth, A. M. *et al.* (2001) Science, **292**: 2077-2080.
Lister, R. *et al.* (2008) Cell, **133**: 523-536.
Lodde, V. *et al.* (2009) Eur. J. Histochem., **53**: 199-208.
Lundberg, J. *et al.* (2009) Neurosci. Lett., **457**: 8-11.
Makarevich, G. *et al.* (2008) J. Cell Sci., **121**: 906-912.
Malagnac, F. *et al.* (2002) EMBO J., **21**: 6842-6852.
Matzke, M. A., Mosher, R. A. (2014) Nat. Rev. Genet., **15**: 394-408.
Mertineit, C. *et al.* (1998) Development, **125**: 889-897.
Mosher, R. A. *et al.* (2008) Proc. Natl. Acad. Sci. USA, **105**: 3145-3150.
Murfett, J. *et al.* (2001) Plant Cell, **13**: 1047-1061.
Nishimura, E. *et al.* (2013) Planta, **238**: 955-967.
Okano, M. *et al.* (1999) Cell, **99**: 247-257.
Onodera, Y. *et al.* (2005) Cell, **120**: 613-622.
Ooi, S. K. T. *et al.* (2007) Nature, **448**: 714-717.
Ortega-Galisteo, A. P. *et al.* (2008) Plant Mol. Biol., **67**: 671-681.
Ossowski, S. *et al.* (2010) Science, **327**: 92-94.
Pélissier, T. *et al.* (1999) Nucleic Acids Res., **27**: 1625-1634.
Penterman, J. *et al.* (2007) Proc. Natl. Acad. Sci. USA, **104**: 6752-6757.
Pikaard, C. S. *et al.* (2012) Cold Spring Harb. Symp. Quant. Biol., **77**: 205-212.
Pontier, D. *et al.* (2005) Genes Dev., **19**: 2030-2040.

Probst, A. V. *et al.* (2004) Plant Cell, **16**: 1021-1034.
Qiu, C. *et al.* (2002) Nat. Struct. Biol., **9**: 217-224.
Ramachandran, V., Chen, X. (2008) Trends Plant Sci., **13**: 368-374.
Ratnam, S. *et al.* (2002) Dev. Biol., **245**: 304-314.
Ream, T. S. *et al.* (2009) Mol. Cell, **33**: 192-203.
Reik, W., Kelsey, G. (2014) Nature, **511**: 540-541.
Richards, E. J. (2011) Curr. Opin. Plant Biol., **14**: 204-209.
Robertson, K. D. *et al.* (1999) Nucleic Acids Res., **27**: 2291-2298.
Ronemus, M. J. *et al.* (1996) Science, **273**: 654-657.
Sabatini, R. *et al.* (2002) J. Biol. Chem., **277**: 958-966.
Saito, Y. *et al.* (2001) Hepatology, **33**: 561-568.
Saze, H. *et al.* (2012) Plant Cell Physiol., **53**: 766-784.
Schmitz, R. J. *et al.* (2011) Science, **334**: 369-373.
Schmitz, R. J., Ecker, J. R. (2012) Trends Plant Sci., **17**: 149-154.
Schwarz-Sommer, Z. *et al.* (1990) Science, **250**: 931-936.
Smith, Z. D. *et al.* (2014) Nature, **511**: 611-615.
Song, C.-X. *et al.* (2012) Nat. Biotech., **30**: 1107-1116.
Song, J. *et al.* (2011) Science, **331**: 1036-1040.
Song, J. *et al.* (2012) Science, **335**: 709-712.
Soppe, W. J. J. *et al.* (2000) Mol. Cell, **6**: 791-802.
Suetake, I. *et al.* (2004) J. Biol. Chem., **279**: 27816-27823.
Tahiliani, M. *et al.* (2009) Science, **324**: 930-935.
Takebayashi, S. *et al.* (2007) Mol. Cell. Biol., **27**: 8243-8258.
Takeshita, K. *et al.* (2011) Proc. Natl. Acad. Sci. USA, **108**: 9055-9059.
Tamaru, H., Selker, E. U. (2001) Nature, **414**: 277-283.
Vaillant, I., Paszkowski, J. (2007) Curr. Opin. Plant Biol., **10**: 528-533.
Vongs, A. *et al.* (1993) Science, **260**: 1926-1928.
Wassenegger, M. *et al.* (1994) Cell, **76**: 567-576.
Webster, K. E. *et al.* (2005) Proc. Natl. Acad. Sci. USA, **102**: 4068-4073.
Woo, H. R. *et al.* (2007) Genes Dev., **21**: 267-277.
Wu, S. C., Zhang, Y. (2010) Nat. Rev. Mol. Cell Biol., **11**: 607-620.
Wu, T. P. *et al.* (2016) Nature, **532**: 329-333.
Xu, G.- L. *et al.* (1999) Nature, **402**: 187-191.
Yu, Z. *et al.* (2007) Nucleic Acids Res., **35**: 2107-2115.
Zheng, J. *et al.* (2012) New Phytol., **193**: 605-616.

2.4　ヒストンの化学修飾とエピジェネティック制御

Alvarez-Venegas, R. (2014) Frontiers in Genet., **5**: 1-8.
Alvarez-Venegas, R. *et al.* (2007) Mol. Biol. Evol., **24**: 482-497.
浅島 誠・駒崎伸二（2011）『動物の発生と分化』裳華房.
Bachand, F., Silver, P. A. (2004) EMBO J., **23**: 2641-2650.
Bannister, A. J., Kouzarides, T. (2011) Cell Res., **21**: 381-395.
Bantignies, F. *et al.* (2011) Cell, **144**: 214-226.
Bedford, M. T., Clarke, S. G. (2009) Mol. Cell, **33**: 1-13.
Berndsen, C. E. *et al.* (2007) Biochemistry, **46**: 623-629.

Borun, T. W. *et al.* (1972) J. Biol. Chem., **247**: 4288-4298.
Branscombe, T. L. *et al.* (2001) J. Biol. Chem., **276**: 32971-32976.
Braun, S., Madhani, H. D. (2012) EMBO Rep., **13**: 619-630.
Brock, H. W., Fisher, C. L. (2005) Dev. Dynam., **232**: 633-655.
Brockdoref, N. (2013) RNA, **19**: 429-442.
Brownell, J. E. *et al.* (1996) Cell, **84**: 843-851.
Camporeale, G. *et al.* (2007) J. Nutr. Biochem., **18**: 760-768.
Candldo, E. P. M. *et al.* (1978) Cell, **14**: 105-113.
Cao, R. *et al.* (2002) Science, **298**: 1039-1043.
Cao, R., Zhang, Y. (2004) Curr. Opin. Genet. Dev., **14**: 155-164.
Chang, B. *et al.* (2007) Science, **318**: 444-447.
Chatterjee, C. *et al.* (2010) Nat. Chem. Biol., **6**: 267-269.
Chen, D. *et al.* (1999) Science, **284**: 2174-2177.
Cheung, W. L. *et al.* (2003) Cell, **113**: 507-517.
Chew, Y. C. *et al.* (2008) J. Nutr., **138**: 2316-2322.
Clayton, A. L., Mahadevan, L. C. (2003) FEBS Lett., **546**: 51-58.
Clissold, P. M., Ponting, C. P. (2001) Trends Biochem. Sci., **26**: 7-9.
Cuthbert, G. L. *et al.* (2004) Cell, **118**: 545-553.
Czermin, B. *et al.* (2002) Cell, **111**: 185-196.
Daubresse, G. *et al.* (1999) Development, **126**: 1175-1187.
Dyson, M. H. *et al.* (2005) J. Cell Sci., **118**: 2247-2259.
Emre, N. C. T. *et al.* (2005) Mol. Cell, **17**: 585-594.
Endoh, M. *et al.* (2012) PLoS Genet., **8**: e1002774.
Eskeland, R. *et al.* (2010) Mol. Cell, **38**: 452-464.
Fang, J. *et al.* (2002) Curr. Biol., **12**: 1086-1099.
Fatica, A., Bozzoni, I. (2014) Nat. Rev. Genet., **136**: 7-21.
Filenko, N. A. (2011) PLoS ONE, **6**: e16299.
Francis, N. J. *et al.* (2001) Mol. Cell, **8**: 545-556.
Francis, N. J. *et al.* (2004) Science, **306**: 1574-1577.
Fujiki, R. *et al.* (2011) Nature, **480**: 557-560.
Gardner, R. G. *et al.* (2005) Mol. Cell Biol., **25**: 6123-6139.
Ha, H. C. *et al.* (2002) Proc. Natl. Acad. Sci. USA, **99**: 3270-3275.
Henry, K. W. *et al.* (2003) Genes Dev., **17**: 2648-2663.
Herzog, V. A. *et al.* (2014) Nat. Genet., **46**: 973-981.
Hodawadekar, S. C., Marmorstein, R. (2007) Oncogene, **26**: 5528-5540.
Hottiger, M. O. (2011) FEBS Lett., **585**: 1595-1599.
Houston, S. I. *et al.* (2008) J. Biol. Chem., **283**: 19478-19488.
伊藤 敬 (2010) 生化学，**82**: 232-236.
Jagtap, P., Szabó, C. (2005) Nat. Rev. Drug Discov., **4**: 421-440.
Janzer, A. *et al.* (2012) J. Biol. Chem., **287**: 30984-30992.
Kassis, J. A. (1994) Genetics, **15**: 1025-1038.
Kim, H. *et al.* (2009) Nucleic Acids Res., **37**: 2940-2950.
Kim, J. *et al.* (2009) Cell, **137**: 459-471.
Kim, S-K. *et al.* (2012) J. Biol. Chem., **287**: 39698-39709.

King, I. F. G. *et al.* (2005) Mol. Cell. Biol., **25**: 6578-6591.
Koch, L. (2014) Nat. Rev. Genet., **15**: 644-645.
久保健雄ら（2014）『動物行動の分子生物学』裳華房.
Kudithipudi, S. *et al.* (2012) Biochimie, **94**: 2212-2218.
Kuzmichev, A. *et al.* (2002) Mol. Cell. Biol., **22**: 835-848.
Lai, A. Y., Wade, P. A (2011) Nat. Rev. Cancer, **11**: 588-596.
Lewis, E. B. (1978) Nature, **276**: 565-570.
Lim, S. *et al.* (2010) Int. J. Cancer, **127**: 1991-1998.
Lister, R. *et al.* (2008) Cell, **133**: 523-536.
Müller, J., Kassis, J. A. (2006) Curr. Opin. Genet. Dev., **16**: 476-484.
Margueron, R., Reinberg, D. (2011) Nature, **469**: 343-349.
Martinez-Zamudio, R., Ha, H. C. (2012) Mol. Cell. Biol., **32**: 2490-2502.
Mazur, P. K. *et al.* (2014) Nature, **510**: 283-287.
Min, J. *et al.* (2003) Cell, **112**: 711-723.
Monfared, M. M. *et al.* (2013) Mol. Plant, **6**: 1564-1579.
Musselman, C. A. *et al.* (2012) Nat. Struct. Mol. Biol., **19**: 1266-1272.
Nathan, D. *et al.* (2006) Genes Dev., **20**: 966-976.
Nguyen, A. T. *et al.* (2011) Genes Dev., **25**: 263-274.
Okulski, H. *et al.* (2011) Epigenet. Chromatin, **4**: 4.
Pasini, D. *et al.* (2007) Mol. Cell. Biol., **27**: 3769-3779.
Pestinger, V. *et al.* (2011) J. Nutr. Biochem., **22**: 328-333.
Phillips, D. M. P. (1961) Biochem. J., **80**: 40P.
Phillips, D. M. P. (1963) Biochem. J., **87**: 258-263.
Pokholok, D. K. *et al.* (2005) Cell, **122**: 517-527.
Polevoda, B. *et al.* (2000) J. Biol. Chem., **275**: 20508-20513.
Porras-Yakushi, T. R. *et al.* (2007) J. Biol. Chem., **282**: 12368-12376.
Qin, S., Min, J. (2014) Trends Biochem. Sci., **39**: 536-547.
Rea, S. *et al.* (2000) Nature, **406**: 593-599.
Ringrose, L., Paro, R. (2007) Development, **134**: 223-232.
Robinson, P. J. J. *et al.* (2008) J. Mol. Biol., **381**: 816-825.
Sanchez, R., Zhou, M. M. (2009) Curr. Opin. Drug. Discov. Dev., **12**: 659-665.
Scheuermann, J. C. *et al.* (2010) Nature, **465**: 243-247.
Schubert, H. L. *et al.* (2003) Trends Biochem. Sci., **28**: 329-335.
Schuettengruber, B., Cavalli, G. (2009) Development, **136**: 3531-3542.
Schwartz, Y. B., Pirrotta, V. (2013) Nat. Rev. Genet., **14**: 853-864.
Seale, R. L. (1981) Nucleic Acids Res., **9**: 3151-3158.
Shi, Y. *et al.* (2004) Cell, **119**: 941-953.
Shiio, Y., Eisenman, R. N. (2003) Proc. Natl. Acad. Sci. USA, **100**: 13225-13230.
Shogren-Knaak, M. *et al.* (2006) Science, **311**: 844-847.
Stock, J. K. *et al.* (2007) Nat. Cell Biol., **9**: 1428-1435.
Strahl, B. D., Allis, C. D. (2000) Nature, **403**: 41-45.
Tan, M. *et al.* (2011) Cell, **146**: 1016-1028.
Taunton, J. *et al.* (1996) Science, **272**: 408-411.
Taverna, S. D. *et al.* (2007) Nat. Struct. Mol. Biol., **14**: 1025-1040.

Tsukada, Y. *et al.* (2006) Nature, **439**: 811-816.
Vidler, L. R. *et al.* (2012) J. Med. Chem., **55**: 7346-7359.
Viré, E. *et al.* (2006) Nature, **439**: 871-874.
Wang, H. *et al.* (2004) Nature, **431**: 873-878.
Wang, Y. *et al.* (2004) Science, **306**: 279-283.
Wang, Y., Dasso, M. (2009) J. Cell Sci., **122**: 4249-4252.
Wang, Z. *et al.* (2009) Cell, **138**: 1019-1031.
Wang, Z. *et al.* (2010) Cell, **141**: 1183-1194.
Weake, V. M., Workman, J. L. (2008) Mol. Cell, **29**: 653-663.
Webby, C. J. *et al.* (2009) Science, **325**: 90-93.
Weiss, V. H. *et al.* (2000) Nat. Struct. Biol., **7**: 1165-1171.
Wyce, A. *et al.* (2007) Mol. Cell, **27**: 275-288.
Xiao, B. *et al.* (2003) Nature, **421**: 652-656.
山形一行 他 (2009) 生化学, **81**: 688-699.
Yamane, K. *et al.* (2006) Cell, **125**: 483-495.
Yang, X.-J., Seto, E. (2008) Nat. Rev. Mol. Cell. Biol., **9**: 206-218.
Yang, Y., Bedford, M. T. (2013) Nat. Rev. Cancer, **13**: 37-50.
Yap, D. B. *et al.* (2011) Blood, **117**: 2451-2459.
Yeates, T. O. (2002) Cell, **111**: 5-7.
Yoshida, M. *et al.* (1990) J. Biol. Chem., **265**: 17174-17179.
Yuan, H., Marmorstein, R. (2012) Biopolymers, **99**: 98-111.
Yun, M. *et al.* (2011) Cell Res., **21**: 564-578.
Zhang, X. *et al.* (2000) EMBO J., **19**: 3509-3519.
Zhang, X., Cheng, X. (2003) Structure, **11**: 509-520.
Zhang, Y., Reinberg, D. (2001) Genes Dev., **15**: 2343-2360.
Zhao, K. *et al.* (2003) Nat. Struct. Biol., **10**: 864-871.
Zhou, W. *et al.* (2008) Mol. Cell, **29**: 69-80.
Zhu, B. *et al.* (2005) Mol. Cell, **20**: 601-611.

2.5 非コード RNA とエピジェネティクス

Bühler, M. *et al.* (2006) Cell, **125**: 873-886.
Ender, C., Meister, G. (2010) J. Cell Sci., **123**: 1819-1823.
Fatica, A., Bozzoni, I. (2014) Nat. Rev. Genet., **15**: 7-21.
Fire, A. *et al.* (1998) Nature, **391**: 806-811.
Höck, J., Meister, G. (2008) Genome Biol., **9**: 210.
Ha, M., Kim, V. N. (2014) Nat. Rev. Mol. Cell Biol., **15**: 509-524.
Hartig, J. V. *et al.* (2007) Genes Dev., **21**: 1707-1713.
Hutvagner, G., Simard, M. J. (2008) Nat. Rev. Mol. Cell Biol., **9**: 22-32.
Huynh, K. D., Lee, J. T. (2001) Curr. Opin. Cell Biol., **13**: 690-697.
Jeon, Y., Lee, J. T. (2011) Cell, **146**: 119-133.
Kanellopoulou, C. *et al.* (2005) Genes Dev., **19**: 489-501.
Lünningschrör, P. *et al.* (2012) Stem Cells, **30**: 655-664.
Lee, J. T., Bartolomei, M. S. (2013) Cell, **152**: 1308-1323.
Lee, J. T., Jaenisch, R. (1997) Nature, **386**: 275-279.
McHugh, C. A. *et al.* (2011) Nature, **521**: 232-236.

Meister, G. (2013) Nat. Rev. Genet., **14**: 447-459.
峯　彰・奥野哲郎 (2008) ウイルス，**58**: 61-68.
Motamedi, M. R. *et al.* (2004) Cell, **119**: 789-802.
中山潤一（2006）蛋白質 核酸 酵素，**51**: 2213-2219.
Noma, K. *et al.* (2004) Nat. Genet., **36**: 1174-1180.
Panning, B., Jaenisch, R. (1996) Genes Dev., **10**: 1991-2002.
Pavicic, W. *et al.* (2011) Mol. Med., **17**: 726-735.
Petrie, V. J. *et al.* (2005) Mol. Cell Biol., **25**: 2331-2346.
Plath, K. *et al.* (2002) Annu. Rev. Genet., **36**: 233-278.
Rinn, J. L. *et al.* (2007) Cell, **129**: 1311-1323.
Sabin, L. R. *et al.* (2013) Mol. Cell, **49**: 783-794.
Sado, T. *et al.* (2000) Dev. Biol., **225**: 294-303.
Sinkkonen, L. *et al.* (2008) Nat. Struct. Mol. Biol. **15**: 259-267.
Su, H. *et al.* (2009) Genes Dev. **23**: 304-317.
Tian, D. *et al.* (2010) Cell, **143**: 390-403.
Toyota, M. *et al.* (2008) Cancer Res. **68**: 4123-4132.
Tsai, M.-C. *et al.* (2010) Science, **329**: 689-693.
Verdel, A. *et al.* (2004) Science, **303**: 672-676.
Volpe, T. A. *et al.* (2002) Science, **297**: 1833-1837.
Wang, K. C. *et al.* (2011) Nature, **472**: 120-124.
Wutz, A., Jaenisch, R. (2000) Mol. Cell, **5**: 695-705.
Zhao, J. *et al.* (2008) Science, **322**: 750-756.

3章　エピジェネティックな諸現象

3.1　X染色体不活性化

Balderman, S., Lichtman, M. A. (2011) Rambam Maimonides Medical Journal, **2**: 1-28.（X染色体不活性化の発見の経緯）
Barr, M. L., Bertram, E. G. (1949) Nature, **163**: 676.（「核小体サテライト」の発見）
Deng, X. *et al.* (2014) Nat. Rev. Genet., **15**: 367-378.（総説）
Froberg, J. E. *et al.* (2013) J. Mol. Biol., **425**: 3698-3706.（lncRNAの役割を解説）
Lee, J. T. (2009) Gene. Dev., **23**, 1831-1842.（*Xist* RNAのXiへの局在）
Lee, J. T. *et al.* (1996) Cell, **86**: 83-94.（*Xist*の常染色体への組み込み）
Lee, J. T. *et al.* (1999) Proc. Natl. Acad. Sci. USA, **96**, 3836-3841.（Xicのマッピング．ヒトのXicなど他の論文はこれより検索）
Lyon, M. F. (1961) Nature, **190**: 372-373.（Lyonの仮説）
Nicodemi, M., Prisco, A. (2007) PLoS Computational Biology, **3**: 2135-2142.（ブロッキング因子モデル）
Ohno, S., Hauschka, T. S. (1960) Cancer Res., **20**: 541-545.（メスのX染色体の異なる特徴についての最初の報告）
Rastan, S. (1983) J. Embryol. exp. Morph., **78**: 1-22.（神田の方法を用いた細胞遺伝学的手法でXicをマップした）
Special 50th Anniversary issue on X-inactivation. (2011) Hum. Genet., **130**.（Lyon仮説50周年目の特別号．14論文）
Sunwoo, H. *et al.* (2015) Proc. Natl. Acad. Sci. USA, **112**: E4216-4225.（STORMによるBarr

小体解析の原報）
Yang, L. *et al*. (2014) Trends in Biochemical Sciences, **39**: 35-43.（ncRNA の役割を解説）

3.2 ゲノムインプリンティング

Adalsteinsson, B. T., Ferguson-Smith, A. C. (2014) Genes, **5**: 635-655.（総説：DNA メチル化，ヒストン修飾，lncRNA とゲノムインプリンティング）
Autuoro, J. M. *et al*. (2014) Biomolecules, **4**: 76-100.（総説：X 染色体不活性化とゲノムインプリンティングにおける lncRNA の機能）
Barlow, D. P. *et al*. (1991) Nature, **349**: 84-87.（インプリント遺伝子 *Igf2r* の報告）
Bartolomei, M. S. *et al*. (1991) Nature, **351**: 153-155.（インプリント遺伝子 *H19* の報告）
Cattanach, B. M., Kirk, M. (1985) Nature, **315**: 496-498.（片親性発現を示す染色体領域の存在を報告）
DeChiara, T. M. *et al*. (1991) Cell, **64**: 849-859.（最初のインプリント遺伝子 *Igf2* の報告）
Hoppe, P. C., Illmensee, K. (1982) Proc. Natl. Acad. Sci. USA, **79**: 1912-1916.（単為発生胚の細胞核を除核受精卵に移植し出生に至る）
Li, E. *et al*. (1993) Nature, **366**: 362-365.（維持型 DNA メチル化酵素 Dnmt1 のノックアウトマウスではインプリント遺伝子の片親性発現が消失）
Mann, J. R., Lovell-Badge, R. H. (1984) Nature, **310**: 66-67.（除核した受精卵に単為発生卵あるいは受精卵からそれぞれ二倍体の前核を注入）
McGrath, J., Solter, D. (1984) Cell, **37**: 179-183.（雌性発生胚と雄核発生胚を作出し，その発生を見た）
Surani, M. A. H. *et al*. (1984) Nature, **308**: 548-550.（単為発生卵に雄性，雌性前核を注入）

3.3 位置効果斑入り現象（Position Effect Variegation : PEV）

Elgin, S. C. R., Reuter, G. (2013) Cold Spring Harbor Perspectives in Biology, **5**: 1-26.（ショウジョウバエの PEV のメカニズムについての総説）
Mano, Y. *et al*. (2013) PLoS Biology, **11**: 1-18.（出芽酵母における「斑入り」現象．単一細胞レベルの解析）
Muller, H. J. (1930) J. Genet., **22**: 299-334.（X 線によるショウジョウバエ変異体作製）
Schultz, J. (1936) Proc. Natl. Acad. Sci. USA, **22**: 27-33.（Muller の発見を遺伝学的に解析．「斑入り」現象仮説を提唱）
Waterland, R. A., Jirtle, R. L. (2003) Mol. Cell. Biol., **23**: 5293-5300.（agouti マウスの変異体 A^{vy} マウスにおける「斑入り」現象）

3.4 細胞分化

Bernstein, B. E. *et al*. (2006) Cell, **125**: 315-326.（二価性ドメインの報告）
Briggs, R., King, T. J. (1952) Proc. Natl. Acad. Sci. USA, **38**: 455-463.（ヒョウガエルでの核移植実験）
Davis, R. L. *et al*. (1987) Cell, **51**: 987-1000.（MyoD の過剰発現による線維芽細胞の骨格筋細胞へのダイレクト・リプログラミング）
Goldberg, A. D. *et al*. (2007) Cell, **128**: 635-637.（現代版エピジェネティック・ランドスケープの原図を掲載）
Gurdon, J. B. (1962) Dev. Biol., **4**: 256-273.（アフリカツメガエルでの核移植実験）
Mochiduki, Y., Okita, K. (2012) Biotechnol. J., **7**: 789-797.（iPS 細胞作製法の改良）
Takahashi, K., Yamanaka, S. (2006) Cell, **126**: 663-676.（iPS 細胞樹立）
Taylor, S. M., Jones, P. A. (1979) Cell, **17**: 771-779.（5- アザシチジン処理による分化転換）
Vierbuchen, T. *et al*. (2010) Nature, **463**: 1035-1041.（マウス線維芽細胞から神経様細胞への

ダイレクト・リプログラミング）
Waddington, C. H. (1957) "The Strategy of the Genes", George Allen & Unwin Ltd., London.（エピジェネティック・ランドスケープの記載）
Wen, B. *et al.* (2009) Nat. Genet., **41**: 246-250.（LOCKs の存在を報告）

3.5　栄養とエピジェネティクス

Honeybee Genome Sequencing Consortium (2006) Nature, **443**: 931-949.（ミツバチゲノム解明）
Kucharski, R. *et al.* (2008) Science, **319**: 1827-1830.（*Dnmt3* 遺伝子のノックダウン）
Osmond, C. *et al.* (1993) BMJ, **307**: 1519-1524.（出生体重と心疾患による死亡率の相関）
Waterland, R. A., Jirtle, R. (2003) Mol. Cell. Biol., **23**: 5293-5300.（母親の食餌におけるメチル基ドナーの有無と仔マウスの体毛色．IAP のメチル化）
Wehkalampi, K. *et al.* (2013) PLoS One, **8**: 1-7.（オランダ冬飢餓事件の追跡調査研究）

3.6　細胞メモリー

Brown, D. D., Wolffe, A. (1986) Cell, **47**: 217-227.（5S 転写複合体と *in vitro* 複製系）
Feng, Y-Q. *et al.* (2006) PLoS Genetics, **2**: 0461-0470.（DNA メチル化が細胞メモリー）
Francis, N. J. *et al.* (2009) Cell, **137**: 110-122.（*in vitro* 複製系での Polycomb 複合体の動態）
Hansen, K. H. *et al.* (2008) Nat. Cell Biol., **10**, 1291-1300.（H3K27me3 が細胞メモリー）
Muramoto, T. *et al.* (2010) Curr. Biol., **20**: 397-406.（細胞性粘菌での転写パルスの細胞メモリーとヒストン・メチル化）
Ng, R. K., Gurdon, J. B. (2008) Nat. Cell Biol., **10**: 102-109.（H3.3 の K4 メチル化が細胞メモリー）
Petruk, S. *et al.* (2012) Cell, **150**: 922-933.（ショウジョウバエを用いた *in vivo* 系で trxG タンパク質や PcG タンパク質が細胞メモリーを担うことを主張）
Steffen, P. A., Ringrose, L. (2014) Nat. Rev. Mol. Biol., **15**: 340-356.（総説）
Weintraub, H. (1979) Nucleic Acids Res., **7**: 781-792.（DNA 複製とヌクレオソーム形成）

3.7　世代を超えてのエピゲノム遺伝

Anway, M. D. *et al.* (2006) Endocrinology, **147**: 5515-5523.（vinclozolin によるエピミューテイションの世代を越えた遺伝）
Bohacek, J., Mansuy, I. M. (2015) Nat. Rev. Genet., **16**: 641-652.（総説）
Cavalli, G., Paro, R. (1998) Cell, **93**: 505-518.（ショウジョウバエの CMM）
Chandler, V. L. (2007) Cell, **128**: 641-645.（トウモロコシとマウスのパラミューテイションを比較）
Daxinger, L., Whitelaw, E. (2012) Nat. Rev. Genet., **13**: 153-162.（総説）
Dias, B. G. *et al.* (2015) Trends Neurosci., **38**: 96-107.（学習やストレスによるエピゲノム変化の世代を越えた遺伝）
Gilbert, S. F., Epel, D.（正木進三ら訳）(2012)『生態進化発生学』東海大学出版会（原著：Ecological Developmental Biology）（世代を越えてのエピゲノム遺伝を列挙）
Manikkam, M. *et al.* (2012) PLoS One, **7**: 1-12.（環境化学物質によるエピミューテイションの世代を越えた遺伝）
Morgan, H. D. *et al.* (1999) Nat. Genet., **23**: 314-318.（A^{vy} マウスにおける体毛色の世代を越えた遺伝）
Rassoulzadegan, M. *et al.* (2006) Nature, **441**: 469-474.（マウスのパラミューテイション）
Rissman, E. F., Adli, M. (2014) Endocrinology, **155**: 2770-2780.（ミニ総説．世代を越えたエピゲノム遺伝の判断規準）

Seong, K. H. *et al.* (2011) Cell, **145**: 1049-1061.（熱ショックや浸透圧による遺伝子発現の変化が世代を越えて伝わる）
Siklenka, K. *et al.* (2015) Science, **350**: 651.（精子に生じたヒストンメチル化異常は世代を超えて子孫の健康に悪影響を及ぼす）

4章　エピジェネティクスと病気

Brookes, E., Shi, Y. (2014) Annu. Rev. Genet., **48**: 237-268.（総説）
Lawrence, M. S. *et al.* (2014) Nature, **505**: 495-501.（がんについて遺伝子の網羅的比較）
中尾光善・中島欽一 編集（佐々木裕之 監修）（2013）『エピジェネティクスと病気』メディカルドゥ（各論）
牛島俊和・真貝洋一 編集（2013）『エピジェネティクス・キーワード事典』羊土社（各論）

索　引

記号

数字

A

B

E

F

G

H

O

P

R

S

T

U

V

W

X

Y・Z

あ

お

か

き

く

け

こ

さ

し・す

せ

そ

た

ち

て

と

な

に

ぬ・ね

の

は

ひ

ふ

へ

ほ

ま

み・む

著者略歴

大山 隆（おおやま たかし）

1954年 愛知県に生まれる
名古屋大学，同大学大学院博士前期課程，民間企業を経て
1985年 名古屋大学大学院理学研究科博士後期課程（分子生物学専攻）修了
1986年 三菱化成生命科学研究所特別研究員
1987年 明治乳業ヘルスサイエンス研究所研究員
1990年（財）地球環境産業技術研究機構研究員（兼任）
1994年 スイス連邦工科大学細胞生物学研究所客員研究員（兼任）
1994年 甲南大学理学部生物学科助教授
同大学理工学部（学部名称変更）教授を経て
2006年より早稲田大学教育・総合科学学術院教育学部理学科生物学専修教授 理学博士

主な著書 「ベーシックマスター分子生物学 改訂2版」（オーム社，2013年，共編著），「ベーシックマスター生化学」（オーム社，2008年，監修・共著），「DNA Conformation and Transcription」（Springer, NY., 2005年，編著）ほか．

東中川 徹（ひがしなかがわ とおる）

1939年 満州国図們市に生まれる
1965年 東京大学理学部化学科卒業
1970年 東京大学大学院理学系研究科博士課程修了
1970年 日本学術振興会奨励研究員
1971年 三菱化成生命科学研究所研究員
1973～1975年 Mitsubishi-Carnegie Joint Fellowとしてカーネギー発生学研究所に留学
1979年 産業医科大学医学部分子生物学教室助教授
1982年 東京都立大学理学部生物学教室助教授
1986年 三菱化成生命科学研究所発生生物学研究部・部長
1997年 早稲田大学教育学部理学科生物学専修教授
2010年 同 退職
現在，早稲田大学名誉教授．日本エピジェネティクス研究会名誉会員 理学博士

主な著書 「ベーシックマスター 分子生物学 改訂2版」（オーム社，2013年，共編著），「ベーシックマスター 発生生物学」（オーム社，2008年，共編著），「医科学系のための分子細胞生物学アウトライン」（メディカル・サイエンス・インターナショナル，2002年，監訳）ほか．

新・生命科学シリーズ　エピジェネティクス

2016年 9月 20日 第1版1刷発行

検印省略

定価はカバーに表示してあります．

著作者	大山 隆 東中川 徹
発行者	吉野和浩
発行所	東京都千代田区四番町8-1 電話 03-3262-9166（代） 郵便番号 102-0081 株式会社 裳華房
印刷所	株式会社 真興社
製本所	牧製本印刷株式会社

社団法人
自然科学書協会会員

ISBN 978-4-7853-5865-5